计 算 机 科 学 丛 书

自动网络管理系统

（美） **Douglas E. Comer** 著 吴英 等译
普度大学 南开大学

Automated Network Management Systems
Current and Future Capabilities

机械工业出版社
China Machine Press

本书对自动网络管理进行了全面介绍，全书包括三个部分。第一部分对网络管理的问题进行定义，并给出重要的背景知识；第二部分介绍进行网络自动化管理的工具与技术；第三部分介绍网络自动化管理的发展趋势并提出了开放性的问题。

本书层次清晰、概念准确、语言通俗易懂，既适合高等院校计算机及相关专业作为教材，也适合从事网络管理的技术人员阅读。

本书版权登记号：图字：01-2007-1799

图书在版编目（CIP）数据

自动网络管理系统／（美）科默（Comer, D. E.）著；吴英等译．—北京：机械工业出版社，2009.1

（计算机科学丛书）

书名原文：Automated Network Management Systems: Current and Future Capabilities

ISBN 978-7-111-25393-8

Ⅰ. 自… Ⅱ.①科… ②吴… Ⅲ. 计算机网络–管理 Ⅳ. TP393.07

中国版本图书馆 CIP 数据核字（2008）第 079466 号

机械工业出版社（北京市西城区百万庄大街22号　邮政编码　100037）
责任编辑：朱　劼
北京慧美印刷有限公司印刷
2009 年 1 月第 1 版第 1 次印刷
184mm×260mm · 14.25 印张
标准书号：ISBN 978-7-111-25393-8
定价：38.00 元

凡购本书，如有倒页、脱页、缺页，由本社发行部调换
本社购书热线：（010）68326294

出版者的话

文艺复兴以降，源远流长的科学精神和逐步形成的学术规范，使西方国家在自然科学的各个领域取得了垄断性的优势；也正是这样的传统，使美国在信息技术发展的六十多年间名家辈出、独领风骚。在商业化的进程中，美国的产业界与教育界越来越紧密地结合，计算机学科中的许多泰山北斗同时身处科研和教学的最前线，由此而产生的经典科学著作，不仅擘划了研究的范畴，还揭示了学术的源变，既遵循学术规范，又自有学者个性，其价值并不会因年月的流逝而减退。

近年，在全球信息化大潮的推动下，我国的计算机产业发展迅猛，对专业人才的需求日益迫切。这对计算机教育界和出版界都既是机遇，也是挑战；而专业教材的建设在教育战略上显得举足轻重。在我国信息技术发展时间较短的现状下，美国等发达国家在其计算机科学发展的几十年间积淀和发展的经典教材仍有许多值得借鉴之处。因此，引进一批国外优秀计算机教材将对我国计算机教育事业的发展起到积极的推动作用，也是与世界接轨、建设真正的世界一流大学的必由之路。

机械工业出版社华章分社较早意识到"出版要为教育服务"。自1998年开始，华章分社就将工作重点放在了遴选、移译国外优秀教材上。经过多年的不懈努力，我们与Pearson，McGraw-Hill，Elsevier，MIT，John Wiley & Sons，Cengage等世界著名出版公司建立了良好的合作关系，从他们现有的数百种教材中甄选出Andrew S. Tanenbaum，Bjarne Stroustrup，Brain W. Kernighan，Dennis Ritchie，Jim Gray，Afred V. Aho，John E. Hopcroft，Jeffrey D. Ullman，Abraham Silberschatz，William Stallings，Donald E. Knuth，John L. Hennessy，Larry L. Peterson等大师名家的一批经典作品，以"计算机科学丛书"为总称出版，供读者学习、研究及珍藏。大理石纹理的封面，也正体现了这套丛书的品位和格调。

"计算机科学丛书"的出版工作得到了国内外学者的鼎力襄助，国内的专家不仅提供了中肯的选题指导，还不辞劳苦地担任了翻译和审校的工作；而原书的作者也相当关注其作品在中国的传播，有的还专程为其书的中译本作序。迄今，"计算机科学丛书"已经出版了近两百个品种，这些书籍在读者中树立了良好的口碑，并被许多高校采用为正式教材和参考书籍。其影印版"经典原版书库"作为姊妹篇也被越来越多实施双语教学的学校所采用。

权威的作者、经典的教材、一流的译者、严格的审校、精细的编辑，这些因素使我们的图书有了质量的保证。随着计算机科学与技术专业学科建设的不断完善和教材改革的逐渐深化，教育界对国外计算机教材的需求和应用都将步入一个新的阶段，我们的目标是尽善尽美，而反馈的意见正是我们达到这一终极目标的重要帮助。华章分社欢迎老师和读者对我们的工作提出建议或给予指正，我们的联系方法如下：

华章网站：www.hzbook.com
电子邮件：hzjsj@hzbook.com
联系电话：(010) 88379604
联系地址：北京市西城区百万庄南街1号
邮政编码：100037

华章教育

译者序

21 世纪的一个重要特征是数字化、网络化与信息化，而它的基础是支持全社会的强大的计算机网络。计算机网络技术对社会发展和科学技术的进步产生了不可估量的影响。计算机网络已经与电力、电话一样，成为支持现代社会整体运行的基础设施，人们时刻都不能离开。随着人们对网络服务需求的增加与网络规模的扩大，企业管理者与用户对网络的依赖程度越来越高，如何保证网络持续、有效、安全地运行已经成为关键性问题，这就使得网络管理成为现代网络技术中的重要研究课题。

Douglas E. Comer 是国际著名的网络技术专家，他的很多著作已经被翻译成多种文字在世界各国发行，并且被广泛应用于很多大学的计算机专业教学中。他对网络管理的概念和工作原理有独到的见解，这与他在计算机系统（包括硬件与软件）方面具备广泛的研究背景是分不开的。在本书中，作者用清晰的层次结构、准确的概念与通俗易懂的语言，为读者准确地剖析了网络管理的工作机制，以及自动化网络管理的相关研究、技术与未来发展方向。

本书的最大特点是能够满足不同程度的读者需求。对于网络管理方面的背景知识不是很多的读者，本书是一本适宜的入门教材和参考书，他们可以循序渐进地学习网络管理基础知识，了解网络管理的新的发展动态。对于讲授计算机网络和网络管理课程的教师，或者对网络管理有一定了解的高年级本科生与研究生，本书是一本适宜的提高教材与参考书，他们可以从中获得所需知识来完成教学与研究，并学会利用相关工具来完成基本的网络管理任务。

本书的前言、第 1~2 章与第 16~18 章由吴英翻译，第 3~5 章及第 12~15 章由许昱玮翻译，第 6~11 章由孙琳翻译，全书由吴英审校。

在翻译这本书的过程中，我们希望尽可能地尊重原著的思想，但是译者的学识有限，加之时间仓促，书中难免有疏漏之处，敬请读者指正。

译者
2008 年 8 月 1 日
于南开大学信息技术科学学院

网络管理仍是人类在网络领域了解最少的方面。研究人员已成功设计出整套的 Internet 通信协议，网络行业已开发出整套高速处理数据包的创新性系统。与此同时，网络管理高度依赖于人类的创造力来诊断问题，并通过人工干预来修复问题。

网络在商业应用上的成功使网络管理的难度增加。一方面，对网络服务需求的增加意味着网络规模要不断扩大。另一方面，高需求正在创造着一种环境，促使运营商开发创新性的产品与技术。由于管理员倾向于采用最先进的网络元素与机制，因此这种扩展导致网络管理发生显著变化。结果，在网络中包含多种以 ad hoc 方式结合的新技术，这意味着网络基础设施变得杂乱无章。

即使对于一个小型 ad hoc 网络，也很难对它进行监视与控制。随着网络规模不断扩大，出现的问题常常让管理员一筹莫展。大型的企业网络通常相当复杂，管理员很难独立胜任管理任务。简而言之，我们没有足够的能力来设计、部署、配置、控制、监视、测试与管理大型网络，因此需要实现网络管理自动化。

网络管理自动化是本书的中心议题。我们既将全面的自动化管理视为对人类智力的挑战，又视为在商业上可行的努力。本书各章将会考虑这个问题，评价现有的工具与技术，并研究自动化能够以哪种方式得到扩展。

本书内容可以分为 3 个部分。第 1 章是全书概述。第一部分包括第 2 章至第 8 章，这部分将对网络管理的问题进行定义，并对重要部分的背景进行介绍。第 2 章与第 3 章介绍基本网络元素，描述网络管理的问题，并介绍工业标准——FCAPS 模型。后续几章将分别介绍 FCAPS 模型的各个方面。

本书第二部分包括第 9 章至第 13 章，该部分将对可用于自动化管理各方面的工具与技术进行介绍。这部分讨论的例子包括：集成平台、SNMP 协议、数据流量分析（NetFlow）、路由与流量管理、管理脚本等。该部分中的各章主要关注概念，而不是介绍处理特定任务的商用产品与研究原型。例如，脚本一章中的概念是随着 expect 脚本提出，并且通过一个可扩展 DHCP 服务器的几个脚本例子加以解释。

本书第三部分包括第 14 章至第 18 章，该部分对自动化管理的未来进行了展望。首先，将描述全面的自动管理系统应具备的特点，并考虑可能使用的软件体系结构。接着，探讨信息表示与语法方面及设计权衡的难点问题。最后，提出一系列开放式问题与研究性问题。

本书既适合产业界也适合学术界的读者阅读。对于产业界读者来说，本书为网络管理者提供了很好的背景知识，有助于网络管理者定义任务的范围。对于学术界读者来说，本书可用于高年级本科生或研究生教学。在本科生层次，教学目标是使学生了解网络管理任务的困难，并向学生展示一些有效的工具。在研究生层次，本书可以提供足够的背景知识，以帮助他们承担相关的研究工作。

无论本科生层次还是研究生层次，实际动手的实验都是必不可少的。本科生应该学习手工配置已有的网络元素，并使用配置与故障监控的工具。研究生除了掌握概念之外，还要具有设计、实现与测量自动化工具的经验，这些工具可处理配置、故障监控、流量分析或安全等不同方面。

很多人为本书做出了贡献。Cisco 公司的同事提供了编写思路、鼓励与反馈信息。Nino Vidovic 建议了这个项目，Dave Oran 提供了精辟的评论，David Bainbridge 提出了信息模型的语义与复杂性方面的原则，Fred Serr 为第 7 章中性能方面的讨论提供了很大帮助，Ralph Droms 审校了大纲与几章内容，Thad Stoner 提供了典型企业网规模方面的信息，Brain McGovern 提供了工具方面的建议，Jim Brown 提供了第 13 章中的脚本例子，IP 服务规划组听取介绍与产生思路。最后，Cliff Meltzer 邀请我访问 Cisco 公司，并为本书中的一些工作提供资助。Cisco 公司的其他同事也为本书做出了贡献。Craig Wills 与 James Cernak 审校了所有章节，并提出了很多建议。Ethan Blanton 编写了第 13 章中的单机监控脚本。Jennifer Rexford 提供了一些参考意见。Brent Chapman 与 Ehab Al-Shaer 审校了部分初稿的内容。Jon Saperia 除了审校部分章节之外，还与我讨论了模型、层次与交互关系。特别感谢我的妻子与伙伴 Christine，她的支持、编辑与建议帮助我克服了所有困难。

Douglas E. Comer

2006 年 7 月

Douglas E. Comer 是美国普度大学计算机科学系的杰出教授与 Cisco System 公司的研发副总裁[⊖]。他是计算机网络、TCP/IP 协议与 Internet 领域的国际知名专家。他著有很多学术文章与技术书籍，还是网络开发和网络系统教学和科研方面的先驱者。

作为一位作品众多的作者，Douglas E. Comer 的畅销书籍已被翻译成 16 种语言，并被广泛应用于世界各地的产业界，以及高等院校的计算机科学、工程与商务等院系。他的具有里程碑意义的三卷本教材《TCP/IP 网络互联技术》，引发了组网与网络教育方面的变革。他的教材与创新实验室手册已经并且继续影响着本科生与研究生教学。

Douglas E. Comer 的书籍表现出的准确性与洞察力反映出他在计算机系统方面具备丰富的经验。他的研究工作横跨硬件与软件部分。他曾经开发过一个完整的操作系统，编写过设备驱动程序，完成了传统计算机与网络处理器的网络协议软件。由此产生的软件已被产业界应用到多种产品中。

Douglas E. Comer 曾经开设与讲授网络协议与计算机技术方面的多门课程，包括为工程师或学术界受众开设的课程。他的创新实验室使他与学生能设计、实现大型、复杂系统的原型，并测试原型系统的性能。他一直在世界各地的企业、大学与学术会议中授课。另外，他还为产业界提供计算机网络与系统设计方面的咨询。

在超过 19 年的时间里，Douglas E. Comer 是计算机研究杂志《软件：实践与经验》的主编。他是 ACM 高级会员、普度大学学术委员会的成员。他获得过很多奖项，包括 Usenix 终身成就奖。

Douglas E. Comer 的其他信息可从以下网址获得：

www. cs. purdue. edu/people/comer

有关 Douglas E. Comer 书籍的信息可从以下网址获得：

www. comerbooks. com

⊖ 在编写本书时，Comer 是 Cisco 的 Network Management Technology Group（网络管理技术组）的客座教授。

目 录

第 1 章 网络管理的挑战

1.1 简介

从商业网络出现时开始，如何有效管理通信网络的问题就一直困扰着产业界。网络设备需要安装、配置、操作、监控与维护，而用于连接设备的铜缆与光纤基础设施需要购买或租赁。用户需要付费使用这些服务。另外，管理员必须考虑如何保护网络，以避免网络遭到无意或恶意的破坏。

令人惊讶的是，尽管已经对网络管理问题进行了研究，并创建出很多用于帮助管理者的技术，但很多网络管理活动仍然需要人工完成。这些可行的技术是网络管理的基础，人类智慧被用于解决复杂性的问题。因此，存在一个令人兴奋的机会：找到一种方式来构造软件系统，以便自动完成网络管理任务。这个问题形成我们讨论的焦点，自动化管理是对智力的挑战，但其成果可能获得商业上的成功。

1.2 Internet 与网络管理

Internet 的出现从根本上改变了网络管理的方式。与传统电话系统由一个大的电话公司拥有，并管理包括通信线路到服务的整个网络不同，Internet 连接着很多由不同机构拥有并管理的网络。因此，不是由单一的电话公司来集中管理整个网络，Internet 要求每个机构独立维护自己的内部网络。随着越来越多的机构建立数据网络，自动管理的需求变得越来越迫切。

过去，网络研究组织与网络产业界一起工作以解决问题。早期的工作主要是探索基本技术，例如信号与调制、数字编码、基本通信协议等。第二阶段是提出一些用于创建现代通信网络（例如局域网与广域网、交换机、路由器、Internet 协议、网络应用等）的技术。第三阶段是由网络科学研究向商业方面转变，包括 Internet 服务提供商以合同形式明确用户获得服务，而自己是为用户提供服务。

根据网络管理的紧迫性与重要性，我们可以预测：

> 网络研究的下一阶段将会集中在找到自动管理方式，以便规划、配置、控制与运营计算机网络和 Internet。

1.3 Internet 结构

要理解网络管理的难度，我们首先需要了解网络的底层结构。在一个层次上，Internet 可以被看作一个扁平结构的"网中网"，大量独立的数据包交换网络之间通过路由器互联起来。尽管互联网络的抽象给我们一个清晰的图片，但是现实情况比想象中要复杂得多。网络与路由器被划分为子网，每个子网由一个管理实体拥有与运营，并且子网基于不同目的提供服务。网络结构随着覆盖网与隧道技术的出现而变得复杂，这些技术用于在物理网络中实现成组的逻辑连接。管理实体（administrative entity）这个术语已变得相当模糊，这是由于实体可小（例如个人）可大（例如跨国公司），也可能是支持内部业务、电子商务或全部业务的 Internet（例如为其他用户提供 Internet 服务的服务提供商）。网络下层结构也发生了变化：Internet 服务提供商的边缘部分连接终端系统，例如桌面计算机或便携式设备，而 Internet 服务提供商的核心部分通过路由器提供数据包传输服务。

1.4　管理一个实体

从概念上将 Internet 划分为管理实体是重要的，这是由于它意味着自治，即每个实体可以自由设计并实现自己的使用策略。因此，所有权的概念成为网络管理和控制的关键因素：

> 尽管 Internet 中的设备需要协同工作以保证网络功能正常，但是每个管理实体独立操作与控制属于自己的 Internet 部分。

也就是说，每个实体配置、监视与控制自己的交换机、路由器或网络，以实现本地策略而不依赖于通用的控制机制。因此，这种自治提供了选择策略的自由，但是要求每个管理实体确保它的策略得到执行。

1.5　内部与外部策略

我们将学习很多复杂网络管理的问题与细节。由自治的概念引出一个问题：在不同管理实体之间存在着边界，位于边界上的实体必须协同执行双方的策略。例如，在一个典型的公司中，公司员工可以访问内部设备与服务，而公司以外的用户则没有这个权限。因此，公司策略就会包含"内部"与"外部"的规则，而这些规则之间的交互变得复杂。

管理边界为服务提供商带来复杂的问题，这是由于服务提供商必须建立多种策略，以便满足个人用户与其他服务提供商的需要。因此，当我们讨论服务提供商的网络管理时，要充分认识到复杂性问题大多是由边界引起的。

1.6　网络管理状态

正如我们将要学到的那样，网络管理目前处于一种不乐观的状态。管理员[⊖]都在抱怨很难理解运营条件与通信量、故障诊断、实现策略与验证安全规定。现有的工具与协议只能提供基本功能，并不能处理跨越多设备的全局策略或服务。每个网络设备都是独立配置与控制的，这就意味着如果要实现一个穿越整个管理域的策略，管理员必须配置每个设备以完成期望的策略。另外，由于设备通常由某个特定供应商提供，现有的工具很难在异构环境中使用，也很难与其他工具进行交互。这点主要表现在：

> 当前的网络管理工具主要集中在单个设备：诊断一个问题或实现一个策略要求管理员一次只能检测或配置一个设备。

另外，网络产业界采用了一种手工管理的范型，即一个管理人员与一个设备进行交互。由一个人来配置、监视与控制单个设备是不够的，这主要是由两个原因造成的。第一个原因是人工进行交互相对较慢，这种方式无法适合大规模的网络。第二个也是更重要的原因是人容易犯错误，这种方式无法保证在所有设备上实现管理策略。这点主要表现在：

⊖　在本书中，我们使用网络管理员这术语来描述从事网络管理活动的人，例如网络设计、配置、运行、测试、以及问题检测或修复。我们没有对 network manager 与 network administrator 加以区分。

> 由于依赖人去控制与测试单个设备，当前用于网络管理的方法对大型网络，或在多个设备上实现复杂策略的网络是不够的。

1.7　Gartner 模型中的网络管理

Gartner 公司曾经提出过一个关于信息技术处理的成熟度模型⊖。根据 Gartner 模型的描述，成熟度包括 4' 个主要阶段。相对于网络管理，这 4 个阶段可以描述为：

- 第 1 阶段：被动的人工控制与响应。
- 第 2 阶段：被动地借助自动化工具。
- 第 3 阶段：主动地对问题自动响应。
- 第 4 阶段：适应于自治系统处理问题。

在 Gartner 模型的阶段中，网络管理可以达到第 2 阶段：尽管已有工具可以帮管理员做出决策，但是最终的行动依赖于管理员。问题是网络管理如何以及何时能达到第 3 阶段。

1.8　自动化的优点

自动网络管理具有以下几个优点：

- 减少实现某个任务所需要的时间。
- 减少人工处理出错的可能性。
- 保证在整个网络中实现一致的策略。
- 提供对改变的责任制。

减少完成一个任务所需时间是最显著的优点，而减少人工处理出错的可能性特别重要，这是因为很多网络问题是由简单错误引起。人工处理出错也与第 4 项相关，如果策略的改变引起了错误，系统记录所有改变会有助于确定出错的原因。

第 3 项的保证一致性可能是最重要的。ad hoc 方法用于管理网络意味着对一致性有较低层次保证。因此，即使是一个简单的自动化系统，就算只能完成多个网络设备的复制配置，这也是一件很有用的工作。为了保证有意义的一致性，系统要处理的不只是重复的、机械性的任务。也就是说，有意义的一致性要求人工完成的任务自动完成。

1.9　缺乏产业界的响应

为什么网络产业界更加关注网络管理的人工范型上？为什么没有开发出软件系统自动完成大部分管理功能？我们将会看到这个问题非常复杂，并且实现自动化还有很多研究要做。从科学的观点来看：

> 网络管理是对计算机网络了解最少的方面。

我们还可以看到，在实现网络管理自动化之前，首先需要改变范型。由于当前的方式依赖于人工智能，我们很难构造软件来实现相同的功能。因此，在我们创建软件系统与计算机程序来执行网络管理任务之前，要找到新方式来表示与存储有关计算机的信息，将策略转换为配置，以及收集和分析有关网络操作与性能的信息。

⊖　Gartner 信息技术处理成熟度模型的描述可以在以下网址找到：http：//www. gartner. com/DisplayDocument？doc_ cd = 131972。

1.10　对商业的影响

如果对自动化管理系统的研究失败将会怎样？在商业上的后果是明显的。随着网络规模变得越来越大，对网络进行管理变得越来越难。实际上，我们应该对网络规模进行限制，以将它控制在现有工具可以处理的范围内。服务提供商发现安装、配置与控制设备与服务是困难的。大型企业网络的管理员会抱怨网络超过他们处理问题的能力。

由于企业越来越依赖于数据网络作为与用户、其他企业的主要连接，这个情况变得更加严重。网络管理的一个特定方面——网络停机变得突出。对于很多企业来说，网络停机或阻塞将会造成损失。具有讽刺意义的是，随着企业的发展与其网络达到一定的规模，用于诊断与修复问题的时间将会快速增加。因此，越成功的企业将会承担越多的风险。我们可以总结出：

> 由于企业越来越依赖于数据网络，并且网络规模接近现有管理工具的限制，因此研究自动网络管理系统变得非常关键。

1.11　分布式系统与新的抽象

网络管理研究是普通网络研究的一个部分。我们发现，对自动网络管理系统的研究需要了解基本网络之上的计算机科学的几个方面。当然，这就需要熟悉各种网络设备与它们在实际网络中的角色，以及用来配置这些设备的参数。另外，我们需要了解如何创建各种必要的、供软件使用的抽象。最后，创建网络管理软件需要熟悉大规模分布式系统的概念：通信应用、两阶段提交与并发数据访问控制。

实际上，当我们讨论创建网络管理系统与网络管理软件可能的体系结构时，关注点将会从网络与协议转移到系统方面。特别是，我们需要考虑如何收集与处理跨越多个站点的管理数据，以及很多管理功能都要使用的数据存储技术，例如分布式数据库系统。

在设计自动网络管理系统时，会遇到与分布式系统相同的问题：大规模。包括很多设备与服务的大型网络会跨越多个站点。例如，在很多网络中有上万台设备需要管理。更重要的是，大规模会由于异构变得更复杂，很多大型网络包含很多类型的设备。

1.12　本书的其他部分

本书分为三个部分。第一部分介绍基础与背景知识。前面的章节描述了一组网络元素与它们在网络系统中角色的例子，说明了网络管理问题的范围与复杂性，以及对网络管理功能的工业标准定义。后面的章节将详细介绍网络管理的各个方面，并提供了有关功能要求与基本特点的例子。

本书的第二部分通过研究现有的工具与技术，将目标集中在现有的网络管理系统上。各章节将介绍工具与用于管理特定设备的接口的演变，简单网络管理协议的角色与基本模型，以及对 NetFlow 数据的分析。第 13 章提供了几个用于管理网络设备的脚本例子。

本书的第三部分将介绍网络管理的未来。各章节讨论了下一代系统应具有的特点、可能的体系结构与在设计上的权衡。第三部分提出了一系列问题与思考。

1.13　总结

网络管理是人类对网络了解最少的方面，并且是需要进行深入研究的课题。本书将介绍这个问题，回顾已有的工具与技术，并概括用于构造完成自动网络管理的软件系统的可能体系结构。

第一部分　网络管理的复杂问题概述

第2章　网络元素与服务的回顾

2.1　简介

本章将给出理解自动网络管理所需的基本背景知识。本章将提供各种网络设备的例子，它们用于创建网络及网络提供的服务。本章还将回顾基本功能与某些参数，这些参数供管理员配置设备与服务时选择。后面的章节将会继续这个讨论，探讨网络管理的不同方面如何应用于现有的系统。

本章的重点不仅是介绍网络设备与服务，或是描述每种系统如何处理数据包。我们更应该注意网络管理的相关方面。也就是说，我们将重点理解需要管理的组成部分、设备与机制。例如，管理员在初始化与控制操作时配置的参数，或管理员要求测试状态时需要的信息。

2.2　网络设备与网络服务

管理的项目可以分为两类：网络设备（构成网络基础设施的硬件设备）与网络服务（使用基本硬件）。服务可以分为三种类型：
- 应用服务
- 通用基础设施服务
- 配置服务

应用服务（例如电子邮件与 Web 服务）通常由软件实现，软件运行在一般用途的计算机中（例如运行在 Linux 系统上的电子邮件服务器）。通用基础设施服务包括多种机制，例如处理名字转换的域名系统（DNS）、完成启动时的地址分配的动态主机配置协议（DHCP）与完成通信实体验证的认证服务。最后，配置服务允许管理员执行全局策略。典型的配置服务执行端到端操作（穿越整个网络），而不是在某个设备内部或某个点上执行。例如，配置服务包括以下功能：端到端的多协议标记交换（MPLS）隧道与在企业网中为语音通信设置优先级的所有路由器配置⊖。

2.3　网络元素与元素管理

为了精确起见，同时避免混淆，网络管理系统使用通用术语网络元素，以表示那些可以被管理的网络设备或机制⊜。我们认为，每个网络元素是一个独立实体，可以对它进行配置与控制而不影响其他元素。术语网络元素管理（element management）表示对某个网络元素的配置与操作。特别要注意

⊖　一些供应商将 MPLS 隧道区分为传输服务，而不是常用的配置服务。
⊜　尽管我们倾向于将网络元素认为是设备，但这个定义有时被扩展到那些集成在基础设施中的服务（例如 DNS 与 DHCP）。

的是，如果元素管理被使用，管理员创建一个端到端服务时，需要配置路径上的所有网络元素。

元素管理与服务管理之间存在紧密的关系。例如，一个 Web 服务器应用运行在一台计算机系统上，管理员需要控制 Web 服务器程序与下层的硬件系统。因此，管理员可以重新启动 Web 服务器程序或下层的计算机系统。

2.4　物理结构对管理的影响

尽管我们认为网络元素在逻辑上独立，而元素管理是指定给定元素的角色，但是设备的物理结构会影响管理者的处理。我们通过分析电路复用来理解其中的原因。在某些情况下，当管理员租用一条数字电路时，运营商会安装一条从源到目的端的物理传输介质（例如承载 T1 电路的一组铜缆）。在大多数情况下，运营商使用时分多路复用（Time Division Multiplexing，TDM）技术通过多条电路传输数据，这些电路实际上使用的是同一条传输介质（例如多条电路在一条光纤上复用）。如果了解多条电路通过一条传输介质复用的原理，管理员就能更好地理解并诊断出问题。例如，如果复用在一条光纤上的所有电路失效，管理员就可以很容易发现是光纤，而不是单条电路出现问题。

网络组成部分的物理结构也与网络管理相关。例如，理解哪些网络组成单元位于独立的机柜中，哪些以刀片（blade）形式（例如印刷电路板）位于设备中可以帮助管理员，原因有两个。首先，当网络设备发生故障时，理解物理结构可以帮助管理员判断原因（电源故障会导致机箱中的所有刀片式设备失效，而刀片式设备故障只会影响自身）。其次，这样可以实现管理整个机箱而不只是一个刀片式设备（通过一个命令关闭所有刀片式设备，而不是通过多个命令关闭多个刀片式设备）。因此，研究网络管理系统不能忽略物理结构。

2.5　网络元素与服务的例子

下一节将讨论可以被管理的网络元素与服务的例子：
- 基本以太网交换机
- 虚拟局域网交换机
- 无线局域网的接入点
- 线缆 Modem 系统
- DSL Modem 与 DSLAM
- 广域数字连接（CSU/DSU）
- 信道处理单元
- IP 路由器
- 防火墙
- DNS 服务器
- DHCP 服务器
- Web 服务器
- HTTP 负载均衡器

本书将介绍每种网络元素与服务的角色，给出网络管理系统的可见项以及可以配置（即改变）的所有参数。这些例子用来说明被管理设备间存在的差异，以及被管项在协议栈不同层次的表现（不包括明确的细节[⊖]）。因此，尽管我们选择在实际网络中常见网络元素与典型被管项，但在商用产品中仍然会包括没有列出的配置参数，以及在命名或说明上不同的参数。

⊖　协议层次的背景知识见 Comer［2006］。

2.6　基本以太网交换机

　　基本以太网交换机（又称为第 2 层交换机）构成局域网（LAN）的中心。以太网交换机是管理起来最直观的设备。由于硬件会自动完成琐碎的配置工作，因此交换机很少甚至不需要进行配置。例如，以太网标准规定一个设备连接到交换机时，交换机要检测连接并磋商数据传输速率，并选择两端都能够支持的最大速率。因此，数据传输速率不需要人工进行配置⊖。与此相似，管理员不需要配置连接设备的 MAC 地址（即以太网地址），这是因为交换机会检测到达的每个连接的帧的源地址，并记录在连接中可到达的计算机的 MAC 地址。

　　我们总结一下基本以太网交换机：

用途

在一组直接连接的设备之间提供数据包转发功能。

结构

典型结构是一个独立的、带有多个物理端口（数量通常在 16～256 之间）的设备，每个端口可以连接其他设备（通常是计算机或 IP 路由器）。

注意

当一个设备连接到一个端口时，两端可以自动协商可用的数据传输速率。

可配置参数

每个端口可以设置为可用或不可用（即管理员可以阻止一个端口的通信）。管理员可以设置端口的速率与全双工，并重新设置数据包计数器。

可得到的值

交换机的类型与性能（品牌与型号、端口数量与端口的最大速率），每个端口的状态（可用或不可用、设备是否连接、当前的速率），连接到端口的所有设备的地址，最后一次重启的时间，认证（序列号与硬件版本），发送与接收的数据包与检测到错误的数量。

14

2.7　虚拟局域网交换机

　　虚拟局域网交换机（VLAN Switch）以一种重要方式扩展了第 2 层交换技术：它允许管理员将端口分配到不同的广播域，每个广播域就是一个虚拟局域网（VLAN）。从数据包处理的角度来看，虚拟局域网的定义是直观的：当连接的设备发送一个帧到广播地址（broadcast address），交换机将帧的副本转发给与发送者位于同一虚拟局域网中的所有其他端口。因此，虚拟局域网交换机就像是一组独立的第 2 层交换机在工作。

用途

在直接连接的设备的子集中提供数据包转发功能。

结构

典型结构是一个独立的、带有多个物理端口（数量通常在 16～256 之间）的设备，每个端口可以连接其他设备（通常是计算机或 IP 路由器）。

注意

通过自动协商来决定可用的数据传输速率（与第 2 层交换机类似）。只转发广播帧到位于同

　⊖　尽管可以配置数据传输速率，但如果一端采用固定的速率而另一端试图自动配置，这时就会出现问题。

一虚拟局域网中的端口[⊖]。

可配置参数

除了基本以太网交换机的参数之外,每个端口可以分配给特定的虚拟局域网(用数字1、2、3、…表示)。

可得到的值

基本以太网交换机中分配到虚拟局域网的端口,以及每个虚拟局域网的通信量与错误统计。

2.8   无线局域网的接入点

无线局域网技术(例如 IEEE 802.11b)为一组计算机提供无线网络连接。一种称为接入点(access point)的设备提供无线设备与有线网络之间数据包转发。在使用无线局域网的办公建筑物中采用多个接入点,每个接入点覆盖建筑物的一个部分。

用途

为一组计算机(潜在的移动设备)提供无线访问。

结构

典型结构是独立的系统通过局域网连接到无线网络。

注意

每个接入点都有一个称为服务区标识符(Service Set IDentifier,SSID)的名字。只有数据包头部中的 SSID 与接入点的 SSID 匹配时,接入点才会接收进入的数据包。

可配置参数

可以修改接入点接收的 SSID,管理员可以决定访问点是否广播包含 SSID 的通告(潜在客户端通过通告自动获得 SSID);可以修改使用的安全标准,例如有线等效保密(WEP)协议;可以修改接入点在有线网络中的 IP 地址。

可得到的值

当前被分配给接入点的 SSID、IP 地址、当前与接入点有关的无线客户端数、每个关联的客户端的 MAC 地址。

2.9   线缆 Modem 系统

线缆 Modem 系统使用线缆服务接口数据规格(Data Over Cable Service Interface Specification,DOCSIS)技术,它是由 CableLabs 公司开发的,用来在有线电视网络(最初用于通过同轴电缆传输广播电视信号)中为用户提供 Internet 服务。尽管数据通信可以与电视信号在同一铜缆中传输,但是两者的工作频率是不同的。因此,数据服务与广播电视服务可以分别管理。

用途

通过同轴电缆为一组用户提供 Internet 访问,该电缆还用于传输广播电视信号。

结构

线缆 Modem 终端系统(Cable Modem Termination System,CMTS)位于提供商的中心机房,它连接到 Internet 并且包含多个前端 Modem,每个前端 Modem 可以与一个位于客户位置的末端 Modem 通信。

注意

一个 CMTS 可以支持最多 5000 个末端 Modem。线缆 Modem 技术传输以太网帧(第2层

⊖ 从理论上来说,虚拟局域网交换机不提供不同虚拟局域网之间的通信。但实际上,很多交换机会转发那些 MAC 地址有效的单播帧。

帧），这些用户位于独立的物理网络中。

可配置参数

在 CTMS 中，信息可以传输到特定的前端 Modem；可以由用户指定最大用户数与每个用户的最大数据传输速率；可以设置过滤器允许或拒绝某种类型的数据；数据包计数器可以重新设置。

可得到的值

活跃的用户数量、每个用户的最大数据传输速率与当前状态（可用或不可用）、发送/接收与发生错误的数据包的数量。可以获得每个前端 Modem 的 MAC 地址，也可以获得 Modem 与用户计算机之间的连接状态。

2.10　DSL Modem 系统与 DSLAM

电话公司使用数字用户线路（Digital Subscriber Line，DSL）技术，通过铜缆为一组用户提供 Internet 服务，该铜缆通常用于语音电话服务。由于 DSL 与语音服务使用的频率不同，因此数据服务与语音服务可以分别管理。

用途

通过同轴电缆为一组用户提供 Internet 访问，该电缆还用于传输语音电话信号。

结构

前端 Modem 位于电话公司的中心机房，它连接到被称为 DSL 接入复用器（DSL Access Multiplexor，DSLAM）的设备上，并且通过电话线路连接到个人用户。DSLAM 通常使用 ATM 连接到 ISP 的网络，用来将用户的数据包转发到目的地。对于每个用户，末端 Modem 将电话线与用户计算机连接，并像桥一样将数据包通过 DSL 转发出去。

注意

从理论上来说，每个用户需要一个前端 Modem。

可配置参数

在前端 Modem 中，管理员可以为用户设置最大数据传输速率，也可以重新设置数据包计数器。一个 DSLAM 可以配置为 ATM 连接（虚电路），每个 ATM 连接通向不同目的地（通常为 ISP）。每个用户的 Modem 配置为某个 ATM 连接的映射。

可得到的值

对于前端 Modem 来说，是否正在接收末端 Modem 的信号、最大数据传输速率与发送/接收的数据包（或信元）的数量。对于 DSLAM 来说，ATM 连接的当前配置与用户线路到 ATM 连接的映射。

2.11　用于广域数字线路的 CSU/DSU

ISP 与大公司使用租赁的数字线路来提供远距离的连接。从逻辑上来看，数字线路末端使用的硬件分为两个部分。从物理上来看，这两个部分通常位于一个设备中（通常是插入交换机或路由器的小型电路板）。这个设备称为信道服务单元/数据服务单元（CSU/DSU）。

CSU/DSU 可以视为用于模拟线路的 Modem。但是，除了对传输数据进行编码之外，CSU/DSU 隔离租赁线路以防止电压峰值或类似问题。管理员可以要求 CSU/DSU 执行诊断测试以发现问题。

用途

提供计算机设备与租赁的数字线路之间的接口。

结构

一个小型的独立设备或一个插入交换机或路由器的电路板。

注意

CSU/DSU 可能具有模块化的接口（moded interface），管理员通过它选择进行标准数据传输或诊断，但是这两种操作不能同时进行。

可配置参数

有些 CSU/DSU 设备采用固定的数据传输速率，另一些设备需要为租赁的线路配置数据传输速率。管理员可以将诊断测试设置为可用或不可用。

可得到的值

CSU/DSU 可以报告当前的线路状态，其他端点是否可以应答，以及诊断测试的结果。

2.12　信道处理单元库

信道处理单元库（channel bank）由公用电话服务商或其他的提供商使用，终结来自用户的数字线路并将它们复用成高速数字线路。这个名字源于一个单元处理一组线路。

用途

服务提供商通过它终结一组来自不同用户的数字线路连接。

结构

处理很多不同连接的机架安装单元。

注意

信道处理单元库采用时分多路复用将不同线路组合成一条高速线路。例如，将 24 条 T1 线路复用成 1 条 T3 线路。

可配置参数

它主要包括 2 类参数：单个线路的相关参数，整个信道处理单元库与高速上行线路的相关参数。单个连接与上行连接可以设置为可用或不可用。

可得到的值

信道处理单元库可以报告单个线路与上行连接的状态与运行时间。

2.13　IP 路由器

IP 路由器（IP router）是用来将多个网络连接成一个互联网的基本设备。每个路由器互连多个网络（可以是异构），并在不同网络之间转发 IP 数据包。

用途

连接 2 个或多个网络以形成一个互联网。

结构

可以单独管理的独立设备。

注意

我们使用接口（interface）这个术语来表示路由器中连接一个网络的硬件。路由器包含多个接口，并在不同接口之间转发数据报。

可配置参数

每个接口可以分配一个 32 位的 IP 地址与一个 32 位的地址掩码；每个接口可以设置为可用或不可用；可以配置的路由；可以配置的特定路由协议；数据包计数器可以重新设置。

可得到的值

路由器的接口数量，每个接口的当前状态，分配给每个接口的 IP 地址与地址掩码，发送与接收的数据包数量，以及发送与接收的 IP 数据包数量。

2.14 防火墙

安全防火墙（firewall）通常位于全球性的 Internet 与一个组织的互联网之间，以阻止那些未经授权的通信。

用途

通过按一组规则过滤数据报来保护一个组织的网络安全。

结构

通常由一个路由器来实现，可能是运行在路由器的 CPU 上的软件，或是安装在路由器中的硬件（独立的电路板）。

注意

现代的防火墙是有状态的（stateful），它可以记录输出的连接，自动接收对现有连接的响应数据包。

可配置参数

管理员必须建立一组规则，以明确指定允许哪些数据包，拒绝哪些数据包。管理员可以重新设置数据包计数器，也可以临时将数据包传输设置为不可用。

可得到的值

当前存在的一组过滤规则，输入与输出的数据包数量，以及防火墙在每个方向上拒绝的数据包数量。

2.15 DNS 服务器

尽管大多数 DNS 服务器会在几周或几个月内稳定运行，但是 DNS 服务器最初需要进行配置，并在加入新计算机或现有计算机离开时需要改变。

用途

为计算机提供一个名字，并将名字映射到 IP 地址。

结构

每个 DNS 服务器作为一个独立实体运行。

注意

DNS 服务器中的每项（称为资源记录）包含一个生存时间（Time-To-Live, TTL）值，以指出该项开始使用的时间。

可配置参数

递归请求的一个服务器地址与这个服务器的一组资源记录；每个资源记录包含名字、类型（类型 A 表示该值是 IP 地址）、值与 TTL。

可得到的值

管理员可以检索服务器中指定的资源记录或所有资源记录。

2.16 DHCP 服务器

与 DNS 服务器相似，动态主机配置协议（Dynamic Host Configuration Protocol, DHCP）服务器在一定时间内运行，而不需要对它进行重新配置。只有在 IP 子网地址重新分配时，才需要

20

改变 DHCP 服务器的配置。

用途

当与一台主机进行通信时,自动提供 IP 地址与所需的其他信息(在主机启动时使用)。

结构

DHCP 服务器可以运行在独立的计算机或路由器中;它作为一个独立实体来进行管理。

注意

DHCP 服务器可以配置为提供多个 IP 子网的地址;路由器可以将远程网络中主机的请求转发给服务器,也可以将服务器的响应转发给主机。一台服务器是指租用(lease)一个地址的主机;服务器指定地址租用的最长时间,并且允许主机在到期后重新租用地址。

可配置参数

服务器可以处理的一组子网,每个子网中有效的 IP 地址、地址掩码与租用期,租用期是否可以更新,以及包含在响应中的其他信息。很多服务器允许管理员为不同主机指定参数,以保证特定计算机总使用同一 IP 地址。

可得到的值

当前活动的子网数量,每个子网中使用的 IP 地址与子网掩码,地址的租用期与更新状态,每个响应中包含的附加信息,以及子网中当前已分配的地址。服务器可以提供到达每个子网的请求计数。

2.17　Web 服务器

作为一种最著名的 Internet 应用,WWW 在 Internet 通信中占显著的比例。从技术上来看,Web 服务器是一个运行的进程。但是,网络产业界使用服务器(server)这个术语表示用来运行服务器进程的硬件(一台 PC 或 Sparc 处理器)。

用途

提供可以在浏览器中显示的网页副本。

结构

在理论上,运行 Web 服务器的处理器也可以运行其他服务器。在实际上,很少有管理员在一个硬件设备中运行多种类型的服务器。硬件成本低意味着一个处理器可以专用于一个服务器。

注意

见下面的 2.18 节。

可配置参数

Web 服务器可以将 HTTP 请求中的名字映射成保存该项目的文件名(文件系统中的路径)。对应于页面的 HTTP 请求是由命令生成,请求中的名字需要映射到一个程序上,这个程序运行服务器进程来生成页面(按照惯例,要为程序指定一个名称,例如 cgi-bin)。服务器也可以对用户进行身份认证,或使用加密以保护特定页面的安全。最后,管理员可以重新设置用于统计报告的计数器。

可得到的值

Web 服务器需要保存统计信息,例如接收的请求数量、错误数量与以及传输的字节数。Web 服务器需要维护一个活动的日志。

2.18　HTTP 负载均衡器

负载均衡器是一个大容量 Web 站点的必要组成部分。负载均衡器位于一组(相同的)Web

服务器的前端，将接收到的请求分配给不同的服务器。因此，如果站点中包含 N 个服务器，每个服务器大约要处理 $1/N$ 的请求。

用途

允许 Web 站点将接收到的 HTTP 请求分配给一组服务器。

结构

使用一个独立的设备，该设备可以单独管理。

注意

负载均衡器可以使用第 2 层或第 3 层协议与服务器通信。对于第 3 层协议来说，负载均衡器的行为与网络地址转换器（Network Address Translator，NAT）相似。

可配置参数

管理员可以配置服务器数量与每个服务器的地址。一些负载均衡器可以接受这样的规定，将某些特定请求分配给服务器的一个给定子集（例如，在只有一个服务器的子集能够动态生成页面的情况下就需要这样做）。管理员可以重新设置数据包计数器。

可得到的值

负载均衡器的当前配置，发送与接收的特定数据包数量，处理的请求数量与发送给每个服务器的请求数量。

2.19 总结

网络管理包括两大类：服务与网络元素。服务包括应用（例如电子邮件）、基础设施（例如 DNS）与配置服务（例如为通过整个网络的语音通信分配优先级）。

网络元素是一个可以管理的设备，它独立于其他网络设备。元素管理要求管理员某一时刻只能控制一个元素。尽管网络元素在逻辑上是独立的，但是物理结构也与元素管理相关，了解物理结构将使控制与故障诊断变得容易。

我们回顾了几种网络元素与服务，给出了管理员可以配置的参数与值的例子。我们的结论是网络管理包括各种可管理的实体，每种实体都提供可以配置或查询的特定值。

第 3 章　网络管理的问题

3.1　简介

在前一章中，我们介绍了可管理实体的两个主要范畴：网络服务和网络元素。本章将介绍与这两个范畴中的项目有关的实例，同时在每一个实例中都会列出管理员可以配置和检查的参数。

本章将会继续给出一些基本术语的定义，并且介绍网络管理问题的特征。我们将对被管理的网络进行描述，讨论网络的规模和范围，以及管理任务的复杂程度。最后，我们将介绍建立自动网络管理系统的需求。下一章我们将对网络管理的各个方面进行详细的讨论。

3.2　什么是网络管理

24
~
25

网络管理这一概念的出现是源于自动系统不能完成一些困难的、模糊的或复杂的任务。也就是说，网络管理这一概念强调对人类干预行为的需求。网络管理活动是在自动系统无法适应的环境下开展的。因为在这种环境中只有借助人类的判断才能够完成任务。

我们可以采取更加乐观的方法，并且认为人们对网络管理的需求仅仅是源于自身的无知。在编写本书的过程中，一名工程师就建议我最好这样来描述网络管理："在设计和运行一个网络的过程中，无人能够实现自动化的方方面面。"这位工程师认为，一旦某人发明了一项能够使某一网络管理任务自动化的技术，那么供应商就会将这项技术整合到自己的产品中。同时，这也标志着这项管理任务不再被划分到网络管理员的工作范畴了。

遗憾的是，网络管理涵盖了网络活动的方方面面，我们不能用一个简短的定义来描述它。因此，我们打算用一些直观的概念和例子来对网络管理这一概念进行解释和阐述。从直观上看：

> 网络管理包括与网络的规划、部署、配置、运行、监控、优化、修复以及改变有关的任务。

正如我们将要看到的，我们的直观定义隐含了许多细节，并且没有对网络管理活动的本质与困难做出具体的解释。

3.3　网络管理的范围

网络的边界在哪里呢？这个看似荒谬的问题却道出了网络管理的关键。因为问题的答案可以帮助我们定义网络管理的责任范围。也就是说，一旦知道了一个网络是从哪里开始又是在哪里终止的，我们就可以划定网络管理的界限。如果超过了这一界限，网络管理员将不再拥有权限和控制力。

从表面上看，网络在它的最末端的网络系统处终止。但是，这并不是因为终端用户系统积极地加入到网络中来。事实上，将网络智能化作为重要的内容已经成为基于 TCP/IP 协议的 Internet 的基本原则之一。

> 在基于 TCP/IP 的网络中，内部的网络相对来说比较简单；智能和应用程序服务都集中在终端用户系统中。

在一台主机上会运行着若干基于网络协议的软件。通过这些软件可以发送和接收数据帧，利用 ARP 之类的协议解析主机地址，利用 IP 路由表[⊖]转发 IP 数据包。更重要的是，传输层协议（即 TCP 和 UDP）不是运行在用于构建网络的交换机或路由器上，而是运行在本地主机上。事实上，一台 IP 路由器不必考虑和理解使用的传输层协议就可以直接转发 IP 数据包。

当然也有例外的情况。一些路由器会同时作为服务器来使用（比如，一台路由器可能会作为一台 DHCP 服务器）。除此之外，一些中间系统会解析和修改传输头部，例如 NAT 设备。但是在大多数情况下，网络智能化原则是适用的。

如果让终端系统加入网络，那么就意味着网络管理应该包括这些系统。因此，网络管理员可能需要检查系统与主机的连接情况，配置主机上的服务器并进行监控，以及确保运行在主机上的应用程序和协议软件不会出现任何问题。总而言之：

> 因为用户终端系统是网络协议重要的组成部分，所以必须对这些系统进行高效的网络管理。

令人失望的是，即使在不考虑网络的情况下，管理电脑系统也并非易事。虽然已经进行了多年的研究，但是怎样对电脑系统进行高效管理仍未得到解决。

3.4 多样性和多供应商环境

正如第 2 章所说的，网络管理包含了许多硬件和服务的知识。网络元素和网络服务又包含了大量的可配置参数，这些可配置参数涉及网络协议栈的很多层。网络的范围巨大，种类繁多，给网络管理带来了不小的难度。一方面，任何一个网络都是为了满足某一组织的商业需求而设计的，它们都是硬件与软件相结合的产物。更重要的是，因为业界对一些类型的网络还没有达成一致，所以一个网络管理系统必须处理任意一种硬件和服务的结合方式。另一方面，设计一个网络可以有多种选择，包括选择不同的供应商，因此会造成同一个网络由出自不同供应商的元素组成的情况。举个例子，考虑包含多种网络元素和应用服务的网络。通常情况下，应用服务是运行在传统的电脑系统上的，网络设备供应商不会销售电脑，电脑供应商也不会贩卖网络设备（比如路由器、交换机）。

如果某一组织要创建一个网络，那么它需要在如下几个方面做出决策：

- 基本技术集合。
- 每一台硬件设备供应商。
- 提供的服务集合。
- 每一项服务的硬件平台。
- 网络的逻辑拓扑结构和物理拓扑结构。

关键在于：

> 每个网络都是根据某一组织的需求进行设计的；每一个组织在设计网络的过程中有多种选择，一个管理系统必须包含大量的硬件和服务。

⊖ 在本书中，IP 路由表与 IP 转发表是同义的。

3.5   元素与网络管理系统

大多数设备供应商提供的网络管理系统一次只能管理一个网络元素。也就是说，每家供应商都独立地生产网络元素，为该元素提供一个被管理界面，允许用户同时协调多个元素。为了更准确地描述这些系统，我们将使用网络元素管理系统（Element Management System，EMS）这个名称，同时也保留通常所说的网络管理系统（Network Management System，NMS）这个名称，以便描述那些能够管理和协调多个网络元素完成统一工作的系统。

为什么供应商都会致力于网络元素管理系统的开发呢？主要有以下三点原因。首先，正如我们所看到的，设计一个网络管理系统是一项巨大的智力挑战；供应商会竭尽全力地设计这些系统，但是没有人能够获得完全成功。其次，将目光聚焦在一个网络元素上，可以帮助供应商忽略网络的复杂性，集中力量完成某一项任务（比如监控）。最后，因为网络通常是由多个供应商制造的元素组成的，所以网络管理系统必须适应其他供应商的产品。因为任何供应商都不会建造一个能轻易使用竞争对手产品的系统。

这种情况可以概括如下：

> 网络设备供应商提供网络元素管理系统而不是通用的网络管理系统，因为每个网络元素管理系统只集中管理一个网络元素。

有意思的是，对网络元素的重视产生了一条业界的潜规则：当销售一个网络元素的时候，供应商会宣传和比较该元素的性能与特点，而不去宣传该元素怎样与其他网络元素共同构成一个可用的网络系统。事实上，许多网络元素是在以自我为中心的原则设计的，而不是作为网络系统的一个组件而设计的。

3.6   规模与复杂度

除了面对大量的设备和服务，网络管理系统还必须处理因巨大的规模而造成的复杂度。当然，并不是所有的网络都具有相同的规模。[⊖]供应商能够识别规模上的差异，并且根据网络的不同规模来设计网络元素。例如，一台最小的以太集线器只能够容纳四条连接，而且所有的端口都使用同一速度。一台最大的以太网交换机不但能够容纳数百条连接，而且允许每一个端口协商设定一个速率。除此之外，这种交换机还可以同时连接多个单元。

最小的网络符合家庭与小规模的商业活动使用。它通常由一个主要的网络元素、少量硬件设备和若干线缆构成。例如，工程师会使用 SOHO（Small Office，Home Office）这一名称来表征那些为少量计算机组成的网络而设计的网络元素。因此在这样的环境中，一个 IP 路由器会被设计为 SOHO 路由器。

中等规模的网络可以应用在公司、大学以及政府机关这些办公地点相对集中的场所。例如，在一所拥有 36000 名本科生的大学里，IT 部门需要管理包括教室、行政部门、院系办公室以及学生宿舍在内的网络。图 3-1 统计了一所大学的网络规模信息。

⊖ 典型的供应商网络规模较大，但是会有相对统一的拓扑结构和网络设备；企业网络的规模较小，但是包含多种设备和服务。

数　　量	项　　目
60 0000	注册 IP 地址
350	IP 子网
100	IP 路由器
1300	第二层交换机（多为以太网）
2350	无线接入点

图 3-1　表中统计的校园网的项目是由该大学的 IT 机构管理的。除此之外，
一些设备是由专门部门（比如计算机科学技术系）单独管理的

虽然存在例外的情况，但是拥有一个站点的组织通常会有如下规模的网络：

500	IP 子网
200	IP 路由器
1200	第二层交换机
3000	无线接入点

具有多个站点的公司往往比只有一个站点的公司的网络规模更大。例如，一个跨国公司的网络包括：

8000	IP 子网
1200	IP 路由器
1700	第二层交换机
4000	无线接入点

有意思的是，ISP 的网络并没有包含各式各样的网络设备。例如，一个中等规模的 ISP 的网络（通常称作二级主干网 ISP）包括：

2000	IP 子网
400	IP 路由器
4000	第二层交换机

相比之下，一个小规模的 ISP 的网络（有时称为小零售店或者三级主干网 ISP）包括：

2	IP 子网
2	IP 路由器
2	第二层交换机
1	数字用户线路接入复用器

巨大的规模增加了网络管理的难度。首先，大规模的网络包含多种设备和服务。其次，大规模的网络会部署在多个物理站点上，对其管理需要多方进行合作。最后，大规模网络各部分间的复杂关系意味着在进行性能评估和故障诊断的时候需要考虑更多的数据。

除了其他原因之外，巨大的规模使网络更难管理。

3.7　网络的类型

为了对管理工作进行深入的讨论，我们通常根据网络的主要用途对其进行分类。下面列出常见的四类网络：

- 运营商网络
- 服务提供商网络
- 企业网络
- 居民/用户网络

运营商网络：运营商（carrier）是一个远距离的电话公司。它经营着一个高容量的网络并为ISP 提供 Internet 传输服务。大型的服务提供商网络连接着运营商网络；运营商网络之间在 Internet 对等节点上互相连接。运营商网络使用高吞吐量的数据连接，同时要求设备在每秒内交换更多的数据包。

服务提供商网络：ISP 网络提供个人用户网络与 Internet 间的传输服务。小规模的 ISP 网络连接到大规模的 ISP 网络，大规模的 ISP 网络连接运营商网络。服务提供商网络的作用在于汇聚（aggregation）——来自多个用户的数据复用于同一高性能的链路上，然后通向 Internet 的中心。

企业网络：企业网络用于连接一个组织的内部用户，同时为他们提供访问 Internet 的服务。与服务供应商网络不同，企业网络的大部分流量源自组织内的一台主机（比如办公室的一台桌面电脑），到达组织内的另一台主机（比如数据中心的一台服务器）。因此，企业网络的作用不在于汇聚，而是保证网络内部的多个会话能够同时进行。

居民/用户网络：一个居民网络（residential network）通常由家庭中的一台或两台计算机组成，这些计算机通过一台路由器与 ISP 连接。它通常会采用 DSL 和线缆调制解调技术。

3.8　设备的分类

除了使用上面的术语来描述网络以外，管理员有时会将网络元素和相关的硬件设备划分为以下三个基本类别：

- 核心
- 边缘
- 接入

虽然这些术语能够应用于任何硬件设备，但是它们通常应用于 IP 路由器。

核心路由器（core router）位于 Internet 的中心。它通常用于运营商网络或者大型的 ISP 网络。为了能够处理高负载的数据流，一台核心设备必须以高速运行，同时采用最优的方式尽快地转发数据流。为了达到最高速的目的，一台核心设备不需要检查数据包的内容，不需要认证权限，更不需要报告关于流量的详细统计数据。因此，我们必须设计一个网络，在到达核心设备之前对数据包进行检查。

边缘路由器（edge router）位于 Internet 的边缘，远离核心地带。管理员通常将企业网络和居民网络视为边缘网络。企业网络在其数据中心应用一台边缘路由器，然后连接多个子网；或者利用一台边缘路由器连接多个部门或一栋大楼的各层。边缘路由器通常会提供更多的功能，但是它的速度比核心路由器慢。例如，某种边缘路由器含有一个底板，它能够为虚拟专网的连接提供加密和解密的功能。

接入路由器（access router）提供从边缘网络到核心网络的连接。接入路由器通常在 ISP 的网络中使用，它用于连接 ISP 网络的用户和 Internet。接入路由器通常完成认证、入侵检测以及统计等工作。因此接入路由器的吞吐量比核心路由器低。但是，ISP 可以通过多个接入路由器与用户相连，然后汇聚来自接入路由器的流量并送往一套核心路由器的集合（可能只有一台路由器）。

3.9　FCAPS：工业标准定义

网络管理的供应商在探讨网络管理问题时经常使用缩写 FCAPS。这一缩写来源于国际电信联盟（International Telecommunication Union，ITU）⊖的 M. 3400 标准。现在它已经被扩展成为一个包含网络管理各方面的列表（如图 3-2 所示）。

级　别	含　义
F	故障检测与恢复
C	配置与操作
A	统计与计费
P	性能评估与优化
S	安全保障与预防

图 3-2　FCAPS 网络管理模型项目及含义列表

32

本书后续的章节将会对 FCAPS 模型的每一个项目进行扩展并加以解释。

3.10　自动控制的动机

上面的讨论告诉我们网络管理是一个涉及面甚广的主题，它包含了方方面面和许许多多细节。但是我们期待有一天网络管理的大量工作都能够自动完成，不需要人类的手工干预。的确，网络管理在实现自动化方面有着先天的优势。因为底层的网络元素是数字设备，它们本身就具有计算和通信的能力。除此之外，建造网络元素的工程师对自动控制系统非常熟悉。他们已经在产品中加入了控制机制。因此，在自动化网络管理中加入这些设备是一件容易的事。

除了在自动网络管理中可以加入现成设备这一显而易见的原因外，还存在着另一个重要的经济动因。从一个网络经营者的角度来说，当前的网络管理是一项劳动密集型的工作。它需要内部人员的专业技术支持。由于需要人的参与，网络管理工作也变得易于出错而且效率低下。随着网络管理任务的复杂性日益增长，人类在其中的作用也变得越来越重要。例如，一个防火墙的配置就包含着数百条单独的规则。除了在配置时发生的拼写错误以外，还会出现很多其他错误，因为一个人很难记住规模如此巨大的规则集合，更谈不上理解了。人类还经常犯一致性的错误——当一整套设备手工配置完毕后，我们会经常对配置进行修改，从而造成不一致性。更令人遗憾的是，不一致性常常不为人所知，当出现问题时也很难查找它们。网络的中断往往会带来巨大的经济损失，因此由于人类的错误而引发的问题更加受到关注。

除了消除不一致性外，自动化能够减少因为更新和改造等原因而带来的网络中断，从而减少经济上的损失。在某些情况下，自动系统能够实时地进行变更。例如，一个入侵检测系统能够自动地修改防火墙的配置以阻止一个正在进行的攻击。最后，从网络供应商的角度来说，一个自动化的网络管理系统会增加销售量。因为自动化支持客户创建更大、更复杂的网络。

⊖　ITU 是由许多电信公司组成的一个联盟。它在电信管理网络的运营方面制订了一整套标准。

3.11 为什么自动化迄今没有实现

假设有充足的经济动因和必要的机制来保障实施，为什么我们到现在还没有创造出自动网络管理系统呢？正如我们在本书的第二部分将要介绍的，无论是网络工业界还是开源的项目团体都已经开发出一些工具。这些工具能够实现网络管理某些方面的自动化。但是全面的自动化系统仍然令人难以琢磨。这一现象的基本原因在于缺乏模型的抽象与原则的设定。

抽象是必要的，它使我们不必花费过多的精力用于理解就能掌握网络的复杂性。因此，我们不仅要将处理当前网络元素的方法自动化，而且还需要新的范型来使管理员制定策略并使用一个自动化系统来实现这些策略。

为什么需要新的范型？我们将配置一个具有多个 Internet 连接的站点的防火墙作为例子。现在，管理员必须为一条 Internet 连接的每一个路由器手动配置防火墙规则。我们似乎可以让这一任务自动化。管理员可以指定一些规则并给出一个路由器列表，然后让网络管理系统为列表中的每一个路由器安装这些规则。虽然这一做法能够减少一些手工操作并且比人工多次输入命令的差错率低，但是通过管理员指定规则和相关路由器则被视为一种低级的接口。一种更加有效的办法是让网络管理系统分析出哪里出现了外部连接，然后由管理员为这些外部通信设置策略，最后让网络管理系统将这些策略转换为规则并自动安装到相关设备上。

总而言之：

> 人们虽然已经开发出了一些能够自动完成部分网络管理工作的工具，但是在我们研究出一种更新更好的网络管理抽象模型之前，一个全面的、自动化的网络管理系统是不可能实现的。

3.12 管理软件的组织

将来我们能创造出这样一个网络管理系统吗？它既独一无二，又十分固定；它不仅能够理解高级的策略，而且还能够处理实现任意一种策略的所有任务。许多管理员认为这样一个系统是不可能实现的，因为网络是不断进化的，网络需求是不断变化的。我们在实践中会提出一些新的策略，因此一个固定的系统不会永远包打天下。例如，一个 20 世纪 80 年代的网络管理系统可能会包含一些安全的内容，但是在之后的几十年中网络安全领域已经发生了翻天覆地的变化。因此，一个自动化的网络管理系统必须能够适应新的策略类型和新的策略。

为了保证一个自动化系统具有灵活性，人们已经提出了一个两层的方案：底层平台提供可编程接口；上层为软件层，它可以调用底层平台将策略转换为动作。图 3-3 说明了这一概念：

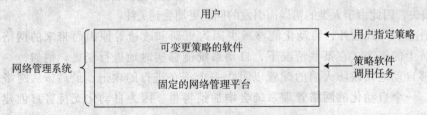

图 3-3　两层自动网络管理系统的逻辑组织结构：底层的平台提供可编程接口，上层软件执行策略

正如上面的图所指出的，只有最底层的自动化系统是固定的。用于执行策略的第二层能够采用新类型的策略。

为了使这一方案更加灵活，第二层可以由一系列模块组成，每一个模块负责管理一类策略。当管理员提出请求时，用户界面就会为该请求指定合适的策略模块。因为在执行新类型的策略时，我们可以方便地加入新的策略模块并对现有策略模块进行更新，所以不必更新底层系统，从而大大提高了系统的灵活性。图 3-4 说明了这一结构。

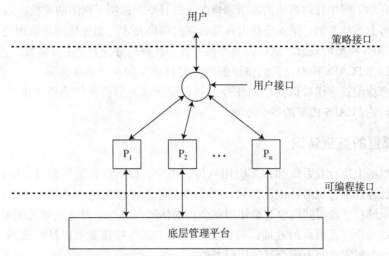

图 3-4　两层自动网络管理系统的详细结构图。
用户可以在任何时候加入新的策略模块并更新现有策略模块

有人指出，两层方案的概念（参见图 3-4）类似于设计一个操作系统。操作系统拥有固定的内核。内核能提供基本的功能。上层应用软件调用操作系统的接口去完成更复杂的功能。进一步分析，我们发现网络管理系统当前的情况与 20 世纪 60 年代操作系统的发展情况十分类似。十分一致的是，只有当计算机科学家们研究出一套新的抽象概念时（比如，线程、文件、目录），操作系统才得以实现。在后面的章节我们会了解到，虽然上面描述的方案为我们提供了一个整体的框架，但是正如操作系统的发展历程一样，在自动网络管理系统付诸实践之前，我们需要定义一套类似的抽象概念。

3.13　总结

由于种种原因，网络管理问题十分复杂。除了网络元素和网络设备的种类多、参数复杂之外，每一个网络都是独一无二的，所以通用的模式很少。许多网络规模巨大，运营商网络、服务提供商网络以及企业网络在功能和目的上各不相同。与此同时，一些供应商已经将精力投入到网络元素管理系统的开发上。

自动网络管理是必要的。目前，人们已经掌握了自动化系统的一些特性。尤其是前面提到的两层结构，一方面它拥有固定的底层系统，可以提供可编程的接口；另一方面，第二层软件可以执行各种策略。因此它保持了自动化系统的灵活性，适应了未来发展的需要。但是，在建造一个高效、实用的自动网络管理系统之前，我们需要提出新的原则和抽象概念。

第4章 配置与操作

4.1 简介

前面几章介绍了网络管理系统的术语和概念，并且举例说明了网络的规模。第2章给出了网络元素及其配置参数的实例。第3章指出种类繁多的网络元素与服务使网络管理更加复杂。第3章还介绍了 FCAPS 模型的概念。这一模型将网络管理任务划分为五个主要区域。

本章继续讨论 FCAPS 模型。我们将详细的研究该模型的一个最重要部分——配置。我们会告诉读者为什么像配置这样看似简单的任务会如此复杂，并分析网络管理系统的一些结论。后面的章节将会讨论 FCAPS 模型的各个方面。

4.2 对于配置的直观认识

因为个人电脑上运行着系统和许多应用软件，用户可以对操作进行配置，所以电脑用户对配置这一概念已经有了直观的认识。例如，一个典型膝上电脑的操作系统允许用户设置一个超时时间，一旦电脑在这段时间内没有被使用就会自动休眠以节约电源（比如关闭显示器等）。一般的浏览器允许用户配置网页的地址，只要点击了"主页"按钮就可以显示该网页。计算机网络中设备和服务的配置也与上面介绍的情形类似。

图 4-1 对配置的主要特点进行了概括。

1）配置是使用电脑系统和应用程序之前必经的一步。

2）配置需要用户（比如管理员）进行一系列的选择来控制电脑系统的运行和软件的执行。

3）虽然可以更改配置，但是每一次修改都会使底层系统暂停、关机或者重启。

4）配置使用的界面往往与系统的运行界面截然不同。在网络中，一个处理数据包的系统不需要任何用户界面。

图 4-1 与配置有关的一般性质

4.3 配置与协议层的关系

第2章既包含了网络元素与网络服务的例子，又给出了特定配置参数的实例。虽然例子中的参数说明了被配置对象的复杂类别，但是并没有指出配置之下的重要的概念抽象。这是因为配置参数仅仅是用于达到目标的机制，对配置的理解依赖于对最终目标的理解。下面的部分将介绍网络元素的可配置项目、协议栈的层、配置参数的预期结果三者之间的关系。

4.3.1 拓扑结构与第二层的关系

我们曾说过，运行在第二层的网络元素的可配置参数相对较少。这是因为大部分第二层的元素都可以自动地进行处理。但是在我们考虑虚拟局域网交换机的配置时产生了一个重要的想法：配置是否能用来创建一个拓扑结构呢？

实质上，虚拟局域网的配置是对第一层配线进行逻辑替换——不再根据一些基本交换机和它们与计算机之间的连线来创建拓扑结构。管理员可以将所有的计算机都连接到一个大型的虚拟局域网交换机上，然后对这台交换机进行配置，让它像一套独立的交换机一样工作。使用配置的最大优点是易于改变：我们只需敲击几下键盘就能将一台计算机从一个虚拟局域网移至另一个网络。稍后我们将会理解配置拓扑的概念是如此重要。本节可总结如下：

> 创建一套虚拟局域网并配置一台交换机连接指定虚拟局域网的每一个端口等同于创建一个网络拓扑。

4.3.2　逻辑子网与第三层的关系

在第三层对 IP 地址以及子网掩码的配置仅仅是一个实现细节——最终的目标是建立一个 IP 子网的寻址方案保证数据包转发正确高效地进行。尤其是为路由器配置 IP 地址和子网掩码的时候，管理员必须保证每一个子网都拥有一个唯一的地址前缀（给子网内的每一台主机都分配一个唯一的后缀）。这一重要观点可总结为：

> 假设在网络已经定义的情况下，通过配置 IP 地址，我们可以保证每一个子网都有唯一的前缀。

稍后我们会通过本章的介绍理解该假设的意义。

虽然许多网络是通过手动方式为每一个子网配置前缀的，但是 DHCP 协议软件能够自动地为每一台主机分配一个地址。除了使用 DHCP 之外，需要先完成前缀的手动配置工作。因为一个网络的前缀会出现在该网络每一台主机的地址中。一台 DHCP 服务器必须首先通过手动配置获取自身的网络前缀，然后才能将地址分配给网络中的主机。因此，我们可以认为 DHCP 只是自动地为主机分配后缀。因为在分配给每一台主机的地址中，前缀就是之前网络所配置的前缀。

4.3.3　访问与第四层的关系

许多与协议栈第四层相关的参数是自动分配的。例如，当一个客户端（比如 Web 浏览器）连接一台服务器的时候，运行在客户端计算机操作系统上的 TCP 协议软件会自动地为客户分配 TCP 端口号。除此之外，一些网络元素（比如网络地址转换设备、负载均衡器）使用数据包第四层的协议头的信息来创建一个连接的高速缓存。因此，一个网络管理员不需要经常地配置 NAT 设备的连接信息。

除了在转发路径方面有一些自动配置的选项外，在网络层中还需要进行一些手动配置。通常，手动配置大都集中在第四层的控制连接上而不是数据连接上。也就是说，配置信息指明系统允许做什么，不能做什么。

我们将配置防火墙的访问规则作为第四层配置的例子。通常，防火墙规则会指定一些允许的与禁止（即允许数据包通过或将其丢弃）的选项（比如 IP 源地址、IP 目的地址、传输协议的类型（如 TCP）、源和目的地协议的端口号）。类似地，一个 NAT 系统允许管理员预先对地址和协议端口号集合的映射关系进行配置。

这一点可总结为：

> 虽然服务器会根据应用事先选定第四层协议用于通信的端口号，并且客户端也会自动分配到端口号，但是一些网络系统允许管理员配置第四层参数的访问规则。

4.3.4 应用与第五层（或者第七层）的关系

应用程序在第五层还是第七层操作取决于我们用的是描述 TCP/IP 协议的五层模型还是并不准确的 OSI 七层模型。在任何情况下，我们都可得出结论：一名管理员能够对运行在特定电脑上特定的应用进行配置。

我们以 DNS 提供的域名服务为例。DNS 的配置涉及两个方面：

- 对客户端和服务器使用 DNS 通信的软件进行配置。
- 对具有特定内容的 DNS 服务器进行配置。

从第一个方面来说，管理员首先必须选择一台计算机作为 DNS 服务器，然后在计算机启动的时候配置服务器软件并开始自动运行。管理员还需要配置每一台服务器，让它们知道父域和子域的地址。除此之外，管理员必须要让网络中的其他计算机知道提供 DNS 服务的计算机是哪个（比如，当需要域名解析时，主机该连接哪一台计算机）。在一些情况下，人们会在 DNS 服务器开机的时候，采用 DHCP 代替手工操作对每一台个人电脑进行地址分配。这样，管理员只需要配置 DHCP 服务器即可分配正确的主机地址了。

从第二个方面来说，管理员必须为 DNS 服务器提供数据支持。尤其是管理员必须为每一台 DNS 服务器装载一套资源记录。这些记录中指定了域名的绑定关系。在每一个域名绑定关系中包含了一个域名－地址对应关系。我们可以总结如下：

42

> 除了配置 DNS 服务器与 DNS 客户端之间的通信以外，管理员必须配置一套域名－地址绑定记录。

4.4 配置参数间的依赖关系

可以看出，前一小节中的每个例子都在协议栈中的一层涉及概念上相互独立的选项。但是，选择这些例子都是为了说明一个重要的观点：

> 虽然网络元素的管理接口允许管理员独立地配置参数，但是许多参数在语义上是相关的。

这些参数间的语义关系使配置工作更加复杂。尤其是一些参数间的依赖关系引入了一个隐含的选择顺序。

例如，我们考虑配置第三层 IP 子网与第二层拓扑结构之间的关系。我们之前已经说明管理员必须为每个网络分配唯一的 IP 地址前缀。对一个多接入的广播网络（比如以太网）来说，Internet 协议通过地址解析协议（ARP）来解决下一跳步 IP 地址与其对应的 MAC 地址之间的关系。因为 ARP 协议使用广播的方法，准确地说，网络所覆盖的区域就是广播覆盖的区域。我们同时会发现，对于使用第二层交换机的网络，给定计算机的广播域就与它所连接的虚拟局域网内的计算机相同。进一步说，管理员可以在任意虚拟局域网上为交换机配置任意一个接口。因此，拓扑结构的配置与子网的配置存在语义上的依赖关系：第二层的拓扑结构的配置必须在第三层分配完 IP 前缀的情况下才能进行。

虽然网络元素允许配置参数以任何方式变更，但是依赖关系表明修改一个参数而不改变其他相关参数会引起错误。例如，如果管理员更改了交换机接口的连接，从当前虚拟局域网改为连接另一个虚拟局域网，却没有修改分配给计算机的 IP 地址，那么就会引起 IP 前缀的错误。类似地，如果管理员重新配置了一台计算机的 IP 地址，却没有更改 DNS 数据库的相关条目，那么DNS 服务器就会返回错误的映射。我们可以总结如下：

43

> 虽然网络元素允许管理员任意地更改配置参数，但是参数间语义上的依赖关系表明，
> 只更改一个项而不更改协议栈其他层的相关项，可能会造成整体配置的错误。

4.5 为配置寻找一个更加准确的定义

为配置寻找一个准确的、数学化的定义看起来似乎很简单。例如，在图 4-1 中的特征列表中，第二个特征要求管理员必须能够做一些选择。用数学语言描述就是，管理员必须能够建立从一个数值集合到一个可配置项集合的绑定关系。更准确地说，我们要求一个网络管理系统必须定义一个有限的（通常规模较小）的项集合，同时管理员必须为其中的每一个项指定值。为了进一步追寻我们关于配置的直观印象，我们指定每一个项可能的值集合是有限而且很小的。事实上，对于许多项而言，网络管理系统都已经清楚地列出了所有可能的数值供管理员选择（例如，当配置一个网络接口的状态时，系统允许管理员选择"运行"和"停止"两个状态）。

可以看出，配置代表着一种直接的数学绑定关系：

$$\alpha \rightarrow \beta$$

β 是一个 K 元组的项集合，集合中的项称作变量（variable），集合中的每一个项都有一个可能的数值集合。这个数值集合是有限集合，范围也很小。α 是一个 K 元组的数值集合，这些数值与集合 β 中的变量一一绑定。进一步来说，绑定关系要求集合 α 中的数值 α_i 在变量 β_i 的数值范围之内。

正如我们所看到的，配置参数间语义上的依赖性表明并不是所有数值组合都可以用于实践。上述正确性的定义是脆弱的。我们在下一节将会看到配置的定义也需要适应暂时的要求。

4.6 配置与暂时的结果

如果为参数绑定数值的解释并不足以说明网络配置的概念，那么还有别的说法吗？为了理解这一问题，我们考虑一个网络是怎样运行的。一般来说，管理员将每一个设备连接起来，然后配置这些网络元素，最后让网络运行起来。一些配置参数仅仅指定了初始条件，一旦网络运行起来，这些参数会产生变化。一旦数据包开始传输，其他一些配置参数就可以控制网络的运行。例如，初始的路由配置指出网络开始运行以后数据包经过的路径。但是选择是否配置一个路由更新协议（比如 RIP 或者 OSPF）决定了一个网络是否能够检测链路故障并且绕开故障进行路由。

44

因为这要求网络管理员想象网络在将来会怎样运行，所以随时间改变的观念使配置更加复杂。事实上，管理员可能需要进行反向思考，先设想出一个可运行的系统，然后再设想如何通过一系列的步骤让网络达到可运行的条件。为了设想出这些步骤，管理员必须理解每一个配置选择对网络实时的影响。然后，管理员必须选择合适的数值来生成初始化条件，最终达到需要的运行状态。也就是说，管理员必须考虑每一个配置选择产生的暂时结果。

4.7 配置与全局一致性

除了考虑暂时的变化之外，网络管理员还必须理解配置选择之间的相互作用。也就是说，管理员必须想象出一个网络的全局状态，而不是单独地考虑每一个配置参数。换句话说，管理员必

须理解在每一个网络元素中存储的数值是怎样保证网络实现需要的功能的。例如，考虑转发的情况，为了提供 Internet 到每一台主机的连接，管理员不能单独考虑一台路由器的配置，而是需要考虑跨越整套路由器的转发状态。虽然管理员是单独地配置每一个网络元素的，但是所有路由都必须保持全局一致性以确保所有的主机都能够连接到 Internet。

> 当一名网络管理员选择配置的时候，他必须考虑的基本目标就是整个网络的状态需求；配置仅仅是一种允许人们设置初始状态细节并实时控制网络状态变化的机制。

　　一项关于状态的重要观察结论表明，多个正确的状态可以并存。在上面的例子中，完全可能存在多种路由配置，而且每一种路由配置都可以保证所有主机都连接到 Internet。因此，管理员在不知道整个网络状态的情况下不能决定一个指定的网络元素是否拥有正确的转发信息。

45

> 因为有许多种网络状态都是正确的，所以一个网络元素配置的正确性只能与其他相关网络元素的配置放在一起才能得到全面的评价。

4.8   全局状态与实践系统

　　正如后面将要看到的，整个网络的一致性问题是如此重要，以至于会影响自动管理系统的设计。现在我们必须明白关键的一点：虽然全局的状态是一个基本概念，但是制作出能够获得并操作全局状态的软件是不可能的。也就是说，除了小规模的无用网络之外，我们不能够期望记录一个网络的全部状态信息。

　　为什么不能记录整个网络的全局状态呢？主要有三个原因。首先，网络包含了多个网络元素，而且每一个网络元素都十分复杂，我们需要记录下大量的数据才能表示出整个网络的状态。其次，网络状态会随时间改变，获得全局状态需要同时获得所有网络元素的状态信息。最后，除了相对静态的数值以外，全局状态包括数据包队列，它会随时间不断地改变。

　　由于网络的规模巨大，我们发现转发表由大量的状态信息组成。但是，除了转发信息以外，网络元素还包含了协议软件、操作系统、设备驱动、控制与管理软件、防火墙以及内存中的其他数据。因此，即使我们忽略底层硬件，一个独立的网络元素也包含了大量的状态信息。

　　捕获实时状态信息是十分必要的。如果没有暂时的快照，状态就会出现不一致的情况。例如，我们可以想象在路由信息发生变化的时候获得路由器转发表的情况。如果我们在路由改变之前获得了一些路由器的转发表，又在路由改变之后获得了另一些路由器的转发表，那么所保存的数据并不能代表网络的正确全局状态。

　　虽然数据包仅仅代表了网络状态的一个方面，但是引发了被管理数据本身的一个重要问题：我们在下一章将会了解到，网络管理系统会使用被管网络与各个网络元素进行通信。也就是说，管理数据流也会像用户数据流一样流经相同的线路和网络元素。因此，记录多个网络元素的状态需要传输数据包（即任何人都不可以先"冷冻"整个网络，然后记录下它的状态，最后再重启网络）。

4.9   配置与默认值

　　管理员为一个网络元素指定的配置和该元素的初始状态之间有怎样的关系呢？可以看出，除了指定基本软件（比如运行的操作系统）外，管理员必须为网络元素指定初始状态。但是在实践中，只有少量参数需要在网络元素运行之前配置，为网络元素指定初始状态时需要的元素就少之又少了。

配置参数的产生仅仅是因为网络管理接口不断扩展，越来越多的项目需要一个精简的集合吗？当然不是。简短源于网络供应商希望网络配置更加简单。供应商一直遵循着使用默认配置这一原则：

> 一个管理界面不会要求管理员为所有的参数都指定数值，而是在起始状态下使用一套默认的数值，并且允许管理员更改指定的数值。

因为这样减少了出错的机会，所以使用默认配置的界面对直接由人工管理的设备有很大帮助。但是具有讽刺意味的是，精确的默认配置也意味着管理某一网络元素的自动软件必须清楚了解该元素的工作情况。

4.10 部分状态、自动更新以及恢复

在前面已经说过，虽然配置指定了网络元素在初始状态的一些项，但是元素运行之后这些状态会发生改变。例如，ARP 协议会在高速缓存中加入一些条目，路由更新协议会更改路由信息，状态防火墙会更新过滤规则。有趣的是，动态状态更新的概念有一个重要的含义：

> 因为网络元素或网络服务的状态会随着网络的运行而动态更新，仅仅依靠配置信息不能指定网络状态。

当人们考虑故障恢复时，网络元素的状态随时间改变并且依赖于网络传输情况的思想显得尤为重要。重新载入一个配置和重启一个网络元素只能恢复一部分状态信息——在设备重新启动与发生故障这段时间内所产生的变化是不能够恢复的。

使情况更加复杂的是，一些网络元素的硬件允许元素将一些或者全部状态信息存储在非易失性的存储器中。举一个小例子，我们考虑一下虚拟局域网交换机。虚拟局域网交换机将端口状态信息存储在非易失性的存储器中，却将其他的配置数据保存在易失性的存储器中。也就是说，当管理员配置一个端口是禁用还是启用的时候，硬件将会永久地保存这一设置。这样当硬件重启的时候就可以及时恢复。诸如电力循环的设备会使虚拟局域网分配的端口无效，但是能够恢复每一个端口的状态。

> 在断电的情况下，网络元素使用非易失性的存储器能够保证全部或部分状态信息得到恢复。

4.11 界面范式与增量配置

使用命令行界面的网络元素通常允许管理员输入一系列配置命令，这些命令对网络元素状态做出小的改变⊖。也就是说，每一条命令都使网络元素的配置产生增量改变。为了达到要求的效果，使用增量界面的管理员需要熟悉多种命令（比如改变转发表中的一个值来使用特定接口，并且

⊖ 一些网络元素使用可变范型。在这些范型中，管理员可以更改一份配置信息的拷贝，然后再将整个拷贝上传到网络元素中。

启用该接口）。在这样的情况下，一个错误往往会使得配置工作的交互过程更加复杂——如果出现一个错误阻止了工作继续进行，管理员需要撤销之前的已经输入的一系列命令。

为了帮助管理员掌握复杂性，一些管理界面允许将一系列命令视为一个原子级单位（atomic unit）。也就是说，集合中所有的命令要么都被应用，要么都不被应用。我们使用事务（transactoin）的概念来描绘由一些不可分割的原子操作组成的集合。当命令行界面提供增量命令时，每一条命令只能完成一步操作，因此一个事务就是包括若干命令的集合。当命令行界面提供复杂命令时，每一条命令可以完成多步操作，因此一个事务可以只包含一条命令。例如，我们可以想象有这样一台路由器，它的管理界面只提供一条命令就能启用所有的接口。如果这条命令是以事务的方式执行的，那么一旦出现硬件问题就会中断接口的启用过程。同时，命令会报告错误并且不启用任何接口。事务界面之所以重要，是与人类的交互作用紧密相关的：

> 因为它解除了管理员撤销部分操作的责任，管理界面将许多操作划分为事务，这样既方便了使用又减少了人们出错的可能性。

界面除了能够自动地决定怎样将命令划分为事务以外，还可以允许管理员动态地定义事务。例如，界面可以使用大括号来表示一个事务（如图4-2所示）。

显而易见，允许管理员自己定义事务范围的界面比预先定义好事务内容的界面更加灵活。管理员可以在任意范围内指定原子操作：假如在事务执行的过程中发生错误，系统必须能够恢复到初始的状态。

48

```
Transaction name {
    Command₁
    Command₂
    ...
    Commandₙ
} ← end of transaction
```

图4-2　事务的语法结构：管理员可以将多条命令定义成一个事务。
一旦事务被创建，我们可以通过事务的名称调用它

为了理解潜在的问题，我们假设管理员在事务中加入了可以修改大型数据结构（比如ARP协议高速缓存或者转发表）的命令。这样的话，系统必须保存一些用于重建原始数据结构的信息以防止事务中的命令在执行的过程中出现错误。但是，存储一份数据拷贝需要额外的内存。因此，我们可以总结如下：

> 虽然允许管理员定义事务的界面比固定事务定义的界面功能更强大，但是允许管理员定义原子操作的范围也意味着系统必须拥有足够的资源，以便从任何的改变中恢复过来。

有趣的是，网络元素往往是按照更改配置的方式而有所不同：一些网络元素会根据最新的配置立即做出变化，而另一些元素需要重新启动才能使配置生效。在任何一种情况下，配置错误的结果往往都是灾难性的：无论是立即开始还是重新启动，网络元素都变得不可达。在4.13节将会研究一种自动的回滚机制帮助我们在灾难性的配置错误之后进行恢复。

4.12　配置过程中的提交与回滚

作为定义事务的可选择界面，一些网络元素的管理系统会为管理员提供手动方式来恢复部分配置。主要包括两种类型：

- 快照回滚
- 增量回滚

理解最简单的故障恢复机制涉及使用快照回滚。在更改配置之前，管理员需要对配置拍摄快照（即拍摄网络元素当前状态的快照）。然后，管理员会输入命令更改网络元素的配置。配置的更改范围非常广泛（即他们可以对网络元素的进行任意修改）。因为每一条命令都会立即生效，所以管理员可以在任何时候测试系统，验证他所做出的更改是否产生了应有的效果。如果管理员遇到了问题或者决定取消原来的更改，那么他就会通知系统使用快照回滚到先前的状态。

网络元素管理系统使用的第二种手动恢复机制就是增量回滚。事实上，增量回滚能够使管理员具备撤销之前的命令和事务的能力。增量回滚的一个重要限制在于它所能回滚的操作的数量。一个允许撤销任意步操作的系统比一个允许撤销一步操作的系统有用得多。但是允许任意地回滚要求系统存储之前每一步操作的信息。

4.13　自动回滚与超时

我们可以扩展一下回滚的概念，将超时机制包括在其中：当管理员开始一个事务的时候，系统会启动一个定时器。如果事务运行失败或者在定时期满之前不能够完成，系统就会自动地将事务未完成的消息通知管理员，然后采用回滚机制恢复系统。当事务需要执行很长的时间，使得管理员失去耐心的时候，或者当一个配置错误阻止了网络元素与管理员之间进一步通信的时候，自动回滚机制是非常有用的。

供应商至少会将回滚机制作为他们管理界面中的一部分。在这样的系统中，如果一个事务在 N 秒内（默认是 75 秒）不能够完成，事务就会自动回滚。

4.14　快照、配置与部分状态

我们需要存储多少信息用于回滚呢？答案取决于系统是需要存储所有状态的拷贝还是仅仅需要足够的信息用于恢复状态。如果一条命令拥有一条反转命令，那么反转命令比一个完整的系统快照占有的存储空间更少。因此，如果管理员将一个交换机端口号从虚拟局域网 i 移至虚拟局域网 j，系统就可以存储一条回滚命令将端口从虚拟局域网 j 移至虚拟局域网 i。在管理命令没有反转命令的情况下，我们需要存储一些数据结构或者整个系统的快照。例如，当一个网络元素的操作系统重载时，我们需要更改许多状态，通常情况下恢复一个快照更加容易。

反转命令的存在与否决定了是快照回滚还是增量回滚需要占用更多的空间。我们考虑一个支持 N 步增量回滚的系统。如果每一条命令都有一条反转命令的话，那么用于存储增量回滚信息的空间是 Nc，其中 c 表示存储一条命令所需的空间。如果所有的命令都没有反转命令，那么系统需要一个大小为 NS 的空间，其中 S 表示一个完整快照的大小。因此，如果命令没有反转命令，那么增量回滚就会比管理员手工保存一个快照需要更多的空间。

上面的讨论可以总结如下：存储快照所需空间的大小取决于系统是保存内部数据值还是保存用于重建数据值的信息。事实上，我们可以看出，存储整个的配置往往比存储数据值节省更多的空间。

一些网络元素确实允许管理员一次装载全部的配置信息，而不是每次只输入一条配置信息。

但是我们必须记住，虽然配置信息管理了许多项，但是它只是指定了部分状态信息。因此，弄清回滚到前一个状态与根据部分信息重建新状态的区别是十分重要的。

> 因为复杂网络元素（比如路由器）的配置文件并不能获得所有的相关信息，所以回滚
> 到前一个状态不能够仅仅依赖于重新装入所有的配置信息。

4.15   分离设置与激活

一些管理界面使用替代范型来避免配置改变所带来的问题。管理界面不再适应不断增长的变化，而是将配置划分为两个完全独立的步骤：设置与激活。

在设置阶段，管理员下载一系列的配置请求。同时网络元素进行一致性和正确性检查，但不应用改变。如果请求没有经过正确性测试，管理员必须重新下载一系列的反转请求。因此，管理员可以不断地进行修改，直到请求集合满足目标元素的要求为止。

元素一旦通过了一套请求，该元素就允许管理员激活更改的配置。因为网络元素可以预处理请求并且产生合适的内部数据结构，所以激活工作能够快速地进行。特别地，一个网络元素可以不经过重启而利用激活过程来安装一套新的配置。

4.16   配置多个网络元素

迄今为止，我们的研究只集中在一个网络元素上。正如在后面我们将要看到的，经过多个网络元素的服务的配置更加复杂。例如，一个 MPLS 隧道能够跨越多个路由器。类似地，在网络元素的配置与服务（比如 DHCP）的配置之间可能需要进一步的协调。因此，复杂的配置要求协调多个平台间的事务和回滚机制。

目前大致有两种解决方案：一种是递归，在这一方案中，每一个元素都会向其他元素提出请求，直到整个事务实现为止；另一种是迭代，在这一方案中，管理系统会联系事务所需的所有网络元素。递归的方法可以隐藏元素之间的依赖，但是可能会形成环和死锁。迭代的方法消除了环，但是要求管理系统了解所有网络元素的依赖性以及内部之间的联系。

4.17   总结

配置是网络管理中最重要同时也是最困难的方面之一。虽然协议栈的每一层都需要配置，但是每一可配置项目之间都存在着语义的依赖性。

因为配置需要指定初始状态和控制操作，所以它与网络的全局状态紧密相关。虽然配置了许多选项，但是一个网络元素状态会随着网络的运行不断改变。更重要的是，评估一个网络元素配置的正确性与网络的全局配置密切相关。

网络元素的管理界面允许对配置进行增量修改；也可以用事务将这些修改划分为原子单元。管理界面可以支持快照回滚和增量回滚；存储的回滚信息的大小依赖于每一条配置命令是否拥有一个反转命令以及允许撤销的命令数。

配置跨越多个网络元素的服务比配置一个单独的网络元素复杂得多。在递归的方法中，控制权从一个元素传递到另一个元素；在迭代的方法中，管理员需要一次配置所有元素。

第 5 章　故障检测与修正

5.1　简介

本书前面的章节已经介绍了网络管理的问题并且定义了 FCAPS 模型。第 4 章详细介绍了 FCAPS 模型的一个重要方面：配置。

在本章中，我们将研究网络管理的另一个重要方面：故障检测与修正。本章将定义网络故障的概念，探寻故障发生的原因，并讨论网络管理员检测故障和修正故障的方法。

5.2　网络故障

我们使用网络故障（network fault）这一概念泛指那些能够引起网络运行故障或者产生不希望的结果的条件和问题。在 FCAPS 模型中，故障的概念广泛应用于通信、计算设备和服务中。因此，任何硬件或软件都有可能发生故障。

在 FCAPS 的定义中，故障往往与数据包转发问题（比如向指定地点传送数据包失败）、策略管理问题（允许本该阻止的数据包进入）、服务器问题（比如停机），以及设备问题（比如断电）密切相关。简而言之，网络中的任何问题实质上都可以被划分为故障。

5.3　故障报告、症状以及原因

网络管理员能够从故障报告（trouble report）中了解到网络中的故障。网络用户提供故障报告的来源：当网络应用没有按预期的效果执行时，用户就可以向管理员发送报告指出问题。

故障报告有两个令人感兴趣的特征。首先，许多故障报告系统使用网络将用户的报告发送给管理员。在某些实现中，用户需要填写网页上的表单，然后将这张表单发送给管理员；在另一些实现中，用户需要发送电子邮件。其次，用户仅仅报告了故障的症状（例如，一个应用程序没有按照用户的要求运行）。

上述两个特征都会产生各自的结果。如果使用网络来传递故障报告，那么一旦网络故障严重到会阻止通信的时候，网络管理员将不会收到任何报告。依靠用户填写故障报告意味着报告中关于症状描述常常是含混不清、令人难以理解的。例如，一名用户报告：

My email is not working.（我的电子邮件不能正常工作）

他也许是说电子邮件的传送得非常缓慢，也许是说自己的电脑不能使用电子邮件应用程序，也许是说网络没有连接上，也有可能是说他发出的电子邮件被退了回来。因此一份故障报告仅仅是一条线索——管理员在决定网络是否发生故障之前必须做深入的调查研究。我们将本小节内容概括如下：

> 因为仅仅列出了症状，所以一份用户故障报告只包含了问题的一部分信息。管理员必须将观察到的关于故障的描述转化为一个根本的原因。

5.4　故障检测与诊断

我们使用故障检测（troubleshooting）来表示发现网络故障原因的过程。因为故障检测需要仔细地思考和深入的分析，所以它是人们参与的最重要的网络管理活动之一。网络管理员综合若干故障报告做出一个关于故障原因的假设，然后通过调查证实故障的原因，最后再进行故障维修。

总之，对于故障检测来说，再多的信息也不够。故障诊断要求管理员使用所有可用的线索，包括来自设备的报告、用户的故障报告和诊断工具[⊖]的分析。进一步说，因为故障报告通常指出的是运行的问题而不是清楚而详细的错误，所以管理员必须将观察到的现象与软硬件联系起来。因此，管理员对网络的物理结构和逻辑结构了解得越清楚就越容易查明故障的原因。

5.5　监控

网络管理员怎样才能知道一台网络元素是否正常运行呢？检测故障的最有效方法之一就是使用监控（monitoring）。也就是说，管理员会安排测量网络元素和网络流量。通常，网络监控由一个自动软件系统来实现。该软件系统会不断地收集信息，然后将这些信息以可视化形式展示给管理员。例如，一名 ISP 可能会使用自动软件来监控 ISP 与 Internet 之间的流量。图 5-1 说明了监控信息是如何显示的。

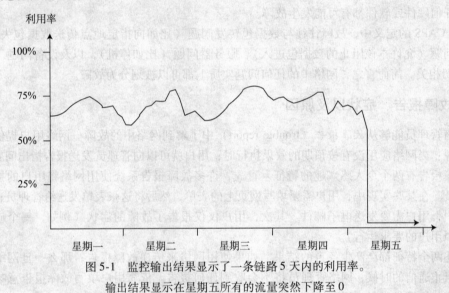

图 5-1　监控输出结果显示了一条链路 5 天内的利用率。
输出结果显示在星期五所有的流量突然下降至 0

如上图所示，一个自动监控系统能够帮助管理员快速地发现问题（比如流量突然中断）。

5.6　基线

因为监控可以帮助管理员快速地发现问题，所以它为故障检测提供了一种便捷的方式。但是监控也存在着两大缺点：

- 大型的网络往往会包含多条链路和多台设备。
- 正常的网络流量也千变万化。

网络规模为什么如此重要？我们从前面的介绍中已经了解到大型网络通常包含数千台设备。每一台设备（比如路由器）可以连接多个物理网络。这意味着监控多条链路会产生数千个类似于图 5-1 所示的结果。对于网络管理员来说，他不可能逐一检查数千条结果。

⊖　本书的第二部分将介绍诊断工具。

　　许多严重的监控问题都源于流量的变化。例如，在许多网络中，流量会在晚间和周末降到一个较低的水平。由于自动监控系统过于简单，因此每当流量下降到一个设定的极限值时，系统就会发出警报并通知管理员。

　　为了解决上述问题，自动监控系统通常采用一些统计的方法：系统持续监控网络流量，但是只有在流量出现"异常"的情况下，系统才会通知管理员。也就是说，系统不再设定一个绝对的阈值，而是采用一种基线测量（baseline measurement）的方法，经过一段长期的观察后再进行设定。一旦建立了基线，就可以将网络的测量结果与基线进行比较。

　　例如，如果监控系统搜集了一条链路在一周时间内每隔 30 分钟流经的数据包数。一旦搜集了数周的情况，我们就可以为每一个时间间隔计算一条基线（包括平均值和标准差）。我们可以设定一些参数，一旦流量与统计的轮廓不符（比如超过平均值的标准差），系统就会通知管理员。

　　本节概括如下：

> 因为网络中的数据流会随时间不断地发生显著的变化，使用绝对阈值的网络监控系统会产生许多错误的警报。为了更有效地监控网络，只有当流量与基线测量的结果差别较大时，监控系统才会向管理员报警。

58

5.7　可以监控的项目

　　上面的讨论集中在监控一条链路的情况。但是，我们完全可以监控其他的网络设备和装置。例如，除了链路监控器以外，供应商还提供了可以监控以下项目的系统：

- 交换机
- 路由器
- 广域网连接
- 服务器（例如，电子邮件、网页以及域名服务）
- 应用软件
- 操作系统
- 应用网关
- 打印机
- 数据库
- 安全服务与安全机制

5.8　报警、日志以及轮询

　　监控数据是怎样表示出来并传送给管理员的呢？目前有几种方法。如果一个网络元素包含了管理系统设施（比如，一个独立的 CPU 或用于完成管理任务的软件），那么该系统就可以分析事件并为管理员生成报告。如果一个网络管理元素不包含网络管理设施，那么可以使用一个单独的计算机系统从一个或多个网络系统中搜集事件并进行处理。

　　无论事件是在网络元素的内部处理还是通过一个独立的系统在外部处理，数据表示与范型都是需要的。数据表达方式的选择依赖于需要通信的项目大小和复杂程度（使用二进制、ASCII 码以及 XML 语言）。范型依赖于期望事件发生的频率。可行的方法包括：

- 报警

- 事件日志
- 轮询

报警（alarm）的方法要求网络元素在检测到问题的时候向管理系统发送错误报告。事件日志（event log）的方法会将事件记录在一个文件中，可能是一个整个网络都可以访问的文件。然后，日志文件会被离线检查（比如在晚间检查）。轮询（polling）的方法会定期地查询网络元素的状态。

范型与表达的开销是监控中出现的问题之一。特别是，如果当管理事件与其他数据流在同一个网络中传输时，我们必须防止表达与范型产生的管理数据流淹没了整个网络。

5.9　识别错误的原因

因为网络包含了多种类型的设备与服务，所以错误产生的原因很多。例如，以下的问题都会引起错误：

- 传输链路故障
- 网络元素故障
- 软件错误
- 协议错误
- 恶意攻击
- 出乎意料增长的流量
- 接口中断
- 配置错误

传输链路故障：一条物理传输线路的断开会造成整个连接中断。这是已经公布的故障之中最容易发生的一种情况。由于电缆的损坏常常与建设事故有关，该问题也被人们称为"挖掘机引起的故障"。

在无线传输系统中，信号干扰和持久中断都可能导致链路故障。例如，一架飞机能够短暂地阻止卫星通信；植物可以阻挡点对点的微波传输。对于使用 Wi-Fi 技术的无线共享链路来说，干扰来自于无线电信号的传输以及一些金属结构。值得一提的是 Wi-Fi 技术将移动计算机与 Wi-Fi 基站关联（association）起来。随着移动计算机不断地移动，链路的质量将会不断恶化，最终达到不可使用的程度。

网络元素故障：单独的网络设备（比如路由器、交换机）也会由于多种原因而发生故障。例如，如果中心供电系统发生了故障，那么整个网络中的设备都会停止运行而完全失效（complete failure）。如此的灾难性故障是非常容易检测到的；相比之下，诊断部分性故障（partial failure）更加困难。因为在这种故障中，设备的一些组件已经失效而另一些仍然在运行。例如，拥有多个插槽或多个背板的网络元素可能会发生这样的故障——插入一个插槽的接口可以正常工作但是插入另一个插槽的接口却不能工作。

软件故障：一般而言，软件系统比硬件系统不可靠，它经常会出现一些故障。令人惊讶的是，绝大多数网络元素都含有大量的软件，其中包括专用操作系统、设备驱动以及协议栈。因此，除了应用软件（比如 Web 服务器、电子邮件系统）以外，网络管理员必须要处理好系统软件的故障。

作为软件错误的一个特例，我们考虑一下软件更新问题。大多数路由器拥有操作系统，同时供应商会不断地更新操作系统软件的版本。在大多数组织中，路由器需要不断地运行。因此，软件需要在线进行更新——管理员暂时地停止路由器，安装新版本的软件，然后立即重启路由器，最后观察是否出现故障。

协议错误：通信协议的作用在于协调数据传输并且克服一些网络的错误。尤其是关于路由信息的通信协议，它可以在链路发生故障的时候自动地监测故障，然后选择一条新的路径作为路由来传输数据，从而使网络尽快地从故障中恢复过来。

尽管被设计用来自动地解决一些网络错误的，但协议本身却可能引入另外一些错误。例如，在某些条件下，一些路由协议会建立一个路由环路（routing loop），数据包会在这个路由环路中不断地转发下去。这样一旦数据报进入路由回路，就会不断地沿环路传输，从而不能到达它的目的地址。在另外一些情况下，路由协议会创建出一个"黑洞"——一个或更多的路由器都没有到达某个地址的路径。

恶意攻击：在第 8 章中，我们将会详细地讨论网络安全问题。但是，我们要在这里指出：恶意攻击已经成为网络故障的来源之一。尤其是拒绝服务攻击（denial-of-service），它可以破环网络并且阻止其他数据流正常传输。

出乎意料的流量增长：即使网络没有受到攻击，它也可能因为数据包的原因而遭到破坏。合法的数据流突然增长也会引发故障。"突发流量"（flash crowd）这个短语有时就用于描述这种情况。例如，在 2001 年世贸中心的恐怖袭击发生之后，混乱的用户都希望尽快了解当时的情况，因此许多商业新闻网站的网络都没能抵挡住犹如洪水般的请求。类似的故障还可能发生在一个网站突然流行起来的时候。

接口中断：中断是一种常见的故障，尤其对于用户可访问的设备而言。事实上，中断故障非常普遍，以至于许多操作系统都有预警机制。当网络接口出现连接丢失的情况时（比如线缆被拔出的情况），系统就会向用户报警。当中断发生在由数千条线缆接入的交换机时，人们不得不手工来分辨连接——未接入的错误线缆可能会在不经意间中断一台设备的连接。因此这种情况是一个令人头疼的问题。

配置错误：错误的配置也是使网络发生故障的重要原因之一。例如，我们可以考虑使用可变长子网掩码的情况。在正确地分配子网号之前，我们需要仔细考虑当前缀之间发生交叠的时候怎样分配每一比特的值。如果管理员只是按顺序分配子网号（比如 1，2，3，…），那么将会导致混乱的局面。一些主机之间会无法进行通信。遗憾的是，无法从表面上看出含混不清的子网——只有当一对互相影响的主机之间进行通信的时候，问题才会显现出来。 61

5.10　人工错误与网络故障

什么原因最有可能引发故障呢？上一节列出了可能引发故障的诸多错误，但是没有指出哪一种错误最有可能发生。列表前半部分列出的原因主要是网络技术上的错误，后半部分则主要是人工引起的错误。当 Internet 刚刚在实验室出现的时候，硬件与软件的错误就已经很普遍了。有趣的是，根据研究，人工的错误是故障最重要的来源［Fox and Patterson 2003］。例如，研究表明，51% 的网站故障都是由于操作故障所致。在该研究报告中，作者说到：

> 我们惊奇地发现，操作错误已经成为导致网络故障的首要因素。

当我们讨论自动网络管理系统的时候，关于人工错误是导致网络故障最主要原因的发现是非常重要的。

5.11　协议分层与错误

我们发现，错误遍布于协议栈的各个层。传输链路中断与第一层的错误相关。无线局域网的故障与 CRC 错误发生在第二层。第三层的错误包括子网地址划分不清和地址重复分配。在第四层，传输协议（比如 UDP 协议）能够报告校验和错误。最后，应用层错误包括服务器错误。

协议栈的每一层都出现错误意味着网络管理员在诊断错误之前需要理解整个协议栈的各个层次。总结如下：

> **62**　由于网络协议栈的各层都可能发生错误，管理员必须了解每个层的功能。

5. 12　隐藏错误与自动更正

人们希望引入一些自动检测和更正错误的机制来帮助网络运营。但是，这种机制却带来了负面影响：自动系统在自行解决故障的同时却隐藏了故障的症状，这样管理员就无法了解到故障的情况，更不用说修复底层的错误了。

举一个关于自动检测并更正错误的机制例子，我们考虑协议提供的比特错误检测技术与重传机制。为了检测比特错误，以太网使用了循环冗余校验码（Cyclic Redundancy Code，CRC），IP 协议使用了头校验和（header checksum）字段。在上述任何一种情况下，差错校验包含了发送者与接收者两个方面：在传输之前，发送者将 CRC 或者校验和信息填写到数据包中。接收者使用这些信息来判定数据包是否损坏。如果在从发送者到接收者之间的传输中数据包的比特发生了改变，接收者就会丢弃该数据包。

一个可靠的传输协议（比如 TCP 协议）使用确认与重传来解决数据包丢失的问题。也就是说，在传输数据包的时候，TCP 协议会在发送方设定一个计时器。如果在收到接收方关于成功接收数据包的确认消息之前计时器超时，那么 TCP 协议就会要求发送方重新传输该数据包并且重新设定计时器。

很明显，上面的机制隐藏了网络故障。假如一台网络元素的接口硬件发生了故障，它会随机地在数据包中插入一个或多个 0 比特。假设这些数据包使用 TCP 协议作为上层文件传输的应用层协议。接收者会对每一个数据包进行 CRC 校验，判断它们是否正确，然后丢弃损坏的数据包。当传输计时器超时后，发送者会根据 TCP 协议重新发送数据包。如果数据包的破坏率小于 1，那么最终数据包的拷贝会到达接收端，发送端也会收到确认的消息，因此传输还能够进行。

在上面的例子中，用户与管理员不会知道发生的故障。从用户的角度来看，重传保证了文件传输能够正常进行（虽然比较缓慢）。从管理员的角度来看，网络将会变得缓慢，但仍然能够运营下去。因此，底层的错误（比如丢包或拥塞）仍然被隐藏。

从重传的例子中，我们发现这种机制给管理员带来了极大的挑战，因为它掩盖了故障，没有将底层的错误暴露出来。本节概括如下：

> **63**　自动机制克服了一些网络故障，但没有将底层的故障告知管理员，因此会导致网络不能以最优的方式运行。

5. 13　自动监测与事件关联性

我们已经讨论了一种识别异常数据流的重要方法：采用基线测量来设定正常值，然后根据设定的基线监控链路。这种思想可以归结为从与数据流相关的事件中查找不同的事件：观察一个事件在一段时间内的发生情况，计算出基线，使用基线来检测异常的行为。例如，如果一条链路在一天 24 小时内运行正常，那么当链路故障的时候，一些行为会超出预想的范围。

我们使用异常检测（anomaly detection）这个名词来表示将事件与基线进行比较的过程，同时我们认为管理员的责任就是查找异常行为。虽然这样能够帮助管理员查出潜在的问题，但是一个单独的异常无法提供足够的信息来识别底层的故障。因此，管理员需要找到将多个异常信息综合起来的方法。这种思想称作事件关联性（event correlation）。

例如，如果管理员观察到了链路失效的异常，他只能猜测故障的原因。但是，如果管理员观察到连接所有链路的交换机失效，那么他就可以得到结论——交换机发生了故障。我们可以总结如下：

> 与孤立地考虑一个异常相比，将多个异常联系起来会给管理员提供更多的信息。

我们注意到，管理员也可以将外部事件与网络故障联系起来。例如，如果管理员收到了一个网络元素失效的报告，同时又收到了一个网络元素的接口在一场雷暴过后迅速失效的报告，那么他就可以去调查失效的元素是否遭受了雷击。

最后，我们注意到，事件的相关性可以在多个级别上得到应用。例如，管理员可以将一种服务的所有事件联系起来（比如联系所有的电子邮件异常），或者将多个服务的事件联系起来（比如电子邮件的异常和网页的异常），管理员还可以将一台设备的所有异常联系起来（比如多个接口同时发生的异常）或者将多台设备的异常联系起来（比如一对路由器的异常）。

5.14 故障预防

在 FCAPS 模型的定义中，F 方面不仅包括了故障检测和修复，还包括了故障的预防（fault prevention）。也就是说，除了修复故障以外，管理员必须采取措施防止故障再次发生。进一步说，管理员必须能够发现潜在的问题，然后采取一系列措施防止该问题在未来的某一天再次发生。

因为没有人能够知道未来会发生什么，所以预料故障是十分困难的。在后面的一章中我们将会详细地讨论预防工作的一个方面——容量规划问题。我们将会看到管理员是怎样使用流量统计的方法计算网络未来的带宽需求的。

5.15 总结

故障检测与修复要求管理员能够诊断故障并且发现潜在的原因。除了从用户那里得到故障报告以外，管理员还需要依靠自动网络监控系统。为了减少错误的警报，我们将基线与监控界限做了比较。与独立地对异常进行分析相比，管理员将多个异常联系起来可以获得更多的信息。

除了让每一台设备产生报警信息以外，管理系统还可以使用事件日志和设备轮询的方案。选择何种方案与表示方法依赖于设备的容量和预想的数据流量。

从物理层到应用层，网络故障可能发生在协议栈的任何一层。然而，多层之间的内部自动机制往往会掩盖故障的真相。

第 6 章　审计和计费

6.1　简介

在前面几章中已经介绍了基本术语和相关知识背景。前两章通过讨论配置和故障检测问题介绍了网络管理的 FCAPS 模型，本章将重点讨论审计和计费问题。后续几章还将继续对 FCAPS 模型进行讨论。

6.2　商业模型和网络计费

财务审计（financial accounting）是所有商业行为的组成部分。因此，所有计算机网络都需要某种形式的财务审计。计算机网络的开销包括购买设备的一次性花费和用于操作和维护的重复性花费。为保持盈利，网络运营商必须计算所需费用并设计一种服务收费方案来抵偿网络开销。

FCAPS 模型中对审计（accounting）的定义不仅在于保存详细记录，还包括对用户使用的网络服务计费（billing）。设置计费的原因出自最原始的目的——FCAPS 模型是为服务提供商（即为付费用户提供网络服务的组织）设计的。事实上，设计 FCAPS 模型是为了描述如何管理电信网络，该模型在企业网络中的应用可以视为原始目标的扩展。

FCAPS 没有定义审计和计费的具体实施细节，而只说明了必须支持各种审计模型并能够对网络的使用计费。这使得每个网络的管理员都能够自由选择审计和计费模型。因此，企业网络的审计形式可能同服务提供商网络的审计形式完全不同。

6.3　服务等级协定

大多数服务提供商网络的审计和计费都基于正式的法律合同，称为服务等级协定（Service Level Agreement，SLA）。服务提供商要求每个用户签署一份 SLA。此外，服务提供商会和每个同自己有流量交换的 ISP 签署一份 SLA（例如，除了同每个用户签署一份 SLA 外，二级服务提供商至少还需要同一个一级服务提供商签署一份 SLA）。

SLA 中详细说明了提供给用户的网络服务以及相应的计费标准。由于 SLA 属于合同的一种，因此它具有法律效力。更重要的是，SLA 中包含了对服务技术以及服务和费用之间对应关系的细节描述。因此，网络管理员经常需要起草并检查 SLA 中的技术规范。

从网络管理员的角度来看，SLA 是一份重要的文件，因为它列出了可能出现的情况。然而，SLA 中的双方会有不同的期望。从用户的角度来看，SLA 列出了必须提供的服务，用户希望通过 SLA 保证最低等级的服务。从服务提供商的角度来看，SLA 列出了用户可以使用的服务总量，提供商希望通过 SLA 限定用户能够获得的服务等级。后续各节将对这两种不同观点进行讨论。

6.4　服务费

用户访问 Internet 的计费标准包括以下两种基本形式：

- 匀速流量计费
- 基于应用计费

顾名思义，匀速流量计费（flat-rate billing）是指用户按月缴纳固定费用，而与流量类型和使用量无关。而基于应用计费（use-based billing）是指网络提供商根据用户的使用量或每次访问的具体网络服务计费。

68

6.5 匀速流量的服务审计

匀速流量的审计通常简单易行，但 SLA 中的约束条件会使它变得复杂。在最简单的情况下，ISP 根据提供网络服务的总时间向用户收费。因此，ISP 会记录每月提供网络服务的时间并据此收取费用。如果 ISP 提供的 Internet 连接在某段时间内出现故障，那么费用也会相应减少，用户只需支付在可用时间内的服务费用。

SLA 中的条款会使审计变得复杂。例如，有些 SLA 会规定处罚条款，当网络的故障时间超过 K 分钟时，用户使用费将减少 N 美元。其他 SLA 可能会规定如果故障发生在工作时间而非晚间或周末等休闲时间，用户需缴纳的费用会更少。总之，SLA 会根据用户同 ISP 预定的条款确定网络连接的责任归属（如果责任属于用户，则连接故障将不会体现在计费中；如果责任属于ISP，计费时会连同故障一同计算）。

总结：

> 虽然匀速流量计费简单易行，但是提供商和用户可能需要保存例如服务中断等情况的详细记录。

6.6 基于应用的服务审计

基于应用计费通常包括两种方法：
- 根据连接计费
- 根据流量计费

根据连接计费的概念源自早期的电话系统。在电话系统中，用户需要支付每个长途电话的费用。当商业计算机网络出现时，提供商会对用户创建的每条虚电路收费。因此，用户每发送一封电子邮件都要缴费，因为邮件系统会创建一条用于消息传输的虚电路。

然而，由于修改计算机软件能使同一条连接完成多个数据传输，因此根据连接计费可能达不到预期的结果。例如，在基于连接的方案中，为把费用降到最低，可以将邮件系统配置成批量传输。也就是说，邮件系统创建一条虚电路，然后通过该连接实现多个邮件消息的双向传输。为了解决上述优化方案的计费问题，早期网络根据连接的持续时间或通过该连接传输的数据包总量计费。

69

渐渐地，根据连接的计费方式不再受到关注，基于应用服务计费的多数 ISP 将流量（volume of traffic）定义为网络应用的主要度量标准。也就是说，ISP 会测量用户在一定时间内发送和接收的数据总量，并据此计算用户需要支付的费用。

综上所述，基于应用的服务审计比匀速流量的服务审计更加复杂。如果要依据连接收费，ISP 必须监视每个数据包的传输，并检测新连接的建立（随后检测连接的终止）。如果要依据流量收费，ISP 则必须记录每个用户传输的数据包总数，通常还要区分发送和接收的数据包。如果SLA 规定仅对用户流量计费而不对网络控制流量计费（例如，通过路由协议发送的更新信息），审计过程还会更加复杂。

6.7 分层服务

ISP 经常采用一种服务分层（tiered）模型来简化 SLA 协定。在分层模型中，ISP 列出了可供用户选择的选项集合。例如，图6-1列出了一个分层服务集合（在实践中，分层服务列表还会包含价格）。

服务	连接类型	最大下载流量	每月上载
青铜	拨号	无限制	1GB
白银	DSL（慢速）	无限制	10MB
黄金	DSL（快速）	无限制	20MB
白金	T1 线路	无限制	10GB

图 6-1   ISP 提供的分层服务列表。每个用户可从列表中选择一个服务级别，
而无须针对 SLA 中的个别参数进行协商

6.8   超越限额和惩罚

如果输入流量超过了 SLA 中规定的服务等级该如何处理？ISP 可能遵循的方式包括以下两种：

- 允许客户超额，但要征收罚金。
- 设定资源限制，拒绝超额流量。

6.9   征收罚金

处理超额流量最简单的方式是允许客户超额，但是征收更高的费用。也就是说，ISP 将分层服务视为收费结构，而非可供用户选择的服务集合。ISP 会测量用户每月的数据传输总量，并根据分层列表确定客户需要缴纳的费用。

当然，按照服务等级计费的 ISP 必须要有足够的容量来处理预期之外的容量增长。下一章会重点讨论容量规划并解释网络管理员如何预测流量增长。

6.10   流量策略和严格执行限额

从网络管理员的角度来看，严格限制流量超额意味着额外增加一个数据包的处理过程。这个过程称为流量策略（traffic policing），用来限制流量的装置称为流量监视器（traffic policer）。流量监视器会检查输入流量，并拒绝（即丢弃）超过规定流量的数据包。

从逻辑上说，每个用户连接都需要一个流量监视器。实际上，流量监视器可以作为一个独立的装置使用，或者将它嵌入到路由器中使用（这更为普遍）。无论在哪种情况下，网络管理员都要根据 SLA 中提供的参数对监视器进行配置。

总结：

> 流量监视器是一种可配置装置，用于限制从特定源地址发送的数据包的数量。

人们通常认为流量监视器应该不断接收数据包，直到数据包总数达到限额的时候才将后续数据包丢弃。虽然这种方案能够有效限制总的数据流量，但是本章下一节将会介绍一种限制流量速率的改进策略。

6.11   限制流量速率的技术

正如前文所述，一些 SLA 规定了用户能够发送或接收数据的最大传输速率。网络管理员可

以采用以下多种技术限制流量速率：

- 低容量访问连接。
- 前端限速调制解调器。
- 限速流量监视器。

低容量访问连接：这是限制流量速率最简单的机制，是指在用户同 ISP 之间建立一条低容量的物理连接。例如，SLA 中定义 T1 线路的最大数据传输率接近 1.5mbps，因此，ISP 可以规定它同客户之间的连接是一条达到 T1 速度的数据电路。

前端限速调制解调器：调制解调器是一种用在数字用户线路（Digital Subscriber Line，DSL）和线缆调制解调器（cable modem）中的技术。无论在哪种情况下，前端调制解调器（即设置在提供商一端的调制解调器）中包含的配置参数都可以控制最大数据传输率。因此，当同用户签订 SLA 时，提供商规定的最大数据传输速率可以与调制解调器的某一项设置相同。管理员只需根据规定的条款对调制解调器进行配置，然后调制解调器就可以自动限制流速。

当然，ISP 还可以将流速限制视为一种增加额外收入的潜在资源。网络管理员能够监视每个前端调制解调器并检查用户是否达到速率极限。当流速达到极限时，ISP 可以咨询用户是否愿意缴纳更多费用来提高数据传输速率。

限速流量监视器：当数据访问技术达到的速率比 SLA 中允许的数据传输速率更快时，就需要用到第三种流量限制机制进行处理。在这种情况下，网络管理员必须使用流量监视器来限制流速。不像有些调制解调器需要在数据发送给 ISP 之前进行流速协商，流量监视器能够处理已经到达 ISP 的数据包。因此，为限制数据传输速率，流量监视器只能丢弃数据包，直到数据传输速率达到预期的水平为止。

然而，配置流量监视器比配置限速调制解调器更加困难，原因在于监视器使用两个参数：最大数据传输速率和速率的持续时间。

之所以使用上述两个配置参数，是因为数据包具有突发传输的倾向。在突发传输过程中，数据包一个接一个连续到达，这样就造成很高的数据传输速率。如果突发传输过程发生过快，那么对于每次突发传输，监视器都会丢弃一个甚至更多数据包。所以，监视器必须将突发传输中的数据包总数均匀分配到更长的时间里。因此，管理员需要设定持续时间和最大数据传输速率。

要点：

> 管理员可以使用低容量访问技术、前端限速调制解调器或者限速流量监视器控制数据传输率。要配置流量监视器，管理员需要对持续时间和最大数据传输速率进行设定。

6.12　优先级和绝对保证

虽然 ISP 热衷于对用户发送数据的速率进行限制，但是用户往往关注相反的内容，即最低服务保证。因此，SLA 中会包含保证服务功能性的内容，尤其是对 Internet 带宽的保证。管理员可以采用以下两种方式满足用户需求：

- 绝对带宽保证
- 优先级形式的相对保证

前一种方式相对困难并且开销巨大，因此 ISP 倾向于使用后一种方式。

6.13　绝对带宽保证和多协议标记交换

要保证用户的数据传输率为一个定值，ISP 使用的网络元素必须能够允许管理员根据特定流量进行参数配置。通常，这种技术采用面向连接方式（connection-oriented approach）。管理员要通过一个或多个网络元素，从用户的入口点到 Internet 之间指定一条连接。路径上的每个网络元素都需要根据这条连接进行配置。

当前，最广泛应用的提供绝对带宽保证的技术称为多协议标记交换（Multi-Protocol Label Switching，MPLS）。MPLS 允许管理员在给定的用户网络同 ISP 网络之间进行流量配置，并指定最小带宽。

6.14　相对带宽保证和优先级

要提供相对带宽保证，网络管理员采用的机制称为流量调度器（traffic scheduler）。流量调度器能够接收从多个数据源发来的数据包，并根据优先级决定下一个要接收的数据包，同时将待发送的数据包通过单链路进行传输。

网络管理员通过指定优先级的方式来配置流量调度器。例如，为四个用户提供服务的流量调度器会根据用户缴纳的费用来分配不同的优先级。图 6-2 给出了一种可能的分配方案。

上图中的分配方案看上去过于绝对——如果对外链路的速率为 100mbps，则用户 1 将精确获得 20% 的份额，即 20mbps。然而，大多数流量调度器会依比例划分当前可用带宽。因此，如果某些用户在指定时间内没有发送数据包，那么其他用户会根据份额划分整个带宽。在图 6-2 中，如果用户 3 暂时停止发送数据包，那么其他用户获得的带宽将达到原来的二倍。

用户	份额
1	20%
2	10%
3	50%
4	20%

图 6-2　相对带宽的分配方案，每个用户根据一定比例共享带宽

6.15　优先级和流量类型

流量调度器同样可以根据传输类型分配优先级。对于具有实时流量应用的网络来说，优先级格外重要，原因在于为实时流量分配优先级能够避免传输延迟。例如，用户可以规定语音传输（即 VoIP）的优先级必须比电子邮件或网页浏览的优先级更高（企业通常会在内部设定语音传输的优先级）。

6.16　对等协定和审计

当两个 ISP 关系对等时，二者签订的 SLA 通常会根据传输目的地址规定收费细节。例如，大型 ISP 和小型 ISP 之间的 SLA 可能会规定，如果在给定月份中的双向传输流量相同，每个 ISP 只需支付该连接费用的一半（即不存在费用交换）。但是如果其中一个方向的传输量比另一个方向的传输量多出 20% 以上，获得较多流量的 ISP 必须支付 N 美元的使用费。在另一种方案中，对等协定的 SLA 会规定依据目的地址为流量计费。例如，SLA 的各方都会规定通过性流量（transit traffic）费用（从一个 ISP 到另一个 ISP 的流量）和终止性流量（terminated traffic）费用（目的地址为 ISP 用户的流量）。

签署 SLA 的最初目的是为了获取经济利益。将一个输入数据包在内部转发给用户会比将这个数据包通过对等协议转发给另一个 ISP 的用户花费更少的开销。更重要的是，即使开销相同，收费的不同也是 ISP 的经济动力：增加通过性流量收费会降低通过性流量并为用户流量提供更多可用带宽。因此，减少通过性流量能够吸引更多的用户，因为用户可以得到更好的服务。

无论动机如何，审计必须支持 SLA 中制订的方案。因此，网络管理员需要记录每个月输入

和输出的数据包，或者分别记录通过性流量和终止性流量的输入数据包总数。

6.17 总结

FCAPS 规则包含审计和计费，但是并没有规定精确的模型。审计对于任何网络都是必要的，而计费主要由服务提供商使用。大多数的审计和计费都是从服务等级协定（SLA）衍生而来。

匀速流量审计和基于应用的审计都可以用于用户计费，计算流量是评估应用最简单的一种方式。分层服务要求管理员追踪用户使用的流量，如果流量超过相应等级，管理员可以选择丢弃后续数据包，或者据此向用户收取更高等级的服务费用。

可以通过访问技术（包括限速调制解调器）或独立监视器限制流量速率。这两种装置在使用时都需要进行合理的配置。

要提供最小的带宽保证，管理员必须使用面向连接的技术，例如 MPLS，同时还要对传输路径上的每个网络元素进行合理的配置。除保证绝对带宽之外，还有一种相对带宽保证方法，这种方法能通过配置流量调度装置按比例划分有效带宽。

75

第7章 性能评估和优化

7.1 简介

本书的前三章已经对 FCAPS 模型的各个方面进行了阐述，本章将介绍网络管理的基本背景并对网络管理中出现的问题给出定义。

本章将从网络性能评价的角度继续讨论 FCAPS 模型。而与第 6 章关注审计和计费不同，本章将对性能做出更广义的探讨。特别的，本章还将对测量方法如何用于容量评估和规划等重要问题做出更加细致的说明。

7.2 性能的不同方面

性能中有三个方面同网络管理员有关，前两个方面属于性能评估，第三个方面属于性能优化。具体可表述如下：

- 需要评测哪些指标。
- 如何得到评测结果。
- 如何对评测结果进行分析处理。

上述三个方面都非常重要，而本章的讨论则强调对概念的理解，后续几章将介绍用于获取评测结果的 SNMP 技术。

7.3 可测指标

从广义上讲，网络管理员可以选择下述任意一个实体进行评测：

- 单独链路。
- 网络元素。
- 网络服务。
- 应用程序。

单独链路：网络管理员能够测量某条链路中的流量并计算该时间段内的链路利用率。第 5 章详细讨论了对链路的监控以检测异常行为的发生，而链路负载同样能够用于某些形式的容量规划中[⊖]。

网络元素：网络元素（例如交换机或路由器等）的性能通常易于评测，因为即使很基本的网络元素都能提供关于数据包处理的统计结果，而在更高级的设备内部则包含更加复杂的性能监控机制（该机制由供应商提供）。例如，一些网络元素会设置计数器，用于测量通信端口之间的数据包总量。

网络服务：企业和网络提供商都需要对基本网络服务（network service）进行评测，例如域名查询、VPN 以及认证服务等。和应用程序的评测相似，网络提供商会从用户的视角重点关注网络服务的性能表现。

应用程序：对应用程序的评测主要着眼于企业网络。企业管理员会同时为内部用户和外部

⊖ 虽然链路性能原则上同网络元素性能无关，但链路性能的评估结果通常可以从附加在链路上的网络元素中获取。

用户评估应用程序的性能。因此，管理员不但需要评测数据库针对内部员工请求的响应时间，还需要评测网络服务器针对外部请求的响应时间。

7.4 网络性能的评测

任何一个单独的指标都无法准确衡量网络的性能，因此，网络管理员通常应用一组相关测量标准对网络性能进行评价。常用的评测指标包括：

- 网络延迟
- 吞吐量
- 丢包率
- 抖动（jitter）
- 可用性

网络延时（latency）是指数据包在网络传输过程中产生的时间延迟，通常采用毫秒（ms）作为单位。吞吐量（throughput）是指网络中的数据传输率，采用单位时间内传输的比特作为单位（例如，MB/s 或者 GB/s）。丢包率（packet loss）用于统计数据包在网络中被丢弃的比例。对于一个运行正常的网络，数据包丢失通常由网络拥塞导致，因此，丢包率能够揭示该网络是否过载$^\ominus$。抖动（jitter）是评测网络延迟的另一个参数，它的重要性仅仅体现在实时应用中（例如VoIP）。由于精确的实时播放系统需要平稳的数据流，因此，在任何一个支持实时音频或视频的网络中，抖动都要受到格外关注。最后，对于依靠网络进行的商业活动（例如，服务提供商等），可用性（availability）是一个至关重要的因素，它能够衡量网络持续运作的时间以及故障恢复的时间。

7.5 应用程序和端点敏感度

一个网络何时执行得比较好？人们该如何区分卓越、优秀、普通或者不良这些性能等级？有些网络管理员认为仅凭数据和统计结果无法给出上述问题的答案。相反，他们采用用户反馈作为性能评估标准，即没有受到用户投诉的网络就是好的网络（例如，没有收到故障报告等）。

虽然人们希望能给网络质量下一个更精确的定义，但是，根本无法给出网络性能的简单评价。事实上，一个上行（up）网络和下行（down）网络之间的界限都无法给出精确的定义。由于不同应用程序对不同环境的敏感度不同，一组给定端点的性能评测结果可能和其他端点的结果大相径庭，这也是性能不确定的原因。

为了进一步理解应用程序敏感度，假定在同一个网络中同时运行远程登录（remote login）、语音传输（voice）和文件传输（file transfer）三个应用程序。如果该网络表现出高吞吐量和高延迟，则它适合文件传输，而不适合远程登录。如果该网络表现出低延迟和高抖动，则它适合远程登录，而不能用于语音传输。最后，如果该网络表现出低延迟、低抖动和低吞吐量，那么，它适合远程登录以及语音传输，却不适合文件传输。

为了理解端点敏感度，可以观察依赖于网络路径的数据延迟和吞吐量。由于端点 (a, b) 之间的路径可能同另一对端点 (c, d) 之间的路径完全不同，因此路径上的设备可能不同，某条路径的长度可能更长，或者某条路径上可能产生更多的拥塞。也正是由于路径不同，因此阐述平均网络行为通常是没有意义的。

$\ominus$　丢包率同样能够揭示无线网络中是否存在干扰等问题。

要点：

> 不同应用程序对不同网络特性的敏感度不同，根据应用程序测得的网络性能取决于数据在网络中的具体传输路径。因此，网络管理员无法给出一个适用于所有应用程序或所有端点的网络性能评估标准。

7.6   降级服务、流量差异和拥塞

为了衡量网络性能，网络管理员会使用降级服务（degraded service）这个术语来描述一种网络状态。在降级服务状态中，延迟、吞吐量、丢包率以及抖动等值都比预期的原始标准更差。导致降级服务的原因可能是系统故障（例如，硬件工作异常致使数据包丢失），也可能是性能问题，例如，未优化的路由或者路由颠簸（路由颠簸是指路由在两条路径之间频繁切换）。

然而，在大多数网络中，导致降级服务产生的最主要原因是拥塞，即数据包到达网络的速度大于离开网络的速度。当给定链路达到流量饱和状态时，通常会发生拥塞（例如，如果一台第二层交换机连接的两台计算机都以1Gbps的速度向一个速度同为1Gbps的端口发送数据）。

为处理流量差异，交换机和路由器等网络元素都包含一个能够临时应对突发数据传输的数据包队列缓冲区。然而，如果高速突发数据流持续时间长，直至该缓冲区被填满后，网络将会丢弃后续到达的数据包。因此，拥塞会增大延迟，增加丢包率，并且降低网络吞吐量。

观点总结：

80

> 在大多数网络中，拥塞是导致性能下降的主要原因。

7.7   拥塞、延迟和利用率

本书上一节中提到，当链路达到饱和状态时会产生拥塞。而拥塞同性能下降之间的关系是非常重要的，因为它能够允许网络管理员根据一个易于测量的量（即链路的利用率）来预测网络性能。

利用率是指当前网络传输正在使用的基本硬件容量的百分比，其值在0~1之间。利用率的增加会导致拥塞的产生，拥塞又将加大数据包的传输延迟。通过近似计算，可以根据式(7.1)得到有效延迟的估计值：

$$D \approx \frac{D_0}{1-U} \tag{7.1}$$

其中，D代表有效延迟，U代表利用率，D_0代表没有任何流量时的硬件延迟，即在没有任何数据包待发送时硬件的时间需求。

虽然D只是一阶近似结果，但是式（7.1）仍然能够帮助我们理解拥塞和延迟之间的关系：当利用率接近100%的时候，拥塞使得有效延迟趋向无穷大。这就足以证明利用率同网络性能之间的关联性。在后续几节中，我们还将回顾这个问题并探讨利用率在容量规划中的应用。

7.8   本地测量和端－端测量

根据测量范围的不同，可以将测量方式分为两大类：本地测量（local measurement）和端－端测量（end-to-end measurement）。本地测量用于评价单一网络资源的性能，例如，一条单链路

或者一个网络元素的性能。本地测量简单方便，可以使用很多现有工具完成。例如，现有一些工具能够帮助管理员测量链路上的时间延迟、吞吐量、丢包率以及拥塞等参数。

然而，本地测量对网络用户的实用价值不高，因为大多数用户并不关注单一网络资源的性能，他们对端－端测量（例如，端－端延迟、吞吐量，以及抖动）更感兴趣，即用户会关注由终端系统的应用程序所观察到的网络行为。端－端测量的内容包括在终端系统运行的软件性能，以及数据在整个网络中的传输性能。例如，对一个网站进行端－端测量同时包括对服务器和网络的测量。

由于本地测量比端－端测量更易于实现，因此，在理想状态下，人们通常希望网络的端－端性能可以根据对本地资源的测量结果计算得到。然而，两者之间的关系复杂，即使在所有网络元素和链路状态都已知的条件下仍然无法根据本地网络性能来推导端－端网络性能。例如，即使每条链路的丢包率已知，也难以计算整体网络的丢包率。

总结：

> 即使本地测量简单易行，然而测量结果无法用于推导端－端网络性能。

7.9　被动观察和主动探测

网络性能的测量可以通过以下两种方式实现：

- 被动观察
- 主动探测

被动观察（passive observation）是指获取测量结果而不影响网络或流量的非入侵机制。一个被动观察系统能在网络真实负载状态下获取测量结果。也就是说，被动观察系统能够在数据流经网络时测得网络性能。

主动探测（active probing）是一种向网络注入测试流量并对该流量进行测量的机制。例如，测试生成器能够用于同时创建多个同步 TCP 连接。因此，主动探测具有侵入性，原因在于这种测量方式会引入额外流量。

一般地，被动探测用于本地测量，而主动探测用于端－端测量。事实上，为了更精确地测量端－端网络性能，人们常常将外部设备作为主动探测源。例如，为测试网站性能，主动探测装置会向 Internet 中多个节点发送请求并评估返回信息⊖。当然，由于拙劣的性能往往出现在测试系统和 Web 服务器之间的路径中，而该路径中的网络通常由 ISP 管理，因此拥有并运行网站的企业可能无法控制主动探测的状况。但是，主动探测仍然是一种实际评估网络性能的方式。

总结：

> 主动探测能够评估整体网络路径和应用程序的性能，因此，要获得端－端网络性能的实际测量结果，管理员只能通过主动探测来实现。

7.10　瓶颈和未来规划

网络管理员将如何应用获得的测量数据？本书曾在第 5 章中讨论过其中一种用途：错误和异

⊖ 很多企业都采用主动探测方式评估网络性能。

常检测。而性能优化则需要遵循以下两个原则:

- 优化当前网络性能
- 优化未来网络性能

1)优化当前网络性能:管理员应用现有硬件资源实现网络性能的最大化。为达到这个目的,就需要找到系统瓶颈(bottleneck)。瓶颈是指网络性能欠佳的组件或子系统,一条饱和的链路或达到容量的路由器都可能构成网络的瓶颈。检测瓶颈的目的在于找出影响整体性能的链路或网络元素,将其升级以提高网络总体性能⊖,或者避开瓶颈选择其他链路进行路由。然而,本书将在下一节中介绍,多数网络结构复杂,很难根据单个网络元素来判断瓶颈的所在。

2)优化未来网络性能:迄今为止,网络性能数据最重要、最复杂的应用就是用于实施未来规划。网络管理员必须预测未来需求,熟悉必要的设备,并在需求出现之前及时添加新设备。然而,实施未来规划却并不简单,它需要细致和广泛地进行数据测量。

7.11   容量规划

容量规划(capacity planning)是指网络管理行为同评估未来需求息息相关。为防止大型网络效率下降,就需要进行复杂的规划。首先,管理员会测量当前网络流量并预测未来流量的增长状况。管理员需要将得到的预测结果转化为网络资源的执行效果。最后,管理员将提出可行的计划,并根据网络性能、可靠性以及费用成本最终选定合适的规划方案。

总结:

> 容量规划要求管理员评估资源的规模,以达到满足预期负载、提升性能等级、提升系统强壮性和可靠性,并限制成本的目的。

83

然而,提升基础网络性能的方式多样是容量规划面临的主要挑战。例如,管理员可以做到:在现有网络元素的基础上增加端口数量;添加新的网络元素;扩充现有链路的容量或添加额外链路等。因此,管理员必须兼顾多种选择方案。

7.12   交换机容量规划

交换机容量规划同其他容量规划任务没有本质的区别,唯一的不同点在于连接数目以及每个连接的速度。大多数情况下,每条连接的速度都是预先确定的。确定的因素可以是网络策略(流量假定),或者是同交换机相连的设备。例如,某企业可以采取这样的策略,使用100Mbps的有线以太网连接不同计算机节点。以设备为例,交换机和路由器之间连接的操作速度可能达到1Gbps。

为规划交换机容量,管理员需要估计连接的数目 N 以及每个连接的容量。大多数现代化交换机采用的10/100/1000M硬件允许每个端口自动选择速度,这使得容量规划过程大大简化。因此,管理员只需要估计端口数目 N 的值即可。而缓慢增长率则使规划过程进一步简化,即只有当新的用户或新的网络元素加入网络时,才需要额外的端口。

要点:

> 在估算交换机容量时,由于管理员只需要估计端口数目,并且端口需求量增长缓慢,因此估算过程简单。

⊖ 非瓶颈装置无须升级。

7.13 路由器容量规划

路由器容量规划比交换机容量规划更加复杂，原因主要有三点。第一，路由器能够提供除报文转发（如 DHCP）以外的其他服务，因此管理员需要对每个服务都进行规划。第二，路由器和网络之间每条连接的速度都可能产生变化，因此路由器容量规划包含了对每条连接的容量规划。第三，最重要的是，路由器必须依照管理员的配置处理网络流量。综合这三点原因，要规划路由器容量，管理员必须规划路由器周边系统和路由服务的容量。

84

总结：

> 要对路由器进行容量规划，管理员必须正确估计周边硬件系统的参数以及该路由器所提供的服务。

7.14 因特网连接容量规划

另一种容量规划问题关注的是某机构同它的上游服务提供商之间的单链路容量。以企业和 ISP 之间的链路为例，该链路可由 ISP 或者企业管理。如果由 ISP 管理链路，ISP 将监控网络流量并根据流量的增长促使企业出资升级链路速度。如果由企业管理链路，企业将监控网络流量并根据流量的增长判断该链路是否会成为瓶颈。

从理论上说，链路容量规划过程简单，只需使用链路利用率这个便于测量的参数，与延迟、吞吐量、丢包率以及抖动无关。该过程可描述为：计算基础链路容量的当前使用率，追踪链路的长期（几周的）利用率，当利用率过高时扩充链路容量。

在实践中，规划过程会遇到两个难题：

- 如何测量利用率？
- 何时提高链路容量？

要理解上述两个问题，不妨回忆一下第 5 章中对于链路流量变化的讨论（例如，夜晚和周末的流量较其他时间大大降低）。流量变化使得测量难度加大，因为只有当流量同外部事件（例如，假期）协调一致时测量结果才有意义。流量变化还会使得扩充容量的难度加大，因为管理员必须选定一条目标链路。这里的主要问题在于丢包率，即该链路是需要确保任何时候都不丢失数据包，还是要以较低的开销处理大多数流量，而允许在流量高峰时丢失少量数据包。

要点：

> 链路利用率随时间变化，在升级链路时，管理员必须决定目标链路是不产生数据包丢失还是在丢包率和降低开销之间做出权衡。

85

7.15 峰值测量和链路平均流量

如何测量链路容量？一种方法是将一个星期划分成多个时间间隔，然后测量每个时间间隔内在链路上的数据传输总量。通过这种方式能够计算一星期内链路的最大利用率和平均利用率。这样，在连续多个星期重复测量，就可以依据测量结果制订容量基准。

如何划分时间间隔的长度？选择较大的时间间隔能够减少测量次数，也意味着管理流量对链路、中间路由器和管理系统的负载影响更小。然而，选择较小的时间间隔能够提高测量精度。

例如，如果时间间隔为一分钟，管理员就能够测量突发数据量；如果时间间隔为一小时，就能减少测试数据量，但只能测得一小时内的平均流量。

对上述两种选择进行权衡，时间间隔可以从 5 分钟、10 分钟或 15 分钟中选择一种，具体选择标准由管理员对流量的预期来确定。对于常用网络系统，如果流量预期相对平稳，时间间隔为 15 分钟是比较理想的选择。这样一周 7 天，每天 24 小时，每小时 4 个时间间隔，则一周共有 672 个时间间隔。因此，一周内仅需要收集 672 个测量数据，即使这个过程持续一年，测量数据总量也仅为 34 944。而将陈旧数据加以整合即可进一步缩减数据总量。

前面曾提到，测量结果可用于计算峰值利用率，准确地说，可根据流量测试结果计算 15 分钟内的链路利用率。这样的估计结果足以用于容量规划，如果精度要求更高，通过缩短间隔时间的方式就可实现。

总结：

> 要计算链路的峰值利用率和平均利用率，管理员需要在每个固定时间间隔内进行流量统计。15 分钟的间隔时间适用于大多数容量规划，而更小的时间间隔则可以提高测量精度。

然而，上述方法仅能计算单向数据传输的链路利用率（例如，从 Internet 到企业方向）。要获得双向链路利用率，管理员需要同时测量反向流量。事实上，在一般情况下，企业同 Internet 之间的数据传输是非对称的，从 Internet 到企业方向往往具有更高的数据流量。

7.16 峰值利用率评估和 95% 原则

当管理员获得用于计算几周内双向平均利用率和峰值利用率的统计数据之后，怎样根据这些数据确定何时进行容量升级？这个问题没有简单的答案。为杜绝数据包丢失，管理员必须追踪一定时间内最大利用率的变化状况，并在峰值利用率达到 100% 前及时升级链路容量。

然而，由于数据包的突发传输以及峰值利用率的短暂性，最大利用率的测量结果可能并不准确。例如，误差条件和路由改变等事件将会导致非正常流量尖峰以及短时突发数据流的产生。很多网站认为流量尖峰时出现少量数据包丢失是可以接收的。为缓解短时尖峰的影响，管理员可以通过统计方式修匀测量结果以避免过早升级链路：采用流量值的 95% 来计算峰值利用率。也就是说，每隔 15 分钟测量一次流量，将全部测量结果排序（而不是选择一个间隔作为峰值），选择其中利用率在 95% 以上的数据，据此计算峰值利用率的近似值。

总结：

> 由于数据传输的突发性，采用峰值利用率的平稳近似值，能够减弱单个时间间隔内流量过高的影响。选取利用率为 95% 以上的测量结果，并计算平均值，即可得到这个平稳近似值。

7.17 平均利用率和峰值利用率的关系

经验表明，对于主干链路，流量随时间的起伏相对平稳。该结果适用于将大型机构同 Internet 上其他组织相连接的传输链路。如果给定链路上出现相似的状况并且无需精确测量，管理员可以简化峰值利用率的计算过程。

进一步观察以进行简化：频繁应用的链路（例如，提供商的主干链路）上的数据传输遵循这样一种模式，在该模式中，以 95% 流量高峰计算得到的链路峰值利用率同链路平均利用率的比值基本固定。该固定比值取决于接入链路的机构规模。以某 Internet 主干提供商为例来计算，该比值可由式（7.2）近似得到：

$$\frac{\text{平均峰值利用率}}{\text{平均链路利用率}} \approx 1.3 \qquad\qquad (7.2)$$

7.18 管理结果和 50/80 规则

峰值 – 平均利用率这个固定比值会如何影响管理员？对于一条频繁使用的网络连接，管理员只需要测量链路平均利用率，然后根据测量结果计算峰值利用率的近似值并得出结论。图 7-1 列出的是平均利用率的一些实例及其含义。

平均利用率	峰值利用率	释 义
40%	52%	链路未充分利用
50%	65%	合适的操作范围
60%	78%	链路开始充分利用
70%	91%	链路有效饱和
80%	100%	链路充分饱和

图 7-1　根据不同平均利用率计算得到峰值利用率并给出相应释义。
虽然利用率上限为 100%，但实际峰值需求可能超过现有容量

从图 7-1 可见，如果链路平均利用率为 50%，它在峰值的容量使用率将接近 2/3，这是一个比较合理的应用等级，它能够应对一些非正常状况的出现，例如，处理国家紧急事件时的非预期流量负载等。如果链路的平均利用率小于 50%，并且没有使用额外链路作为容量备份，那么该链路未得到充分利用。然而，如果链路平均利用率达到 70%，则在流量高峰时仅有 9% 的剩余容量可用。因此，管理员能够追踪平均利用率随时间的变化，并根据测量结果决定何时升级链路。特别的，如果平均利用率升至 80%，管理员即可算出当前峰值利用率已经达到 100%（即链路饱和）。因此，流量测量的目标是将平均容量控制在 50% ~ 80% 之间。该界限就是众所周知的 50/80 规则：

> 对于一条频繁应用的网络连接来说，管理员用平均利用率来判定何时进行容量升级。如果平均利用率低于 50%，则表明该链路未得到充分利用；如果平均利用率高于 80%，则表明在高峰时段该链路处于饱和状态。

有时，测量结果会显示给定的网络连接处于未使用状态。特别的，如果某企业网络在夜晚和周末对外关闭，则该时段内的流量几乎为 0，此时平均利用率大大降低，从而峰值利用率和平均利用率的比值变大。为处理这种状况，管理员只需测量网络在使用期间的平均利用率。

7.19 复杂拓扑的容量规划

大型网络的容量规划比单个网络元素或单个链路的容量规划更加复杂。链路的增加、路由的改变，都使得对大型网络的容量规划不仅仅需要考虑每个网络元素或链路的性能，而是要兼顾整个网络。

要点：

> 评估如何对包含 N 条链路的网络进行容量升级时，管理员需要考虑网络的整体性能，而不是分别提升 N 条链路的性能。

7.20   容量规划过程

大型网络的容量规划包括六个步骤。图 7-2 总结并列出了网络管理团队要执行的规划过程概要。本章后几节将对每一步骤进行详细说明。

1	根据网络当前测量结果和未来预测结果计算预期负载的估计值。
2	将预期负载转化为可供容量规划软件处理的模型。
3	使用负载模型和网络资源描述来计算资源利用率的近似值，并验证计算结果。
4	考虑网络拓扑和路由可能产生的变化，根据变化结果重新计算资源利用率的近似值。
5	根据资源利用率的近似值评估网络元素和链路的性能需求。
6	根据性能评估结果给出容量扩充及相应成本的建议方案。

图 7-2   网络管理团队针对复杂网络的容量规划总流程

7.20.1   预测未来负载

要预测未来的网络负载，网络管理员需要同时评估现有流量模式和潜在流量模式的增长。评估商业规模稳定时的流量增长最为容易。一方面，管理员能够长期追踪流量，并根据过去的增长状况预测未来流量的增长。另一方面，管理员能够评估新用户产生的流量（包括内部用户和外部用户），并计算由此导致的额外负载。

评估潜在流量模式比较困难，尤其对商业规模快速扩展的网络提供商更是如此，因为新服务产生的负载可能同原有负载不同，并且快速成为主流。已存在的服务和新服务都会成为 ISP 的销售目标，因此，管理员应该根据评估结果计算负载的增长。而在这之前，管理员必须把服务的营销定义转换为有意义的网络负载描述。特别的，只有确定了数据包的数量、类型和目的地址之后，销售限额才能用于容量规划。因此，当营销部门定义并出售一项服务时，网络管理员必须确定网络中由 A 点发送至 B 点的新的额外数据包的数量。

> 对于支持新服务的网络，管理员必须估计可能产生的数据包数量、类型和目的地址，此时，预测未来负载非常困难。

7.20.2   测量现有资源的应用

本章曾讨论过现有资源的测量方式。我们不难发现，以路由器为例，多数大型网络元素都包含了应用程序接口（API），该接口允许管理员获得性能评估结果。我们知道链路流量会随时间变化，管理员会测量某段时间间隔内的流量，并利用测量结果计算链路的平均利用率和峰值利用率。而选择流量值为 95% 以上的数据进行计算，即可得出峰值利用率的平稳近似值。最后，我们还得知，应用频繁的主干链路上预期负载较为平稳，具有一个固定的峰值 – 平均利用率比值。当测量某个网络时，管理员必须测量所有网络元素和全部链路。

7.20.3　基于流量矩阵的负载模型

资源应用的高效测量依赖于精确的网络流量模型。一旦确定模型，就可以应用该模型计算基础资源对网络的影响，并测试潜在变化对网络的影响。

流量矩阵（traffic matrix）是当前对网络负载建模的一种主导技术。从概念上说，流量矩阵同网络与外部传输源或结合点之间的连接相一致。也就是说，每个网络入口点构成矩阵的行，每个网络出口点构成矩阵的列。在实践中，网络同外部节点的大部分连接都是双向的，这就意味着每个外部连接都同时占据流量矩阵的一行和一列。如果 T 是一个流量矩阵，则 T_{ij} 表示数据从外部连接 j 到达外部连接 i 的速率的期望值。图 7-3 举例说明了这个概念。 90

在不对内部网络或路由做任何假定的前提下，流量矩阵可详细描述期望的外部流量负载，这使得流量矩阵非常适用于未来规划。因此，规划人员可以首先构建流量矩阵，并运行一系列模拟过程来比较不同网络拓扑和路由架构之间的性能差异。运行不同模拟过程也无需对矩阵做任何改变。

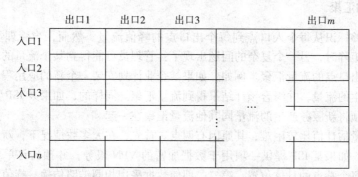

图 7-3　流量矩阵的概念。矩阵中每一项存储的是从源端（入口）到目的端（出口）的
流量速率。对于双向网络连接，第 i 行和第 i 列对应相同的连接

流量矩阵特别适用于对大型网络的主干链路建模，因为主干链路能获得流量汇聚的平均结果。流量矩阵对连接多个用户终端的网络建模则比较困难，因为此时要区分处理不同计算机的流量。因此，对于大型网络服务提供商而言，流量矩阵的每个输入点或输出点都代表了一个小型 ISP 或对等网络提供商。而对于企业，流量矩阵能够对联合主干网络建模，这意味着每个输入点或输出点都代表了一个外部 Internet 连接或内部流量资源，例如办公组。

流量矩阵中应该存放哪些值？这个问题随着流量的时变而日益凸显。流量矩阵中是该存放每对外部连接的平均流量期望，还是峰值流量，抑或是多个数据的组合？矩阵建模的最终目标是了解流量如何影响个体资源，但是个体资源上的峰值负载不可能总在相同的流量状况下产生。正如前面所述，对于高负载的主干链路，平均利用率和峰值利用率二者紧密相关。在其他情况下，主要针对最差状态实施规划——在可能产生的最差流量状况下，管理员需要保证有足够资源可供使用。综上所述，流量矩阵的每一项将存储峰值负载的测量结果。 91

然而，由于流量时变，不同外部链路之间峰值流量出现的时间可能不同。因此，独立瞬时变量的概念将对容量规划产生影响。以提供家用和商用两种网络服务的 ISP 为例，如果商用流量在办公时间出现高峰，而家用流量在晚间或周末出现高峰，那么 ISP 就可以采用同一种网络架构应对这两类流量。然而，如果流量矩阵没有区分不同连接之间峰值流量出现的时间，那么管理员对容量规划的结果将是实际需求量的两倍。

要点：

存储峰值流量负载的流量矩阵中如果没有列出瞬时变量，将导致容量需求的估计值偏高。

管理员如何建立一个包含瞬时变量的负载模型？这里给出两种可能的方案：
- 使用多个流量矩阵，每个矩阵对应一个时间片。
- 使用单个流量矩阵，但使矩阵的每一项都对应网络在繁忙时段的峰值流量。

要使用多个流量矩阵，管理员需要将时间划分成不同的单元，每个单元都对应其中一个流量矩阵。例如，对于本节前边提到的ISP，管理员需要建立一个对应商用时间的流量矩阵和一个对应其他时间的矩阵。而这种方式最主要的缺点在于，管理员必须花费一定时间创建不同的矩阵。

如果管理员能够方便地识别峰值需求出现的时间，那么采用单个流量矩阵是一种理想的方式。例如，有些ISP能从多个重叠的时间区域内识别商用时间内的峰值需求。

7.20.4　流量和汇聚

流量矩阵能够标识从每个入口点到每个出口点的峰值流量。然而，当管理员将未来流量的估计值加入流量矩阵时，另一个复杂的问题出现了：管理员可能得到某个流量的估计值，而不是所有从入口点到出口点的流量汇聚。例如，如果某企业计划安装一个新的应用程序，管理员需要预计每个用户产生的流量，并组合预计结果得到流量汇聚。同样的，如果某ISP计划出售一项新的服务，那么必须将新服务产生的流量同其他流量汇聚在一起。

汇聚不同流量估计值比较困难，其原因有两点。首先，在大多数情况下，新流量的目的地址是未知的。例如，如果某ISP提供一项用于数据加密的VPN服务，并预计订单数目为N，管理员可能很难估计每个端点的具体位置。第二，即使数据采用相同链路传输，峰值流量也不会同时出现。因此，要构建流量矩阵，在不知道峰值流量何时出现的条件下，管理员必须预计新流量对汇聚流量产生的全部影响。

7.20.5　估计值的获取和验证

一旦确定了流量矩阵，管理员就可以利用该矩阵以及网络拓扑和路由架构的描述计算所有链路和网络元素的峰值资源需求。其实，每个（源地址，目标地址）元组的流量都要映射到网络路径上，并且计算该路径中的所有链路和网络元素的流量总和。由每条链路的总流量可以得出该链路的容量需求。而计算每秒钟到达某个设备（例如IP路由器）的数据包总数（即所有输入的总和）可以得到该设备的交换容量需求。

容量规划过程的核心思想是对流量矩阵的验证（validation）：在添加新流量的估计值之前，管理员使用当前流量的测量结果，将矩阵中的数据分别映射到不同的资源上，并将计算得到的资源负载同实际测得的资源负载相比较。如果估计值同测量值相近，则证明该模型有效，管理员即可向矩阵中添加新流量的估计值，以确保结果的正确性。

如果流量模型不符合实际结果，就必须对其进行调整（tune）。管理员不但要检查基本流量测量方式，还需要检查每条链路在高峰时段出现的峰值流量的次数的假定。在使用估计值的情况下，管理员必须注意估计值可能产生的不确定性，并关注具有较大不确定性的可改进项。

7.20.6　潜在变化的试验

流量模型的主要优点在于能使管理员发掘网络的潜在优化方案，而不影响网络的当前状态。

也就是说，管理员首先假定网络的一个变化，然后用流量矩阵观察这种变化如何影响网络行为。变化方式包括以下三种：

- 改变网络拓扑。
- 改变网络路由。
- 改变故障假定。

改变网络拓扑最容易想象，例如，管理员能够探测扩充链路容量或增加额外链路产生的影响。如果资源利用率的计算过程能够自动完成，管理员就可以轻松尝试多种可能出现的状况。下一节将重点讨论改变路由结构和改变故障假定。

7.21　路由改变和流量工程

容量规划的另一个关键点是路由：改变第三层路由结构能动态改变资源利用率。特别的，如果不扩充链路容量，还可以选择其他路径进行路由传输。

关注路由的管理员通常遵循的处理方式称为流量工程（traffic engineering）。在流量工程中，管理员控制单条数据传输的路由。特别的，针对特定入口点和特定出口点，管理员能够区分其中哪些网络流量能够使用不同的路径进行转发。

流量工程中应用最广泛的技术是多协议标记交换（MPLS），它能使管理员为流经特定入口点和出口点的特定类型流量创建一条路径。很多大型 ISP 都会在网络核心路由器之间创建 MPLS 路径的一个全网型拓扑（full mesh），即任意一对核心路由器之间都具有一条 MPLS 路径[⊖]。

7.22　故障情况和可用性

容量规划还包括在故障状态下对网络恢复能力的规划。其思想非常简单：考虑网络在一系列故障情况下的操作表现，并规划额外容量和备份路由以保持网络的可用性。故障规划对于服务提供商至关重要，因为他们提供的业务依赖于可用性的保证。同时，故障规划对企业来说也同样重要。

单点故障（single point failure）是故障情况的典型代表。最明显的例子是单链路故障或单一网络元素故障。然而，规划者更关注设备（facility）故障。例如，规划者可能会发现：同一个物理支架上的网络元素共享相同的电力资源；多个逻辑线路复用相同的底层光缆；或者多种服务位于同一个电话接入网（Point of Presence，POP）。因此，要达到规划的目的，管理员可能将设备定义为支架、光缆或电话接入网。一旦定义了设备，管理员需要考虑在该设备所有部件都不可用时，网络的性能表现如何。要点：

> 除了应对流量增长而实施的容量规划之外，管理员还要考虑可能出现的故障并充分规划容量，使网络在出现问题时仍然能够继续路由。

7.23　总结

性能测量和评估是网络管理中的关键部分，它包括两个方面。一方面，它关注资源的当前使用状况和网络的当前性能表现。另一方面，它关注网络的发展趋势以及容量规划。

网络中主要的测量指标是延迟时间、吞吐量、丢包率、抖动以及可用性。网络性能不存在单

⊖　在后续介绍网络管理工具的章节中会继续讨论 MPLS 流量工程。

独的评测指标，原因在于每个应用程序可能只受其中一部分参数的影响而与其他参数无关。虽然测量单独网络部件最为简单，但要得到有意义的评测结果就需要进行端 - 端测量，这时可能采用主动探测方式。

测量结果用于发现瓶颈并实施容量规划。单一交换机的网络规划简单直接，只需要获知端口数目即可。

利用率同延迟相关。要得到链路利用率，管理员需要在一段时间内进行多次测量。对大部分网络，安排 15 分钟的时间间隔是合适的。峰值利用率可根据流量为 95% 以上的数据计算。对于频繁使用的链路，峰值利用率同平均利用率的比值几乎不变，这使得管理员能够测量平均利用率并使用 50/80 规则。

管理员使用流量矩阵对网络负载建模，该矩阵能给出从每个网络入口点到出口点的峰值数据传输率的平均值。给定网络拓扑，管理员能应用流量矩阵中的数值来确定给定链路或网络元素的容量。要实施容量规划，管理员需要改变对网络拓扑或路由的假定，并计算新的资源需求。除了在正常状况下实施容量规划之外，管理员还要考虑额外容量需求以应对故障的发生。

95

第8章 安 全 性

8.1 简介

前面各章介绍了网络管理的基本背景，每一章都从一个特定角度对 FCAPS 模型进行了详细的说明。

本章将从网络管理安全性的角度出发，完成对 FCAPS 模型的讨论。本章内容侧重于从管理的角度介绍安全性，不会过多关注保障安全性的技术和产品。本章将讨论网络管理员必须面对的安全风险，并概述风险控制的步骤。

8.2 安全网络的幻想

很多管理员对安全持有一种错误的观点，他们将安全的网络（secure network）视为一种要达到的目标。如果安全的网络是一个目标，随之而来的管理问题是："采取什么措施可以使网络更安全？"供应商声称自己的安全产品能够抵御某种安全攻击，这些商业广告的吹捧进一步迎合了错误的观念。

计算机网络何时才能达到彻底安全？遗憾的是，绝对的安全性只是一种幻想——没有一种技术能够保证网络永远不受到潜在风险的攻击。1999 年 7 月，"纽约时代"杂志刊登了一篇关于计算机网络的文章，简洁地表达了下述观点：

> 安全的计算机网络并不存在。

8.3 安全性是一个过程

如果网络永远不可能达到绝对安全，那么管理员该如何看待安全性？答案在于理解安全性是一个不断改进的过程，而非目标——即使网络不可能绝对安全，管理员依然可以不断地提高它的安全性。也就是说，管理员可以评估潜在风险，采取相应措施解决或避免安全性问题，并在此基础上进一步评估网络风险。图 8-1 列举了管理员执行的操作。

- 评估潜在风险。
- 确立避免风险的策略。
- 评价现有技术和处理机制。
- 采用适当的程序和技术。
- 衡量解决方案的有效性。

图 8-1 管理员执行的用以评估并提高网络安全性的活动

由上述内容可知，安全性管理同网络管理的其他方面有着本质的区别。安全策略对网络的各方面性能均有影响，其中包括网络元素配置及操作、协议和网络服务。安全性策略不但会对网络管理员产生影响，还会对内部和外部的网络用户产生影响。

要点:

> 安全性同 FCAPS 模型的其他方面不同,原因在于安全性是一个持续的过程,它对网络元素、服务和用户都会产生影响。

8.4 安全性的相关术语和概念

在讨论安全性管理之前,需要对一些基本术语进行定义。对于在后面的讨论中将用到的术语,本节只给出简要概括,而不会进行详细解释和举例:

- 身份标识。
- 认证。
- 授权。
- 数据完整性。
- 隐私和保密性。
- 加密。

98

1)身份标识(identity):很多安全性问题都会涉及对个体、应用程序或网络元素的身份验证。为完成验证,必须为每个实体分配一个唯一的身份标识,这种标识可以是数字、文本字符串或其他内容。每个网络元素的身份标识可以根据配置获得,也可以永久固定(例如,焊烙在硬件上的序列号)。

2)认证(authentication):广义的认证是指对通信对方的身份验证。也就是说,消息接收方使用认证机制来确认消息发送方的身份标识。通信双方可以只在通信初始化时(即建立连接之时)进行认证,也可以在每一次数据交换时都进行认证。

3)授权(authorization):为了进行访问控制,管理系统会为每个管理员或管理程序分配一系列限制规则和权限。每当接收到一个请求,管理系统首先会验证请求者的身份标识,随即调用授权机制判断这个请求是否处在请求者的权限范围之内。

4)数据完整性(data integrity):数据完整性机制允许接收方检验消息中的数据在网络传输过程中是否被篡改。典型的数据完整性方案要求发送方为每个消息添加额外信息。接收方可以根据额外信息判断消息内容是否被修改。

5)隐私和保密性(privacy and confidentiality):虽然有些安全专家认为隐私和数据保密性这两个术语含义不同,但多数网络专业人员在应用中对它们不加区分。实际上,数据保密性机制会对消息进行编码,防止窃听者破解出消息的真实含义。在这种"秘密的"通信过程中,即使第三方获取了网络传输的消息副本,也无法将其解码并获知具体内容。

6)加密(encryption):加密机制允许发送方通过某种计算方式对消息编码,只有合法的接收者才能正确解码。加密是实现认证和隐私保护的根本机制。

8.5 安全性管理目标

网络管理员会关注安全性的以下几个方面:

- 资源保护
- 访问控制

99

- 保密性和安全性的保证

1)保护:管理员试图保护资源免遭未经授权的使用、破坏、复制和窃取。管理员不但要关心对网络本身的攻击，还要关心对于终端用户系统和其他资源的攻击。另外，管理员还要制订相应的策略抵抗物理攻击和电子攻击。最后，除了对基本基础设施的保护之外，管理员还要将保护延伸到应用服务领域。

2）访问控制：网络安全的一个重要组成部分就是对网络服务以及网络本身实施访问控制。管理员需要制订安全策略确定哪些用户能够访问资源，并规定允许或禁止用户执行的操作。除对用户外，访问控制同样适用于管理员——只有网络管理团队中的特定成员才能控制或修改网络的部分功能，而其他人不能完成这项工作[⊖]。

3）保密性和安全性的保证：网络管理员必须尽可能地维护信息的安全性，即管理员需要咨询数据的拥有者，并采取相应的措施以达到数据保密性的需求。保密性不但要针对终端用户系统存储的数据，还要针对在网络中进行传输的数据。因为本地用户的数据保密性和外部客户的数据保密性同样重要。

8.6　风险评估

风险评估涉及在易用性和风险之间做出权衡。一方面，没有任何限制的网络最便于使用，这时员工和客户的工作效率最高。另一方面，不加任何限制的网络最容易被他人滥用。

因此，当进行风险评估的时候，管理员必须全面考虑企业的整体目标，并为不同部门制订不同级别的安全策略。例如，公司的财务部门通常具有更高的安全需求。因此，即使使用网络的难度增加，财务部门对计算机网络的应用仍然会采取更严格的限制。

另一方面，风险评估关注对财务的影响：安全性被破坏会给企业带来的潜在开销。要预计这个开销，管理员必须分析特定事件发生的概率以及发生该事件对企业的负面影响。例如，管理员会根据税收流失、员工生产率下降、知识产权流失以及潜在的刑事责任来估计潜在损失。

理解风险发生的概率和潜在开销非常重要，原因在于所有安全工作都需要在预防风险的开销和危险造成的损失之间进行折衷。最后，管理员必须根据风险评估结果决定哪些安全问题需要即刻解决，哪些安全问题可以延后解决。

|100|

8.7　安全策略

在确定要使用某些安全性程序或安全性技术之前，管理员需要为企业制订相应的安全策略，并撰写文档。安全策略包括对网络操作的整体陈述，例如：

> 在企业网络中传输的财务数据都要进行加密。

安全策略中需要规定哪些员工具有处理特定安全性事务的资格，例如：

> 只有高级安全管理员才能拥有企业私钥的书面副本。

安全策略还包括当安全性受到破坏时需要遵循的处理方案，例如：

> 当首次检测到影响安全性的事件时，网络管理团队必须将该事件报告给信息安全主管。

⊖　本书还将在后续的章节中再次讨论网络管理员的受限访问内容。

最后，安全策略会规定需要保存的记录，例如：

> 安全日志必须记录每个事件被检测到的时间和相应的处理措施。

为得到最好的实施效果，安全策略中应该说明事件的预期结果，而不该规定达到预期结果的详细步骤。如果策略中规定了具体操作细节，那么管理员需要不断修改策略以迎合环境的变化，否则，安全策略将脱离现实。例如，假定某安全策略详细说明了特定加密技术的使用方法，如果该技术过时，那么选择新的替代技术的人员将无法理解原有的技术选择标准。然而，如果该策略清晰地列出了选择该技术要实现的安全目标，管理员就能了解如何选择一种满足需求的替代技术，同时，原有的安全策略也可以保持不变。

8.8 可接受的使用策略

网络策略的一个方面尤为突出，这就是可接受的使用策略（Acceptable Use Policy，AUP）。AUP 根据网络应用定义了一系列规则，包括网络中允许或禁止的流量和活动。AUP 通常用来限制用户的操作。例如，AUP 会规定禁止运行的应用程序（例如，禁止用户运行对等的文件共享程序）或限制交互行为（例如，用户只能运行客户端程序，而不能运行服务器软件）。

AUP 的不同寻常之处在于它的使用限制来自于法律、财政或安全方面的考虑。例如，在某些大学里，AUP 会禁止将校园网络用于盈利活动。从安全的角度来看，管理员必须确定哪些使用网络的行为会危害安全策略。例如，AUP 中可能会规定禁止转发来自外部网络的数据包，因为这样会使得外部人员无需经过企业的防火墙或其他安全机制的审查即可访问某组织的内部网络。

8.9 基本的安全性技术

网络安全应用的基本技术大致包括以下三类：
- 加密技术
- 周长控制技术
- 内容控制技术

8.9.1 加密技术

加密技术是保密和认证的基础。从网络管理员的角度来看，加密技术可分为以下三种类型：
- 共享密钥加密
- 公钥加密
- 会话密钥

1）共享密钥加密：顾名思义，这种加密技术是指所有参与者分享同一个加密密钥。共享密钥加密的基本原则在于密钥的管理策略和过程。例如，允许哪个管理员获知密钥？如果多站点采用加密机制传输数据，共享密钥的副本如何在不同站点之间传递？

2）公钥加密：另一种主要的加密形式称为公钥加密（public key）机制。同共享密钥技术不同，公钥加密要求通信双方拥有两个密钥：一个保密的私钥（private key）和一个公开的公钥（public key）。因此，私钥只在拥有密钥的组织内部保密，但是所有人都能获知该组织的公钥。

尽管上述两种加密方式都需要管理员保守一个秘密，但是这两种方法依据保守秘密的组织数目不同而具有较大差异。在公钥系统中，秘密信息只限组织内部掌握——外部参与者无需获知该组织的私钥。而在共享密钥系统中，所有参与者都需要获知密钥。

3）会话密钥：包括 SSL 在内的加密技术都依赖称为会话密钥（session key）或一次性密钥（one-time key）的机制。从本质上看，这是指相互连接的终端在会话过程中（例如，一个网络传输过程）共同协商密钥以完成数据加密。大多数会话密钥是自动生成的，管理员无需管理密钥或者将密钥保密。

8.9.2 周长控制技术

网络的周长（perimeter）是指能从外部网络接收数据包的网络元素的集合。管理员能够应用周长控制技术（perimeter control technology）精确定义组织网络和外部网络之间的界限。周长控制用于确定哪些外部人员能够访问内部网络以及能进行哪些操作。例如，管理员可以应用周长控制技术限制传输到内部网络的数据包类型，并限制数据包能够到达的目标地址。

以下三种机制可以用于周长控制：

- 有状态的防火墙
- 入侵检测系统（IDS）
- 虚拟专用网（VPN）

1）有状态的防火墙：管理员配置防火墙以便进行数据包过滤。也就是说，管理员设定一系列规则来说明允许哪些数据包进入内部网络（即通过防火墙），防火墙会阻止其他数据包进入。大多数防火墙允许管理员单独创建规则对从内部发送到外部网络的数据包进行过滤⊖。如果一个防火墙允许管理员设定相应规则，使之自动接收从内部到外部通信的回复，那么这个防火墙称为有状态的（stateful）防火墙。因此，管理员能够制订规则，规定内部用户无论何时打开一个站点的连接，防火墙都要允许该连接的输入数据包通过该组织的网络，而不必对不同站点分别创建规则。

2）入侵检测系统：原则上，IDS 只能提供被动检测。也就是说，IDS 仅能监控从入口点到出口点的流量，当检测到可能引发安全问题的非预期流量时能及时告知管理员。在实践中，IDS 同样可以作为数据包过滤器——当检测到潜在安全威胁的时候，IDS 会自动确立相应规则阻止来自同一源地址的后续数据包，直到管理员对当前状况进行检测并决定是否继续阻止该数据通过。

3）虚拟专用网：周长控制的一个特殊而有趣的情况涉及对于 VPN 技术的管理。实质上，VPN 可以绕过周长限制并允许外部用户直接访问网络，或者通过公共因特网连接两个组织的站点。虽然这为远程工作的员工提供了方便，但组织内部几乎所有的计算机经配置后都能够运行 VPN 软件为外部提供访问通道，这就可能使得 VPN 技术被滥用。管理员必须监督员工在不经意间以病毒形式引入的隐蔽 VPN 软件。

8.9.3 内容控制技术

第三类安全技术关注传输的数据。内容控制技术（content control technology）会提取并分析完整的数据流，而不是检查单个数据包。内容控制系统通常以代理的方式运行，代表用户执行操作，分析相关数据，只有当数据通过检测后才允许进行后续的操作。

内容控制包括三种广泛应用的形式：

- 垃圾邮件过滤器
- 病毒扫描器
- 模式匹配器

⊖ 有管理员指出，使和内部网络的私有 IP 地址能使防火墙规则易于配置并减少人为故障。

垃圾邮件过滤器（spam filter）和邮件服务器共同使用，用于清除垃圾邮件。对于一封来自外部的邮件消息，它首先会被放置在临时存储器中，然后经过垃圾邮件过滤器的检验，如果认为是垃圾邮件则将其删除，如不是则将其转发到目标地址的邮箱中。某些系统会将垃圾邮件放置在特殊的邮箱中，而不是直接删除，由用户选择将其丢弃还是保留。

由于系统可以对电子邮件、文件传输程序检索的输入数据文件以及网页进行病毒扫描，因此，病毒扫描器（virus scanner）跨越了多个应用程序领域。在进行病毒扫描之前，输入数据会被放置在临时存储区域中，这点同垃圾邮件过滤器相似。经检查，如果一个数据项没有感染任何已知的病毒，系统会将其送往目标地址。

模式匹配器（pattern matcher）是一种广义上的病毒扫描器。病毒扫描器会检查数据模式是否同现有病毒相匹配，而模式扫描器会扫描任意模式。例如，模式匹配器可用于检查图像中是否包含罕见肤色的大面积区域。

内容控制系统最重要的管理问题之一是要考虑对存储容量和处理时间的需求——管理员必须预留足够的处理能源以维持正常的传输速度，同时还需要确保拥有充足的临时存储空间接收待检验的全部数据。由于大量的数据项使临时存储空间成为瓶颈，因此，管理员可以限制数据项的长度（例如，约束电子邮件消息的长度）。

8.10 管理问题和安全性

后续几节将讨论同安全性相关的重要管理问题。这些描述不是所有安全管理任务或问题的详细列表，相反，它会为读者指出一系列非常重要的管理问题。

这几节考虑的是关于安全性的基础问题、更普遍的问题以及日常事务。特别的，讨论将以一个组织为保证安全性所采取的整体措施作为开始，并确定该组织如何维护网络安全系统并选择安全技术。

8.11 安全架构：边界 VS 资源

"安全架构"（security architecture）这个术语的含义是指对安全系统的总体设计。选择安全架构的根本问题在于：网络保护应该达到什么级别？在设计安全架构的时候，管理员必须解决这个问题。以下两种方法能够帮助管理员理解问题的实质：

- 关注边界：在网络边界设立安全屏障，仅允许受信任的参与者访问网络并获取网络中的任意资源。
- 关注资源：忽略网络周长，允许所有人访问网络，但是要对不同的网络资源分别设置不同的安全屏障。

边界安全：企业通常愿意采用边界安全的方式，因为企业员工可以被视为"内部访问者"，其他人都可以被视为"外部访问者"。也就是说，企业通常关注实施边界安全，但是不允许内部用户跨越网络屏障获取资源。在某些情况下，企业会将网络划分为"内部"区域和"外部"区域，并限制外部访问者只能访问外部区域。

资源安全：服务提供商提供通过性服务，因此它们愿意采用资源安全的方式。也就是说，服务提供商的网络不进行数据包过滤或访问限制——任何 Internet 用户都能同提供商的任意客户进行数据包交换。因此，服务提供商需要依靠客户来保护自己的资源。如果提供商自己提供诸如网页寄存等服务时，每个服务都要受到保护。

在实践中，大多数网络会同时采用边界安全和资源安全这两种方式。例如，虽然企业会限制内部网络仅能由员工访问，但企业同样可以要求其他用户输入认证口令以获取工资数据。再例如，一些网络会为受限的外部流量设置隔离区⊖（通常是单独的子网）。因此，管理员在设计安全架构的时候必须要考虑一个最根本的问题，即限制网络只向受信任的用户开放与控制不同资源的安全性之间的折衷。总结：

> 在创建安全性架构的时候，管理员必须考虑何时采取边界安全的方式以及何时采取资源安全的方式以便对不同的资源进行保护。

8.12 网络元素协同和防火墙联盟

在第 3 章中曾介绍过，网络元素需要单独进行配置和管理。这就使得网络管理员面临一个重要的问题：多个网络元素的协同（coordinating）。例如，网络管理员必须对运行在网络服务器上的安全机制和运行在用户计算机上的客户端机制进行协调。本书的第二部分将讨论设备协同的相关工具和平台，但是没有任何一种协同方案能够普遍适用。也就是说：

106

> 大多数网络都采用人工配置方式，以保证所有网络元素都遵循同样的安全策略。

协同中有一项事务格外重要：防火墙配置。这就是人们熟知的防火墙联盟问题（firewall unification problem），这个问题之所以特别重要，是因为误配置将导致入侵者进入网络并访问网络资源。

8.13 资源限制和拒绝服务

本书曾在前文提到过，诸如病毒扫描器之类的内容控制技术需要对输入数据进行临时存储。存储只是内容控制的一个特例，网络管理员需要考虑的更普遍的问题是：防止资源滥用。这包括两个问题：

- 保护单一网络资源。
- 保护整体网络资源。

保护单一网络资源是指保证运行在某网络元素上的任何应用程序都不能随意消耗网络资源。例如，如果邮件服务器允许输入任意长度的消息并将其存储在磁盘上，则攻击者就可以通过发送大量信息填满磁盘造成邮件系统瘫痪。

保护整体网络资源则更加困难。最简单直接的攻击方式称为拒绝服务攻击（Denial Of Service attack，DOS 攻击），它以极高的速率向网络注入大量数据包，导致网络处于不可用状态。当然，如果所有数据包都来自同一个源地址，那么管理员可以更改防火墙规则以便过滤来自该地址的流量。因此，攻击者会首先攻破互联网上多台计算机，并将这些计算机组织起来向目标网络发送数据包，这就是人们所熟知的分布式拒绝服务（Distributed Denial Of Service，DDOS）攻击，这种攻击更加难于控制。

8.14 认证管理

认证是指对通信源地址的验证。管理员可以应用以下几种不同级别的认证方式：

⊖ 现有的便携式计算机使隔离方式变得复杂，其原因在于员工连接了外部网络之后再接入企业网络，这样就可能引入病毒或其他问题软件。

- 数据包认证
- 消息认证

- 计算机系统认证

1）数据包认证：IETF 组织定义的 IPsec 协议允许接收方对每个 IP 数据报的源地址进行认证。虽然 IPsec 协议没有得到大规模应用，但管理员仍然需要了解有类似协议。

2）消息认证：从一台计算机传送到另一台计算机的每条消息都可以进行认证。例如，邮件服务器可以对每个邮件消息的源地址进行认证。由于消息认证的开销更小，因此系统更倾向于采用消息认证而非数据包认证。

3）计算机系统认证：当应用程序同远程系统（例如，一个网站）通信的时候，应用程序可以采用这种认证方案对远程计算机进行身份确认。采取认证能够避免欺骗（spoofing）及其他攻击方式。例如，在保证用户对某网站进行可信的电子商务操作之前，浏览器需要对网站进行身份验证。

管理员必须为每个网络资源（通常是服务器）选择并配置一种认证方案。在大多数情况下，认证会依赖于哈希算法（hash algorithm）。哈希算法在标准加密机制的基础上建立，因此，一旦管理员选定一个用于加密的密钥，使用哈希算法的认证方式就不需要其他条件了。

8.15　访问控制和用户认证

多种方案都可用于用户身份验证。这些方案可以划分为以下三种基本类型：

- 什么是用户知道的（例如，口令）。
- 什么是用户拥有的（例如，智能卡或徽章）。
- 什么是用户与生俱来的（例如，指纹）。

口令管理是一件异常困难的工作。首先，使用口令的原因多种多样，包括登录特定计算机、对应用程序进行身份认证以及访问某个网页。其次，口令机制通常单独管理——每个应用程序或计算机系统都会设置各自的方案接受并进行口令验证。为避免要求用户记忆多个口令，很多管理员寻求在不同平台间进行口令协同的方式。因此，首要的管理问题在于口令协同。

是什么使得口令协同如此困难？最主要的问题在于口令能够跨越不同类型的系统。例如，除了具有口令访问控制功能的网页之外，大型网络还通常包括多个操作系统。计算机运行的操作系统包括 Linux、Windows、Mac OS 以及 Solaris，大型主机还可能运行其他操作系统。这种异构

性意味着口令验证规则的不同。总结：

> 大型网络的异构性使口令协同更加困难。系统不但会采用不同的机制，还会定义不同的口令验证规则。

口令管理之所以困难，其另一个原因是很多安全策略都采用强制更换口令（forced password rollover）的方法防止用户长期使用相同的口令。要实现这种转换，网络管理员应定期为用户设定一个必须更改口令的时间期限。管理员会将到期未更换口令的账户设为无效。对于无法自动进行口令转换的系统，管理员必须手动实现口令无效化操作。然而，经验表明，强制更换口令可能出现同预期相反的效果：转换会使得口令处于不安全状态。原因在于如果用户必须记住很多口令并且频繁更换口令，该用户很可能将口令写在纸上并放在计算机旁边。总结：

> 频繁地强制更换口令会导致网络安全性降低。

导致口令管理困难的最后一个原因是：口令传输的风险。每当制订一个口令策略时，管理员需要明确知道口令被送往的目标地址以及传输过程如何完成。特别的，仅制订严格的口令规则但口令在网络中却以明文（clear text）传输（即未加密）是没有任何意义的。然而，很多应用程序往往直接传输未加密的口令。特别的，获取电子邮件的邮局协议（Post Office Protocol，POP）就曾以明文传输密码。总结：

> 口令管理包括口令的传输，管理员必须认识到 Web 和电子邮件这样的应用程序都会直接传输未加密的口令明文。

8.16　无线网络管理

无线网络为安全性管理带来了特殊的问题。特别的，允许多台计算机共享带宽的 Wi-Fi 网络会引发潜在的安全风险。经 Wi-Fi 网络传输的数据帧会遭到窃听——第三方能够获取 Wi-Fi 网络中传输的所有数据帧的副本⊖。一种称为有线等效保密协议（Wired Equivalent Privacy，WEP）的加密技术可以用于对 Wi-Fi 数据帧加密，但是如果时间充足就可以破解 WEP。因此，即使使用 WEP 加密，第三方依然可以获取消息副本，经破解后得到明文。这使得很多管理员开始寻找可用于 Wi-Fi 网络的其他加密技术⊜。

Wi-Fi 网络中另一个安全性问题是由于使用长度为 32 字符的服务区标识符（Service Set IDentifier，SSID）字符串引发的。每个 SSID 都用来标识不同的无线局域网——在计算机同 Wi-Fi 网络接入点关联之前，计算机的无线接口同接入点的无线接口都需要配置相同的 SSID。然而，单独使用 SSID 不能提高安全性，因为第三方仍然能够监视网络，获取数据帧的副本并提取 SSID。同时，很多接入点的默认配置都是开放的：接入点会广播自己的 SSID。最后，管理员必须对某些软件的微小细节进行处理：当系统启动时，连接到接入点的计算机会再次使用相同的 SSID。如果内部使用的便携式计算机在企业外部启动，就会威胁到企业 SSID 的安全。要点：

> 除了可能被窃听之外，使用 Wi-Fi 技术的无线网络会拥有一个 SSID，这看上去更加安全，实质上却很容易受到威胁。

8.17　网络安全

网络管理员不但要考虑数据安全和终端用户系统安全，还必须为网络本身制订安全策略。首先，管理员要保证设备和介质等网络组成部分的物理安全。另外，网络安全还包括保护网络元素和链路免受电子攻击。例如，管理员需要考虑如何保护 DNS 服务器的安全。此外，还需要为网络管理和操作人员建立相应的程序和指导规则。

建立人员的指导规则和检查标准尤其重要，原因在于很多安全缺口都是人为造成的，可能由于错误配置网络元素或恶意行为等途径造成。因此，有些管理员要求影响网络关键任务的更改都要由团队来执行，并且团队中至少要有一个成员负责检查其他人的工作以保证不出现任何差错。要点：

⊖　注意，由于传输可以穿越建筑物的边界，因此窃听可能发生在物理位置之外的区域。
⊜　虽然已经提出一些替代 WEP 的加密技术，但是没有一种被当成标准广泛应用。

110

由于很多安全问题都是人为错误造成的，因此，除了保护网络本身的技术之外，管理员还需要采取一些措施检查工作人员对网络进行的更改。

8.18   基于角色的访问控制

网络元素的安全保障中有一项特殊内容：口令管理。提供命令行接口的网络元素通常要求管理员在进入管理命令之前先登录系统。登录网络元素同登录传统计算机相似：都需要身份标识和口令。因此，管理员必须对多个网络元素的身份标识和口令进行分配和控制。

与标准口令体制中出现的问题相同，多个网络元素之间的协同非常重要：网络管理员是对所有交换机和路由器使用相同的口令，还是需要为不同的网络元素分别定义其身份标识的集合？显而易见的是，所有网络元素采用相同的登录方式最为简单。

与分配给用户的登录方式和口令不同，分配给网络元素的登录方式会引起更复杂的问题：共享（sharing）。在共享环境中，不同网络元素会设置同一个登录方式和口令，而整个网络管理团队共享相同的登录方式。

共享相同的登录方式具有两个优点：它使得口令管理变得更加简单，并且一个团队的成员可以从其他团队的成员那里获取口令。然而，共享依然具有两个严重的缺陷。首先，共享账户需要最大的权限设置——当只有一个管理员登录时，它必须拥有足够的权力对网络元素进行控制。其次，由于共享的登录方式不能提供审计（accountability）功能。也就是说，如果某个网络元素发生改变，共享的登录方式无法分辨是哪个成员做出的修改。总结：

> 同一个管理团队共享登录方式和口令会产生很多安全性弱点，因为所有成员都拥有最大管理权限，同时也无法为团队成员提供审计功能。

如何组织多个登录方式和口令以适应网络管理？最理想的解决方案称为基于角色的访问控制（Role-Based Access Control，RBAC），这种方案允许为不同等级的工作分配不同的权限。例如，管理团队中负责路由的成员具有更改 IP 路由和配置路由协议的权限，但是他却没有更改 VLAN 分配的权限。

从表面上看，RBAC 系统会要求每个网络元素包含能够识别用户权限的复杂的用户接口软件以实现身份认证，并只允许经授权的特定人员进入命令行界面。然而，很多 RBAC 系统会使用中心服务器简化授权过程。当管理员登录某个网络元素时，首先要输入自己的登录 ID 和口令，111当用户进入命令行界面时，网络元素会将命令和用户的登录信息发送到 RBAC 服务器，并请求服务器进行授权，由服务器决定该用户是否具有权限。因此，即使网络元素不包含评估 RBAC 的复杂软件，RBAC 依然能够应用于每个命令行之内。要点：

> 基于角色的访问控制能够为不同的工作等级分配不同的管理权限。即使网络元素不具备评估权限的强大用户接口，RBAC 方案依然适用。

8.19   审计跟踪和安全日志

第 5 章曾讨论在故障检测环境中的事件日志。用于故障检测的事件日志包含对故障以及非正常事件的记录。故障日志旨在帮助网络管理员诊断可能引发非预期事件的原因，并采取措施预防该事件的发生。

用于安全性保护的事件日志具有同上述日志相似的功能，并可以同其他类型的日志结合使用。一方面，与安全相关的事件日志能够帮助管理员采取相应措施防止问题进一步恶化。另一方面，当问题出现时，事件日志能够帮助管理员对引发潜在安全弱点的行为进行审计。

8.20　密钥管理

由加密引出的最关键的管理问题称为密钥管理（key management）。共享密钥的加密技术最容易管理：管理员必须保证密钥不会泄露。管理员安全地存储密钥的副本，制订一系列策略控制哪些人能够获取密钥，并限制可以对密钥进行的操作。除本地控制之外，管理员必须将密钥发送给需要进行安全通信的各方。通常情况下，密钥会通过带外方式传输，这意味着管理员会采用电话或邮局服务传输密钥。

公钥加密体制中的密钥管理则比较复杂。管理员必须建立局部策略对组织的密钥进行访问控制。另外，管理员还要把组织的公钥分发出去。从表面上看，公钥分发可以采用任意机制（例如，通过电子邮件分发公钥）。然而，如果接收者不能确认公钥的正确来源，这个公钥就是不可信的。因此，接收者需要对收到的公钥进行认证，并确认它的来源。这个发送公钥的过程称为密钥分发（key distribution）。虽然当前已经有一些密钥分发方案，但是还没有制订统一的标准。因此： | 112

> 当使用公钥技术时，管理员需要选择一种密钥分发策略。

8.21　总结

没有绝对安全的网络，安全是一个不断评估、不断改进的过程，它涉及资源保护、访问控制，以及保密性和安全性的保证。网络管理员需要制订并实现相关的安全策略。

管理员采用三种基本技术以保障网络的安全性：加密、周长控制和内容控制。管理员必须选择一种安全架构在周长安全和资源安全之间实现一种平衡。

涉及安全性的管理事务包括网络元素协同、网络保护、认证级别（数据包级别、消息级别或计算机级别）、口令管理、无线网络管理以及密钥管理。基于角色的访问控制机制能够针对特定的管理任务对网络管理团队的成员进行授权。 | 113

第二部分　现有网络管理工具和平台

第 9 章　管理工具和技术

9.1　简介

前面几章定义了网络管理中遇到的问题，并介绍了基本背景。在之前的五章中，每一章都对 FCAPS 模型中的一个网络管理等级进行了详细阐述。

本章将开始本书一个新的部分，这一部分将重点关注管理员在对网络进行规划、配置、监控、控制和诊断时所使用的工具和平台。本章将介绍不同工具的特性和功能，而不是对特定商品进行简单罗列。后续几章将深入介绍主要技术。

9.2　近期最多改变原则

网络管理员如何解决问题？一个在大公司任职的管理员发现，在管理团队的成员出现错误之前，网络会正常运转。因此，他通过发现近期谁对网络做出最多改变并撤销相应改变的方式解决管理问题。本书将这种方式称为近期最多改变原则：

> 发现管理团队中哪个成员近期对网络做出最多改变并撤销这些行为，很多管理问题就可以迎刃而解。

很多网络都将近期最多改变原则作为解决网络问题的策略。对于小型网络来说，管理团队的成员之间联系紧密，频繁接触，因此很容易找到近期对网络做出更改的成员。对于大型网络来说，几十名团队成员管理不同的设备，网络更改的内容记录和时间记录就是追溯问题原因的首要依据。

9.3　管理工具的演化

传统网络行业关注高速多功能设备的市场销售。因此，工程师都在努力研发速度更快、功能更强的数据包交换技术，而对于配置、监控和控制网络的工具和机制的开发则相对滞后。

对于早期的因特网，管理并不是一项重要的内容，研究人员只关注协议的设计和理解。工具的作用是对协议进行检测和评估，设计工具是为了帮助研究，而不是为了管理大型网络。我们看到，很多早期的检测工具至今依然广泛使用。

直到 20 世纪 80 年代，因特网发展迅速，人们发现可以借助工具自动管理网络事务。研究人员采用不同的机制和方法进行了一系列实验。到了 20 世纪 90 年代，开始有商家销售网络管理设备，其中包括以图形界面显示网络状态和性能的软件。本章的后几节将进一步解释管理工具的发展演化的过程。

9.4   作为应用程序的管理工具

早期对于网络管理的争论集中在管理协议在协议栈中所处的位置。构建 ARPANET 的工程师认为，管理协议应该处于协议栈的下层，他们设计了一系列在第二层执行的诊断和控制协议，并在 ARPANET 的数据包交换过程中为控制协议分配一定的优先级。一旦 ARPANET 出现了误操作，管理员会使用下层控制协议对出现的问题进行诊断。ARPANET 所有的数据包交换都是相同的，这种一致性使得第二层控制协议能够很好地发挥作用。

网际互连技术的出现使得异构性发生了根本改变。熟悉下层控制和诊断协议的工程师认为下层管理协议是必要的，应该对其进行标准化。他们还指出，只有下层协议才允许管理员绕开常规的数据转发。因此，即使数据转发过程受到破坏，管理数据包依然可以通过网络。

同时，研究人员也在开发其他方式。他们认为，由于互联网包含了多种物理网络，而绕开所有网络硬件仅对第二层协议进行标准化是没有意义的。事实上，经观察发现，只有通过 IP 地址才能建立一条连接管理员和被管网络元素的路径。因此，这些研究人员提倡使用 IP 地址和标准传输层协议（即 TCP 和 UDP）进行网络事务管理。

当争论进一步加剧的时候，另一种有趣的思想出现了：如果使用标准传输协议，可以让管理软件像应用程序一样在任意计算机上运行。因此，管理员不需要采用特殊计算机或特殊操作系统来生成并处理第二层协议的特殊数据包，这只需使用普通硬件（例如，PC）即可实现。经过激烈的讨论，上层应用方式得到了广泛应用：

> 典型的网络管理工具包括使用标准传输层协议进行通信的应用程序，并可以在以 PC 为代表的传统计算机上运行。

当然，上述规则也存在例外。例如，用于监控和调试光网络的工具通常包含能够产生可调激光的专门硬件设备。然而，即使特殊管理工具也通常由两部分组成：执行下层功能的设备和用于控制下层设备并显示结果的廉价商用计算机。

9.5   使用单独网络进行管理

早期争论还涉及如何构建网络管理系统的问题。争论的焦点在于使用单独物理网络进行流量管理的重要性。采用单独物理网络具有以下两个优点：

- 健壮性
- 性能

1）健壮性：将管理基础设施同网络分离的思想最早由电话公司提出。二者分离的主要依据出于健壮性的考虑：如果使用同一个网络进行数据信息和控制命令的传输，那么当其中的网络元素出现故障导致拒绝接收数据包，管理员将无法发送管理命令。因此，为每个网络元素设置一条单独的控制路径意味着管理员能够使用工具进行远程控制。

2）性能：将管理基础设施同网络分离的另一个原因是为了提高网络性能。正如我们所见，监控工具只有保持同设备的连接才能提供持续的更新服务。也就是说，从设备到监控工具的数据包流需要维持平稳状态。如果管理员监控一个单独的设备，额外的流量就是次要的。然而，在大型网络中，管理员需要监控成百上千个设备，此时监控流量就变得非常重要。因此，将网络同管理流量分离能够提高数据网络的整体性能。

使用单独网络的最大缺点在于开销过大。当然，如果所有网络元素位置相近，并且每个网络元素都具有一个独立的以太网管理接口，那么创建一个单独的管理网络的开销较低。安装了额外的以太网交换机之后，每个网络元素的管理接口都要连接到交换机上，并且管理员工作站（即运行管理程序的计算机）也需要接入交换机。然而，在通常情况下，如果网络元素按照地理条件分布，并且不同网络元素上的管理接口类型不同，此时构建单独的网络开销较大甚至无法实现。

总结：

> 虽然使用单独的管理网络能够提高健壮性和性能，但是大多数站点会使用同一个网络进行数据和管理命令的传输，因为这种方案能够降低开销。

9.6 管理工具的类型

网络管理工具可以被划分为以下十二种基本类型：
- 物理层测试
- 可达性和连通性
- 数据包分析
- 发现
- 设备询问
- 事件监控
- 性能监控
- 流量分析
- 路由和流量工程
- 配置
- 安全保障
- 网络规划

后续各节会对每个类型进行详细解释并给出可用工具功能的相应实例。

9.7 物理层测试工具

虽然管理员很少对有线网络的物理层性质进行测试，但是了解这些测试工具是十分必要的，因为它能够帮助管理员快速诊断出现的问题。本节会简要介绍以下三种工具：
- 载体传感器
- 时域反射器
- 无线强度与质量检测器

1）载体传感器：载体传感器是一种简单的设备。传感器通常包括一个 LED，当出现载体的时候，LED 就会发光。因此，载体传感器可用于指示一个有线连接是否正确。例如，大多数具有以太网端口的设备在其每一个端口中都包含一个载体传感器。

2）时域反射器（Time-Domain Reflectometer，TDR）：TDR 通常是一个小型的手提式设备，它能通过发送沿线缆传输的信号并等待电子反射的方式测量线缆的长度。因此，如果一条铜缆被切断，TDR 能够计算本地到切口之间的距离。

3）无线强度与质量检测器：强度与质量检测器是一种非常有用的工具，它能够诊断无线网络中的干扰问题，在计算机移动性更强的 Wi-Fi 网络中更加适用。通常情况下，无线检测器可以按照使用传统网络接口硬件的应用程序的方式进行操作。

无线检测器能够以数字形式显示测量结果（例如，强度为93%，质量为89%），它同样可以显示可视化效果。图9-1给出了一种可能的显示结果。

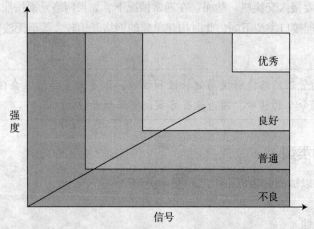

图9-1   由无线检测工具生成的二维显示图例。图中的信号和强度位于"良好"的区域中

9.8   可达性和连通性工具（ping 命令）

测量可达性（reachability）和连通性（connectivity）的工具是最古老和应用最广泛的管理工具之一。这类工具的目的非常直接：证实网络中的两点之间是否能够相互通信。尽管存在可以测试其他层的工具，但通常通过网络的第三层发送 IP 数据报并确认数据报的到达来测试网络的可达性。

一种特殊的可达性工具在这类工具中占据着主要地位：ping 命令应用程序⊖。ping 命令使用了因特网控制消息协议（Internet Control Message Protocol，ICMP）中的响应设备。当管理员运行 ping 命令，应用程序就生成并向指定目标地址发送一个 ICMP 响应请求消息。当响应请求到达目标地址，ICMP 软件会向源地址返回一个 ICMP 响应应答。因此，如果源地址收到的响应应答同响应请求匹配，就认为 ping 命令成功。如果一段时间过后，源地址没有收到匹配的响应应答，则认为 ping 命令失败。

从表面上看，ping 命令可能过于简单以致体现不出其使用价值。然而，ping 命令得到广泛应用源于以下五个原因：

- 方法直观且便于应用。
- 实现端 – 端验证。
- 软件应用范围广泛。
- 可用于编写脚本。
- 具有高级测试选项。

1）**方法直观且便于应用**：ping 命令非常简单，任何人不需要经过训练就能够掌握其基本形式并加以使用。同时，由于发送探测信号并接收响应的底层方式符合人类的理解模式，因此 ping 命令非常直观。

2）**实现端 – 端验证**：ping 命令不但简单直观，还能对网络进行多方面的测试。除了能够证

⊖   术语 ping 由 Packet InterNet Groper 的首字母缩写而来。

实源计算机是否接入物理网络之外，要正确使用 ping 命令还需合理配置域名系统，并对域名服务器进行合理操作。更重要的是，ping 命令能够对网络进行端－端（end-to-end）验证，即 ping 命令能够测试源计算机同远程目标计算机之间的可达性。成功意味着路由方式合理（双向路由），并且路径上的路由器能够正确转发数据包。此外，由于源地址同目标地址可能是用户计算机而非网络元素，因此 ping 命令能够从用户的角度[⊖]验证可达性。

3）软件应用范围广泛：ping 命令得到广泛应用的另一个原因在于它的普遍存在性。由于 ICMP 是 IP 的必要组成部分，因此，每一台接入因特网的计算机都包含能够响应 ping 命令的 ICMP 软件。此外，几乎所有计算机和网络元素都包含实现 ping 功能的软件。因此，管理员可以选择任意系统分别作为源地址和目标地址。

4）可用于编写脚本：管理大型站点时，管理员通常采用自动生成脚本方式。ping 命令是很多脚本的基本组成部分，长期以来一直应用在脚本中。实际上，早期版本的 ping 命令是为 Unix 操作系统开发的，这也是最早应用于脚本中的管理工具之一。

5）具有高级测试选项：尽管 ping 命令非常简单，但它仍然具有一些高级特征。ping 命令能够报告发送探测信号和接收应答之间的时间间隔，这使得管理员能够评估当前的网络性能。另外，大多数版本的 ping 命令具有设置数据包长度的选项。管理员可以利用这个选项确定较大的数据包能否使网络出现问题。另一个选项允许 ping 命令发送平稳的请求数据流，通常每秒发送一个请求。数据包流允许管理员在一段时间内对网络进行探测并接收报告，报告内容包括已发送数据包总数、平均往返时间和最大往返时间以及丢包率。

总结：

> 虽然 ping 命令非常简单，但它仍然是应用最广泛的测量端－端可达性的工具。除了可被管理员直接调用之外，ping 命令还能够用于脚本自动管理。

9.9 数据包分析工具

数据包分析器（packet analyzer），也称为协议分析器（protocol analyzer），是一种能够捕获数据包、显示头信息并积累统计数据（例如，接收到的 IP 数据报的数目）的工具。最早开发数据包分析器的目的是为了辅助协议实现和测试，但是现在网络管理员大多使用这种工具诊断网络出现的问题或者理解对网络流量产生影响的网络协议。

现有的数据包分析器种类繁多。为处理高速网络，数据包分析器需要专门的硬件。因此，高速分析器通常包括独立的设备。然而，传统计算机在低速网络中具有足够的能力捕获并分析数据包。因此，低速分析器通常由运行在商用计算机上的软件构成。运行在便携式计算机上的分析器应用更加方便，因为便携式计算机的移动性更强。

典型的数据包分析器具有允许管理员控制操作和显示结果的选项。例如，管理员可以选择为后续的处理过程积累统计数据或捕获数据包的副本。一旦捕获到数据包，分析器就允许管理员对数据包进行单步调试并浏览每个数据包的报头和内容。一些分析器允许管理员指定数据包过滤器，即管理员可以指示分析器仅捕获报头中包含某些特定值的数据包，而忽略其他数据包。因此，管理员可能将显示结果限定于：特定传输协议（例如，TCP）、特定主机（例如，从主机

⊖ 一些站点会阻止 ping 流量的输入，因此，ping 命令可能无法到达某些目标地址（例如，任意一台 Web 服务器）。

X 发出或者进入主机 *X* 的流量），或者特定应用程序（例如，VoIP 流量）。过滤对诊断网络出现的问题非常有帮助。

当前存在很多数据包分析器的商业软件和共享软件。其中一些同操作系统（例如，Solaris 和 Linux）捆绑在一起，其他则作为独立设备出售。其中一个应用最广泛的分析器称为 Ethereal，该程序可以从以下地址获得：

http：//www. ethereal. com/

Ethereal 广泛流行的原因在于它的各个版本都能在多个平台上运行，包括 Windows 和 Linux。Ethereal 使用传统网络接口硬件，但它改变了某些硬件配置使得硬件接口能够接收所有数据包而不仅仅是目标地址为本机的数据包。因此，如果运行 Ethereal 的计算机接入网络集线器或具有无线局域网接口，那么 Ethereal 能够捕获在网络中传输的所有数据包。

总结：

> Ethereal 是一个开源的应用程序，它是应用最广泛的数据包分析器之一。Ethereal 的各个版本适用于多种操作系统平台，包括 Windows 和 Linux。

有趣的是，Ethereal 在许可证中允许用户对程序进行修改并添加自己需要的功能。当然，这种修改需要大量编程专业知识，这远远超过了大多数网络管理员的能力范围。然而，拥有编程专家的站点能根据特殊需求定制 Ethereal 软件。

9.10　发现工具

顾名思义，使用发现工具能够对网络进行学习和了解。发现工具主要分为以下两类：

- 路由发现工具。
- 拓扑发现工具。

1）路由发现：本章曾介绍过，管理员使用 ping 命令测试端 - 端可达性。然而，如果 ping 命令失败，管理员无法获知出现问题的具体位置。故障出现的位置可能靠近源端计算机，也可能靠近目的端计算机，还可能在二者之间的任意位置。因此，要调试可达性问题，管理员必须找到从源地址到目标地址的传输路径。

当然，管理员可以通过人工检查路径中每个网络元素 IP 路由表的方式获取路由。不过，人工过程既耗费时间又容易出错。因此，大多数管理员会使用路由发现工具自动追踪路径。典型的路由发现工具是一种运行在主机或路由器上的应用程序，它会采用主动探测方式发现一条到特定目标地址的路径。

其中一种应用最广泛的路由发现工具被称为 traceroute，它是一个应用程序，使用一系列主动探测和连续的多跳步数查找并列出从源地址到目标地址路径上的所有路由器[⊖]。虽然 traceroute 最初是为 Unix 系统而设计，但是当前已经存在能够在多数操作系统上运行的版本。例如，tracert 命令就能够在 Windows 操作系统中使用。traceroute 软件可以从以下地址获取：

http：//traceroute. org/

⊖ 为隐藏其内部网络架构，一些 ISP 在配置路由电器时会忽略 traceroute 的探测。因此，对于一条路径中某些路由电器的地址 traceroute 可能无法获取。

总结：

> 以 traceroute 应用程序为例，路由发现工具能够生成从源地址到目标地址路径上所有网络元素的列表。

2）拓扑发现：Internet 技术的发展使得网络易于扩展，这就造成了一个值得关注的管理问题。例如，考虑一个要为每个办公室提供以太网连接的小型企业。如果用户通过廉价的集线器接入以太网，那么还可以连接额外的计算机和打印机。对于大型企业来说，情况则更加糟糕：由于 IT 员工机构规模较大，并且网络包含多个子网，因此对网络做出的添加或修改如果没有书面记录则很容易被忽视。

拓扑发现工具（topology discovery tool）能帮助管理员了解企业网络中未经书面记录的部分。拓扑发现工具自动执行，不需要管理员输入对于网络的描述。同时，拓扑发现工具通过发送探测数据包执行发现过程，数据包的目标地址通常是子网网段内所有可能的地址⊖。一旦收集到回复信息，发现工具会对每个给出响应的设备做出进一步探测，以确定该设备是主机还是路由器。

拓扑发现工具会采用多种输出格式。在最简单的情况下，发现工具仅会列出给定子网内正在使用的主机 IP 地址。有些发现工具会绘制图形以表示网络，用方框代表网络元素，用直线代表网络元素同子网之间的连接。包含很多互连结构的网络图可能过于复杂而不便于阅读，因此，具有图形显示功能的工具通常支持管理员对某个子网进行放大。要点：

125

> 图形输出方式适合显示小型网络的拓扑，而对于大型网络来说，如果管理员选择单独显示某个子网，则会获得更好的效果。

9.11　设备询问接口和工具

管理员如何获取给定网络元素的状态？他可以使用以下三种基本接口实现：

- 命令行接口
- Web 接口
- 可编程接口

1）命令行接口（CLI）：大多数网络都支持命令行接口。CLI 允许管理员检查（或更改）管理数据。例如，管理员可以使用 CLI 来查询特定接口的打开或关闭，或使用 CLI 来查询分配给某个接口的 IP 地址。由于 CLI 根据人类习惯而设计，因此通常不便于程序直接使用。

2）Web 接口：一些网络元素会采用 Web 接口。也就是说，网络元素运行 Web 服务器，而管理员能通过浏览器连接网络元素并进行查询。Web 接口要求管理员计算机同网络元素之间实现连通，这使得 Web 接口比 CLI 更不便于应用程序直接使用。

3）可编程接口：同 CLI 或 Web 接口不同，可编程接口不能直接使用。相反，操作人员运行一种工具实现同网络元素之间的通信，这种工具通常是一个应用程序。这种工具向网络元素发送请求，并以适合人类感知的形式显示响应结果。当前，应用最普遍的可编程接口通常使用简单网络管理协议（Simple Network Management Protocol，SNMP⊖），它是由 IETF 建立的一种非商业性质的网络标准。除此之外，还有其他可编程接口可供使用。要点：

⊖　有些发现工具会发送 ICMP 响应请求。Cisco 系统已经定义了一种 Cisco 发现协议（CDP）。
⊖　本书下一章将会详细介绍 SNMP。

由于管理员使用的工具与下层网络元素无关，因此可编程接口允许管理员选择一种非商业性质的工具作为同网络元素交互的机制。

9.12 事件监控工具

网络管理的一个核心内容是关注事件监控（event monitoring）概念。这里的事件可能是指硬件故障，也可能是软件报警，或者网络元素状态的改变，甚至是流量负载的改变。管理员会选择要监控的事件集合，并配置事件监控工具（event monitoring tool）对选定事件进行监控。也就是说，这种工具会持续监控可能发生的事件，并在事件发生时通知管理员（例如，在管理员的屏幕上闪烁红色信号）。该通知就向管理员指示了问题的发生。

事件监控工具同网络元素之间的交互可以遵循以下两种方式：

- 轮询
- 异步通知

1）轮询：在使用轮询（polling）机制的系统中，所有交互都由事件监控工具控制。监控工具会不断连接网络元素，询问当前状态，并将结果显示给管理员。管理员可以通过配置监控工具控制轮询的速率。

2）异步通知：在使用异步通知（asynchronous notification）机制的系统中，需要配置不同的网络元素对特定事件进行监控，并在事件发生时向监控工具发送报告。监控工具被动等待报告到来之后，才将结果显示给管理员。例如，下一章要介绍的 SNMP 中的异步通知设备（用于设备询问的非商业标准）。总结：

事件监控工具可以采用轮询或异步通知机制收集数据。当一个重要的事件发生后，监控工具会以更改显示结果的方式通知管理员。

9.13 触发器、紧急级别和粒度

无论使用轮询方式还是异步通知方式收集数据，每个事件都会被分配到一个触发器等级（trigger level），并根据等级向管理员发出通告。例如，考虑一个载体损耗事件。如果某个连接非常重要（例如，某个组织同 Internet 的连接），管理员会将事件同载体检测相结合，并将载体损耗的触发器等级设为最高。然而，并不是所有的载体损耗都需要相同紧急级别的报告。如果将某条线缆用于测试，并且每隔几秒该线缆都会断开电源连接，管理员会选择为该触发器的载体损耗设定较低优先级。

在理想的事件管理系统中，应用软件允许管理员给出每个事件的精确描述和通知细节。例如，管理员应该规定，对于重要的连接，系统必须通过闪烁红色图标的方式立即报告载体损耗；而对于其他连接，载体损耗可以通过不闪烁的黄色图标的方式报告，并且只有在线缆断开电源持续 2～3 分钟时才需要报告。因此，当重要线缆断开连接时，监控工具会立刻向管理员告警，但是非重要线缆只有在断开连接超过一定时间后，监控工具才会通知管理员。总结：

在理想状态下，事件监控软件允许管理员设定事件发生的触发器等级以及通告细节。

在实践中，只有极少数监控工具才能达到上述理想环境的要求。相反，典型的监控软件会指定一系列基本紧急级别（levels of urgency），并要求管理员为每个事件分配一个预先定义的级别。每个级别具有相应显示方式（例如，颜色）。例如，图 9-2 列出了一系列紧急级别。

级 别	显 示	含 义
紧急事件	红色	需要立即关注
问题	黄色	需要采取补救措施
警告	橙色	可能需要采取措施
通知	绿色	无须采取任何措施

图 9-2　由事件监控软件提供的基本紧急级别。管理员需要为每个事件分配一种紧急级别

有些监控工具还为事件提供逐步升级（escalation）的功能——一个事件的紧急级别可以随着时间的推移而提高。例如，监控软件将一个初次发生的事件报告为"问题"，如果这个问题在十分钟后没有解决，软件会将其自动升级为"紧急事件"。

总结：

> 为帮助管理员将精力集中在重要事件上，监控工具允许管理员为每个事件分配不同的紧急级别，并在显示报告时使用不同颜色来区分不同紧急级别。

9.14　事件、紧急级别和流量

除了允许管理员对不同事件的紧急级别进行分类之外，很多监控工具还允许管理员控制紧急级别的显示。例如，管理员可以选择显示所有事件或只显示紧急事件。

在采用轮询机制的系统中，限制事件显示通常不会影响事件监控工具同被监控网络之间的数据传输。要决定显示哪些事件，监控工具必须连续检查所有可能事件。然而，在采用异步通知机制的系统中，事件显示的选择结果将直接影响网络传输，其原因在于在网络元素上运行的软件能够决定需要报告的事件。因此，当管理员限制事件显示的时候，传输流量会显著下降[⊖]。

在异步监控系统中，传输流量在某种程度上同监控工具提供的控制粒度相关。监控工具不允许管理员控制每个数据项的异步事件，只允许管理员设定紧急级别（例如，红色、黄色或绿色），这意味着网络元素需要报告所有达到或者高于某个特定级别的所有事件。因此，在获取所有接口的等效事件之前，管理员无法获得某个接口的请求事件。

对于传输流量和显示，仅具有某些紧急级别意味着一个设备通常会出现两种极端现象：该设备可能过于闲置（没有报告管理员需要的信息）或者过于忙碌（管理员可能收到大量无关信息）。要点：

> 异步监控系统产生的流量同管理员审查的详细程度相关。如果监控工具将控制设备的紧急级别之间的差异设置得很小，那么管理员接收到的信息量将出现过多或者过少两个极端。

⊖　即使没有事件要报告，传输流量也不会完全终止，监控工具会持续检查以保证网络元素在线并且可用。

9.15 性能监控工具

性能监控同事件监控紧密相关。与事件监控工具相似，性能监控工具（performance monitoring tool）同网络元素进行交互并将获取的信息显示给管理员。性能监控工具同事件监控工具的另一个相似之处在于它同样可以采用轮询或异步通知两种方式。

事件监控同性能监控最大的区别在于显示类型不同。在事件监控中，显示结果报告的是离散状况，例如连接是打开还是关闭。而在性能监控中，显示结果报告的是连续变化的数值，例如CPU 的平均负载或服务器的响应时间。

> 事件监控会关注离散的数值和阈值，而性能监控能够向管理员显示评估结果随时间的持续变化量。

最常用的性能测量是对流量的评估。例如，图 9-3 列出了性能监控工具报告的一些流量测量内容。

测　　量	报告的数值
链路利用率	容量的百分率
数据包传输率	每秒传输的数据包个数
数据传输率	每秒传输的位数
连接速率	每秒建立的连接数

图 9-3　性能监控工具报告的流量负载相关内容示例

正如图 9-3 所示，性能监控工具会报告一系列流量测量指标。由于性能监控工具可以报告数值的改变，这就引发了一个问题：数据该如何显示给管理员？显示性能数据的方式通常有以下两种：

- 时间级数图
- 动态直方图

1）时间级数图：时间级数图由二维坐标曲线构成，x 轴代表时间，y 轴代表性能，它所显示的是扩展的时间周期（例如，一星期），或者窗口在最近时间内的持续变化量（例如，通常显示最近 5 分钟内的变化结果）。时间级数图的主要优点是能使管理员了解性能变化的趋势——管理员能够确切得知性能是在提升还是在下降。

2）动态直方图：时间级数图包含历史数据，而动态直方图仅能显示当前状态。也就是说，显示结果由矩形立柱集合构成，每个立柱都代表一个测量指标，立柱的高度代表性能。动态直方图的主要优点在于能够同时显示多个测量结果——管理员很容易判断多个网络元素或链路的性能。

使用应用程序生成显示结果意味着管理员将不局限于使用一种格式。例如，管理员最初可以在屏幕上显示多条链路的直方图。如果某条链路的性能表现超过了预定参数的范围，管理员可以选择这条链路，观察其在一定时间内的时间级数图。同样的，在问题发生时，管理员可以动态调整时间间隔放大级数的显示结果。最后，当问题得到解决后，管理员还可以回到直方图状态继续显示多个测量结果。

为帮助管理员评估网络性能，显示结果中可以标记性能边界来描述可接受的性能和不可接受的性能。可以作为边界的内容包括固定范围、基线测量，或者前 N 个时间单元的极限值（例如，前一星期的最小值和/或最大值）。例如，图9-4 给出了以 50/80 规则[⊖]作为边界的链路利用率直方图。

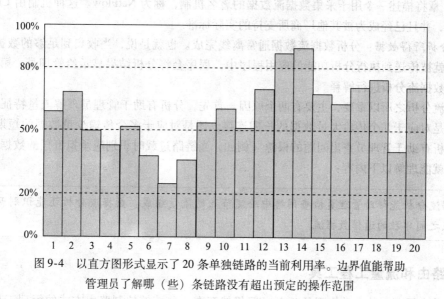

图9-4 以直方图形式显示了20条单独链路的当前利用率。边界值能帮助
管理员了解哪（些）条链路没有超出预定的操作范围

在计算机的显示结果中，可以使用鲜艳的颜色凸显性能问题。例如，利用率超过50%的链路可以标识为黄色，利用率超过80%的链路可以标识为红色。要点：

性能监控工具可以采用级数图显示资源性能随时间的变化，或者采用直方图显示多个资源的性能。带有边界或颜色的显示结果能使管理员更方便地观察网络性能是否超出预定的界限。

9.16 数据流分析工具

大多数性能工具支持对链路或网络元素的汇聚流量（aggregate traffic）的测量。例如，性能工具可能会显示在给定时间段内通过某条链路的数据总位数，还可能报告链路的利用率。虽然这些工具能够帮助管理员评估负载总量，但是汇聚性能的报告无法提供传输流量的细节。

数据流分析工具（flow analysis tool）能通过给出汇聚流量中每条单独数据流的细节来辅助管理员操作。本章将单独数据流（flow）定义为两个端点之间的通信量，这两个端点通常是两个应用程序。使用面向连接的传输协议所产生的数据流最容易理解，因为该数据流只对应一个传输层连接（即 TCP 连接）。在无连接的传输过程中，数据流通常定义为在较短时间间隔内两个应用程序之间传输的数据包集合。

数据流分析包括两个方面：
- 数据采集
- 分析所得数据

⊖ 50/80 规则在 7.18 节曾有介绍。

1) **数据采集**：对于以中速或慢速操作的网络来说，对数据流进行数据采集并非难事。例如，经配置的 Linux 系统可以截取数据包并保持以太网的数据流记录。然而，对于高速网络，捕获数据流数据需要用到专门的硬件。

第 11 章将描述一个用于采集数据流数据的著名机制，称为 NetFlow。这种机制由 Cisco Systems 开发，并且已经成为被其他厂商所支持的实际标准。

2) **分析所得数据**：分析数据流数据通常离线完成。也就是说，当收集到足够的数据流信息后，数据就被传送到执行分析功能的应用程序中，程序会将分析结果显示给管理员。第 11 章将进一步对数据流分析进行解释。

数据流分析之所以重要，主要有两个原因。首先，分析有助于管理员理解流量特征（例如，链路流量是对应于几个传输大量数据的长期连接，还是对应于多个传输少量数据的短期连接）。第二，分析有助于管理员查出问题的根源（例如，当链路过载时识别应承担责任的数据流）。至此，我们就能理解以下内容：

> 数据流分析能帮助管理员检查网络中给定节点的流量组成。数据流分析还能识别两个端点之间单独的通信数据流。

9.17 路由和流量工程工具

虽然路由属于一种自动管理的任务，但仍然存在一些能够控制路由方式的管理工具。特别的，路由和流量工程工具（routing and traffic engineering tool）允许管理员指定能够产生特定数据流的路由方式。另外，这类工具还允许管理员控制分配给特定数据流的资源，并为数据流选择后备路由方式，以防止主路由发生故障。第 12 章会详细讨论论路由和流量管理，并解释管理员如何对流量进行设计规划。

9.18 配置工具

当前存在很多配置工具（configuration tool）能帮助管理员配置网络元素集合。其中一些工具专用于特定供应商产品的，另一些是针对多个供应商产品的组件而设计的。有些工具能为管理员提供方便的接口，这些接口同下层网络元素的接口相互独立。有些工具仅提供远程访问功能。也就是说，管理员虽然能够远程访问网络元素，但是远程访问工具依然要求管理员精确地输入操作命令，就如同在网络元素控制台上输入操作命令一样。

配置工具能使用多个接口同网络元素进行交互。例如，一些工具会使用设备的命令行接口，另一些工具会采用可编程接口（例如，SNMP）。而在下层设备仅能提供 Web 接口的情况下，有些工具还会采用 Web 接口。也就是说，工具会向设备发送 HTML 格式的请求，并接收 HTML 应答，从而充当了 Web 浏览器的角色。然后，配置工具会检查 HTML 文档并提取相关信息，这个过程称为屏幕提取（screen scraping）。

由于命令行接口根据人类交互习惯而设计，所以它在应用程序中并不适用。其语法过于冗长，错误消息和指令以文本形式表示，不带有特殊的标点符号或区别于其他数据的消息含义。更重要的是，很多 CLI 都使用上下文来消除重复输入的数据。因此，当管理员输入了一行命令，例如，使用接口 2，则所有后继配置命令都应用接口 2。如果 CLI 采用上下文独立的命令，那么它就需要一种机制使得管理员能够确定上下文。例如，当询问上下文时，网络元素可能做出如下响应：

你当前正在配置接口 2

虽然这类输出易于理解，但是应用程序必须分析这个句子并提取信息。

有些网络元素供应商试图调和操作人员和计算机程序之间的矛盾。例如，Juniper 制作的路由器最初只包含可编程配置接口。后来，为便于人工操作，Juniper 在此基础上添加了 CLI 解释器。这样做的优点在于自动配置工具能在功能无损的状态下使用可编程接口。要点：

> 网络元素提供的接口能决定元素配置软件的应用是否简单易行，还能决定操作人员可用的全部功能是否能在软件中实现。

9.19 安全执行工具

现在有很多工具都能帮助管理员执行安全策略。例如，有些工具能统一机构的防火墙策略。这类工具接受策略状态和防火墙设备列表，并配置每个设备使其执行既定策略。

在某些情况下，不需要采用单独的安全工具来实现安全操作，因为安全操作往往包含在其他工具中。例如，建立 MPLS 隧道的流量工程工具会包含加密选项，以保证数据在通道中安全传输。

9.20 网络规划工具

最后一类网络规划工具（network planning tool）允许管理员对网络进行规划和配置。现有的网络规划工具能够帮助管理员规划一系列网络功能，包括未来容量（capacity）需求、安全（security）架构和故障恢复（failover）策略。

正如本书曾讨论过的，容量规划和路由具有内在联系。因此，容量规划工具同路由规划工具紧密相关。要点：

134

> 虽然各个供应商销售能够帮助管理员规划网络容量和架构的工具，但是规划过程不能不考虑路由和流量工程带来的影响。

9.21 管理工具集成

前面几节介绍了一系列用于配置网络元素、事件监控以及性能监控的工具，即我们重点介绍了元素管理系统并介绍了一些独立的工具。但是仍然有一个重要问题没有得到答案：协同系统同单独管理工具之间应该结合到什么程度？

由于很多工具之间有着紧密的联系，因此工具集成具有重要的意义。例如，当某个事件发生时，管理员需要询问网络元素、检查路由，并检查某条链路中的流量。因此，将多种管理工具整合并形成一个统一的管理系统具有重大的现实意义。除了整合多个工具之外，统一的管理系统还能对多个网络元素进行协同配置。因此，统一的系统能使管理员同时配置多个网络元素。

标准化团体和供应商曾试图通过提供管理多个网络元素的方式或提供访问多种工具的统一接口的方式统一网络管理工具。例如，IETF 的 netconf 工作组提出要为网络配置制订标准协议：

http：//www.ietf.org/html.charters/netconf-charter.html/

免费软件基金会（Free Software Foundation）已经开发出一种用于表述配置策略的高级语言，称为 GNU 配置引擎（cfengine）：

http：//ftp. gnu. org/gnu/cfengine/

另外，有些产品能够提供统一的管理接口。例如，Cisco Systems 还提供一系列关注安全性的管理产品，称为 CiscoWorks：

http：//www. cisco. com/en/US/products/sw/cscowork/ps4565/index. html

惠普公司提供的产品名为 OpenView：

http：//www. managementsoftware. hp. com/

IBM 的管理工具称为 Tivoli：

http：//www. ibm. com/software/tivoli/

冠群电脑公司（Computer Associates）提供了多个网络管理产品：

http：//www3. ca. com/products/

荣群电讯公司（OPNET Technologies）也提供集成产品，例如 IT Guru：

http：//www. opnet. com/products/itguru/

总结：

> 除了能够处理网络管理某一方面事务的工具之外，很多供应商的集成工具提供统一接口，这使得管理员能够处理多个网络管理事务。

9.22　NOC 和远程监控

正如前面所讨论的那样，很多管理工具都包括在传统计算机上运行的应用程序。对于小型站点来说，所有工具都能运行在同一个管理计算机上。本书将管理员运行管理工具的计算机称为管理工作站（management workstation）。大型站点会使用多个管理工作站，每个工作站都有独立的显示方式。通常，大型站点会将管理工作站安置在同一个物理位置，这个物理位置称为网络运营中心（Network Operation Center，NOC）。

将多个管理工作站安置在一个 NOC 之内会提供很多便利，因为管理员能在同一个物理位置监控和控制整个网络。然而，集中式管理工作站影响网站设计结果的原因主要有：

- 远程设备连通性
- 管理流量

1）远程设备连通性：从表面上看，提供远程设备的连通性没有实际意义——毕竟，管理数据包能同其他类型数据包一样轻松穿过 NOC 同任意设备之间的网络，因此，NOC 可以使用 SNMP 访问任何网络元素。

然而，使用 SNMP 需要三个前提。首先，SNMP 需要网络提供同远程设备之间的连通性和路由。第二，SNMP 要求每个被管设备包含一个 SNMP 代理，而一些小型的、专门的设备无法提供 SNMP 访问。第三，SNMP 必须具有同命令行接口相同的功能（很多网络元素提供的 CLI 选项多于 SNMP 接口）。要点：

> 即使网络元素能够运行 SNMP 软件，通过 SNMP 获得的配置功能和控制功能也与从 CLI 获得的功能有所不同。

2）管理流量：虽然我们认为网络管理消耗的资源很少，但是使用轮询机制或异步事件通知机制会持续生成后台流量。特别的，流量监控过程产生的流量同网络总流量成正比，而并不是以固定速率生成通知。因此，如果 NOC 监控多条链路和多个网络元素，那么就会产生巨大的流量。如果某企业拥有多个 NOC（例如，一个为主 NOC，一个为备份 NOC），并且每个 NOC 都监控相同的链路和网络元素集合，这种情况还会进一步恶化。结果，在网络中传输的管理数据会同其他数据流量相互干扰。

有一种流量造成的问题特别突出：ping 流量。人工运行 ping 命令并不会产生过多流量。然而，NOC 使用的自动配置软件会对一系列接口持续进行 ping 操作。在很多情况下，管理员会配置软件检查网络中每个设备的每个接口。一个大型网络元素可能具有数百个接口，这意味着 ping 操作将会产生巨大流量。要点：

> 虽然同数据流量相比，人们可能会认为管理流量微不足道，但实际上用于事件检查、流量报告或连通性测试的自动管理工具可能产生巨大的流量。

9.23　远程 CLI 访问

上一节曾提到，有些网络元素为 CLI 提供的操作功能比 SNMP 更多。管理员远程访问网络元素 CLI 的方式有以下两种：

- 远程终端软件
- 逆串行复用器

137

1）远程终端软件：管理员工作站中运行的软件充当客户端的角色，它在网络元素上同远程终端服务器进行通信。实质上，远程终端软件能在管理员工作站中创建一个窗口，用于显示同远程网络元素控制台的连接。也就是说，按键输入内容会被发送到网络元素中，再从网络元素输出到显示窗口中。

有两类远程终端技术得到广泛使用：远程登录（telnet）和安全外壳协议（ssh），这两种方式都使用 TCP 进行数据传输（即软件会在管理员工作站和远程网络元素之间构建 TCP 连接）。对于管理员来说，telnet 和 ssh 都能提供同远程设备交互的基本服务。这两种技术的差异在于各自提供的安全等级不同。telnet 方式发送的按键信息以及得到的响应都以明文方式传输，而 ssh 在传输前加密所有数据。因此，ssh 能够防止管理员工作站同被管设备之间的网络窃听。要点：

> 有些网络元素采用 telnet 或 ssh 之类的远程终端机制，使得管理员能够远程访问网络元素的 CLI。ssh 会加密所有通信信息。

2）逆串行复用器：虽然远程终端能提供 CLI 访问，但是它需要依靠网络才能维持管理员同被管实体之间的操作路径。采用另一种串行硬件的方式能够避免远程访问对数据网络的依赖。也就是说，管理员运行串行线缆从每个网络元素返回到中心控制点。

在操作过程中，管理员不会使用 ASCII 终端同给定串行线缆进行交互，而会采用一种称为逆串行复用器（inverse serial multiplexor）的装置，并使用远程终端软件访问复用器。图 9-5 是该结构的示意图。

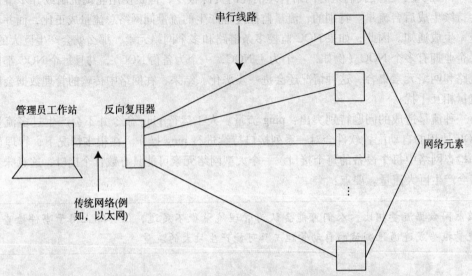

图 9-5 对远程网络元素控制台提供访问的逆串行复用器（mux）示意图。
管理员工作站和反向复用器之间的连接上会使用远程终端软件

9.24 管理流量的远程汇聚

虽然集中式 NOC 能为网络管理带来一定便利，但是它会使网络产生巨大的流量负载。随着被管网络的发展，NOC 同被管实体之间的管理流量不断增加。渐渐地，NOC 同网络元素之间的通信负载将达到极限。

要在一个集中位置管理大型网络而不产生非正常流量，管理员可以安装一系列远程汇聚点（remote aggregation point）。每个汇聚点都同临近的网络元素进行交互以获取管理数据。每个汇聚点都会过滤并分析原始数据，将相关信息提取成摘要并发送到 NOC 中。这样，NOC 同远程汇聚点之间的信息传输总量就远远小于 NOC 直接同网络元素通信而产生的流量。图 9-6 给出了这个概念的示意图。

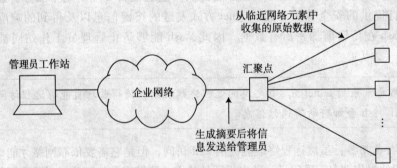

图 9-6 用于减少管理流量的汇聚点示意图。汇聚点会从临近的网络
元素中收集数据并将生成的数据摘要发送到 NOC 中的管理工作站

远程汇聚适用于多种管理活动。例如，远程系统能够接受并过滤异步通知和警报（例如，SNMP 陷阱），并决定何时向管理员预警。同样的，远程系统还可以收集并整理从多个系统获得的性能数据。当采用轮询机制时，远程系统能够在本地处理轮询过程，而不需要在 NOC 和远程网络元素之间持续发送数据。无论在哪种情况下，NOC 和远程网络元素之间发送的数据总量都

能大大减少。要点：

> 远程汇聚可用于减少在 NOC 和远程网络元素之间传输的管理数据总量。远程汇聚系统能够捕获并整理管理数据，并将提取的摘要发送给管理员。

9.25 其他工具

本章曾重点介绍了管理员使用的主流管理工具，除此之外，还存在一些其他工具，其中包括商业产品、开源管理平台以及一些专门工具，每种工具都能解决网络管理中的一些小问题。例如，Cisco Systems 推出的 ISC 工具能用于 VPN 配置，openNMS 项目创建了一个开源的管理平台，dig 程序用于域名系统的研究。

很多研究团体和开源团体使用的管理工具和原型都能从网上获取。例如，Cricket、Cacti、ntop、OSSIM、FlowScan、RRDTool、DAGs、DShield、Honeynets、俄勒冈大学的 NETwork DOcumentation 工具、威斯康星大学的 AANTS，以及 RANCID 等，这些都可以从以下网址获得：

http：//www. shrubbery. net

有些工具还能从下述网址获得：

http：//www. caida. org/tools

还有以下网址：

slac. stanford. edu/xorg/nmtf

最后，还有一些技术能为管理工具提供可支持的系统。例如，免费软件基金会设计的 Radius 系统能用于认证。

140

9.26 脚本

虽然上述内容提到对自动接口的需求，但是本章重点关注同网络管理员进行交互的工具。第 13 章将介绍允许所有管理工具进行调整的重要思想：脚本。脚本允许管理员自动执行重复性任务，并调整管理环境以适应企业需求。

9.27 总结

当前存在多种管理工具，包括物理层测试工具、拓扑或路由发现工具、数据包分析工具、连通性测试工具、网络元素询问和配置工具、事件或性能监控工具、安全性处理工具，以及网络容量规划工具。工具和网络元素之间的接口包括命令行接口、Web 接口，或 SNMP 这样的可编程接口。

集中式网络运营中心（NOC）的优点在于能将所有管理行为集中在单独的位置上。然而，集中式 NOC 的缺点在于将所有管理流量集中在单独的节点上。作为一种替代 NOC 的方式，远程汇聚能够大大减少 NOC 流量。

141

第 10 章 简单网络管理协议（SNMP）

10.1 简介

本书的第一部分介绍了网络管理的基本背景并给出网络管理的定义。前一章介绍了网络管理的工具和技术，同时还指出很多管理工具都包括运行在管理员工作站上的应用程序。

本章通过介绍广泛应用的技术继续讨论现有网络管理平台。本章不会给出具体细节和消息格式，而是关注基本范型和层次命名空间的应用。在后续各章中，我们会发现上述两个概念是创建更强大网络管理系统的基本原则。

10.2 远程管理范型和应用

到 20 世纪 80 年代后期，很多组织开始研究网络管理。其中大多数工作都集中在元素管理系统中。在早期工作中产生了一种思想，称为远程管理范型（remote management paradigm），这个范型描述的内容是，运行在管理员工作站的软件允许管理员在没有物理接触的情况下同一系列网络元素进行交互。也就是说，管理软件可以对任意网络元素或服务进行配置、查询或控制。

当远程管理范型成为一个可接受的目标时，一个问题也随之而来：如何实现远程访问？正如第 9 章所述，一种实现方式是使用逆串行复用器访问网络元素的串行控制台连接。研究人员还考虑了一种更为普遍的方式：使用运行在 TCP/IP 之上的应用层协议实现管理应用程序同网络元素的交互。

使用应用层协议具有三个显著的优点。首先，不需要额外添加线缆和设备。第二，TCP/IP 提供的统一连接使得管理员能够访问任意网络元素。第三，应用层协议比通过串行线路操作的命令行接口提供的功能更加复杂，传输的数据量更大。总结：

> 构建一个运行在 TCP/IP 之上的网络元素管理系统能够降低开销，统一网络访问方式，并具有较传统 CLI 更加复杂的功能。

10.3 管理功能和协议定义

将应用层协议用于网络元素管理的原则只提供了整体软件架构，但是没有规定管理应用程序同被管元素之间交互的具体过程。在编制软件之前，必须精确定义消息格式，详细说明消息交换规则，还要为消息中的每一项分配具体含义。概要：

> 在构建网络元素管理软件之前，必须指定协议的所有细节，其中包括待交换消息的精确语法和语义。

设计管理协议面临的主要问题是协议中包含的功能。前面曾介绍过，管理员需要对网络元素进行配置、查询和监控。另外，管理员还需要执行管理事务，例如，安装新版本软件、复位硬

件设备，或者重新启动网络元素。因此，管理协议早期工作的重点是对执行所有管理任务的操作
进行编译。

　　然而，随着新技术的不断涌现，管理功能也在不断的变化。例如，当防火墙出现之后，管理　　144
员需要创建并检查防火墙规则。同样的，当 Wi-Fi 网络出现后，管理员需要控制每个接入点的
SSID。对于研究者来说，下述内容更加明显：

> 新技术不断带来新的需求，因此，不可能创建一个详尽的元素管理操作列表。

10.4　读写范型

　　到 20 世纪 80 年代中期，元素管理协议研究领域出现了一个有趣的提议：协议可以设
计成可扩展模式，而无须在协议中创建所有可能操作的固定列表。同时，为避免出现多个
不兼容版本，协议不允许添加额外操作。协议会保持消息格式固定，并限制语义的扩展。
也就是说，协议中管理员工作站和网络元素之间通信的部分保持固定，但是允许消息对任
意操作编码。

　　构建可扩展管理协议的一种特殊方法得到了普遍接受：将协议的范围限制在两个基本命令
之内，并通过参数的选择设定所有细节。特别的，研究人员还提出，协议需要从管理员工作站的
角度定义，同时这两种操作要分别对应读（read）和写（write）（即从被管实体向管理员工作站
发送数据，或者从管理员工作站向被管实体发送数据）。这个思想就称为读写范型（read- write
paradigm）。

　　读写范型的一个典型例子是设备查询和配置。要查询一个设备，管理员工作站会向
设备发送一个带有"读"操作的消息。除了读操作之外，消息中还包含要查询数据项的
精确信息。要改变一个设备的配置，管理工作站会向设备发送一个"写"操作请求，消
息中还包含要更改的数据项和更改后的新值。因此，为处理请求操作，协议只需要两种
消息格式：

$$read\ (ItemToBeRead)$$
$$write\ (ItemToBeChanged,\ NewValue)$$

　　当然，协议还要包含将响应信息返回到管理员工作站的消息类型。然而，操作集合依然保持
很小的规模。总结：　　145

> 使用读写范型的协议可以通过设定新参数的方式进行扩展，其操作集合固定并保持较
> 小的规模。

10.5　任意操作和虚拟数据项

　　虽然读写范型能够很好地用于设备查询和配置，但是它并非适用于任意操作。例如，对于重
新启动设备的操作，传统管理协议中会明确规定重新启动（reboot）操作——当管理员向设备发
送一个指定重新启动操作的消息后，设备自身就会重新启动。

　　如果管理协议遵循读写范型，那么包括重新启动在内的所有操作必须转换成读操作或者写
操作。这种方式简单直接：定义一个全新的虚拟（virtual）数据项。协议设计者构想一个新的数
据项（即同网络元素中存储的数值没有对应关系的数据项），为该数据项选择一个名称，并为这

个名称设定一个解释规则。两端的软件还需要在名称识别和执行特定行为方面达成一致。例如，协议设计者可以选择"重新启动"作为重新启动操作的名称，并且规定当网络元素收到一个包含数据项的值为"重新启动"的消息时，该网络元素必须同意对自己进行重新启动。因此，要重新启动一个设备，管理员会发送如下消息：

write（Reboot，1）

要想将更多管理操作转换成读写范型，协议设计者只需设定更多的虚拟数据项，并为每个数据项分配不同的语义。总结：

> 任意操作都能通过创建虚拟数据项并为每个数据项分配语义的方式转换为读写范型。

当考虑网络管理架构时，通过本书第3章的介绍，读者可以充分了解虚拟数据项的重要性。

10.6 网络管理协议标准

在20世纪80年代后期，一些组织开始遵循读写范型研究管理协议。最终，开放式系统互连（OSI）制订了一对相互关联的标准，称为通用管理信息协议/通用管理信息服务（CMIP/CMIS）。IETF制订了简单网络管理协议（SNMP）。SNMP是一种被商家广泛采纳的协议，是一种事实上的行业标准。

10.7 SNMP的范围和范型

简单地说，管理员使用术语SNMP来指代SNMP技术的全部内容，包括实现SNMP的软件和协议。准确地说，SNMP技术主要包含以下五个部分：

- 消息格式和消息交换
- 消息编码
- 能够被访问的数据项的规定
- 在网络元素中运行的软件
- 在管理员工作站中运行的软件

1）消息格式和消息交换：技术是围绕SNMP协议而建立的。协议中详细说明管理员工作站和被管实体之间的通信过程，它给出消息格式的细节和消息交换的规则。SNMP协议不包含大规模的命令集合，而协议本身也不会频繁发生变化。相反的，SNMP遵循读写范型，这意味着协议的基本内容固定不变，而当新的功能需求出现时，就会创建新的数据项。

2）消息编码：除了消息格式之外，SNMP技术还包含基本编码规则（Basic Encoding Rule，BER）集合。BER详细说明了在网络中传输的消息如何实现二进制编码。

3）所访问数据项的规定：为提高可扩展性，SNMP协议对所访问数据项的规定独立于消息格式和编码。SNMP使用管理信息库（Management Information Base，MIB）表示被管数据项的集合，并且MIB的定义同消息协议相互分离。

4）在网络元素中运行的软件：SNMP代理（agent）是指运行在网络元素中的软件，代理使用SNMP协议同管理员工作站进行通信。SNMP代理通过返回请求信息或执行同被修改的数据项相关的操作来响应管理员发送的请求。

5）在管理员工作站中运行的软件：运行在管理员工作站上的客户端软件能够连接管理员和SNMP协议——软件会接收管理员发来的请求，构造SNMP请求并将其发送给相应的网络元素，然后接收网络元素发回的响应并将结果显示给管理员。我们知道，大多数 SNMP 技术关注的是管理员无需了解的细节。因此，管理员选择的用户接口会隐藏 SNMP 细节并采用便于阅读的方式显示信息。

> SNMP 泛指通信协议、编码规则、被管数据项定义和软件。

147

10.8　基本 SNMP 命令和优化

虽然 SNMP 遵循读写范型，但是在 SNMP 中通常采用 Get 命令和 Set 命令来代替读命令和写命令。即使管理员很少直接使用术语，但是很多 SNMP 软件的人工接口都会涉及 Get 命令和 Set 命令。

除了上述两个基本操作之外，SNMP 还包括同网络元素的进行交互相关的优化命令。当自动软件采用 SNMP 执行管理任务的时候，优化命令就格外有用。例如，一个应用程序向特定网络元素请求相关数据项集合，如果遵循读写范型，程序必须为每个数据项发送一个 Get 请求。为优化交互过程，SNMP 提供了 Get-Bulk 命令，该命令能够通过一个单独的请求获取多个数据项。

SNMP 的 Get-Next 命令允许应用程序对给定网络元素中的数据项集合进行单步调试，这也是 SNMP 的一种优化方式。网络元素每次都会返回一个响应，应用程序会提取数据项的名称并使用 Get-Next 命令请求下一个数据项。由于 Get-Next 命令允许应用程序从网络元素中获取整个数据项集合而无需了解每个数据项的当前结果，因此 Get-Next 命令能够加强 SNMP 的功能性。

总结：

> 除了 Get 命令和 Set 命令之外，SNMP 还包含 Get-Bulk 命令和 Get-Next 命令，这两个命令在自动管理程序使用 SNMP 时特别有用。

10.9　异步 Trap 命令和事件监控

SNMP 包含的一个附加命令能够大大增强 SNMP 的功能：Trap 命令。Trap 命令与其他命令有两个显著的区别：

- 代理软件生成 Trap 命令
- Trap 是异步命令

SNMP 代理软件在网络元素中运行，因此，Trap 消息由网络元素发起。Trap 命令的异步性是指网络元素可以生成并发送一个 Trap 消息，而无须等待管理员工作站发来的 Get 消息。也就是说，Trap 消息具有主动性。

网络元素何时会发送 Trap 消息？Trap 消息会发送到哪个目标地址？由于 Trap 消息具有主动性，代理无法使用输入消息触发 Trap 命令，也无法从输入消息中提取工作站的地址。因此上述问题的答案在于配置：只有管理员配置了代理软件，网络元素才能生成 SNMP 的 Trap 消息。

148

通常，管理员使用 SNMP 中 Trap 命令进行事件监控。也就是说，管理员指定应该生成 Trap 命令的条件（例如，链路达到饱和或接收到的大量数据包的校验和无效），还会指定 Trap 消息应该被发送到的管理工作站地址。网络元素中的代理软件会不断测试每一个条件，并在条件满足时生成 Trap 消息⊖。

总结：

> SNMP 中的 Trap 消息是自动事件监控的基础，管理员可以通过指定条件集合与管理工作站地址的方式配置网络元素来生成 SNMP Trap 消息。

10.10   Trap 命令、轮询、带宽和 CPU 周期

理论上，在 SNMP 中包括 Trap 消息可以理解为另一种形式的优化而非扩展。Trap 命令无法提高 SNMP 的功能性，原因在于采用轮询方式能够达到同样的结果：运行在管理工作站中的软件能够不断发送 Get 消息请求网络元素的信息，分析网络元素返回的数值，并在满足一定条件的情况下向管理员预警。

在实践中，轮询方式只适用于最简单的情况，原因有两个。首先，轮询会产生过度网络流量。轮询流量同网络元素的总数和每个网络元素检查的数据项总数成正比。由于一个条件可能同多个数值相关，因此待检查的数据项总数非常重要。第二，管理员工作站具有有限的 CPU 周期。除了生成轮询请求和分析结果之外，CPU 还会运行协议栈并更新显示结果。因此，当轮询方式开销过大时采用异步 Trap 命令能够降低开销。例如，当网络中有很多网络元素时，且管理员规定的条件涉及很多数据项，或管理员频繁请求升级时，采用异步 Trap 命令效果最佳。

要点：

149

> 在轮询机制不可用时，异步 Trap 消息的内容允许 SNMP 进行事件监控。

10.11   管理信息库和变量

SNMP 技术将通信协议的定义和编码同所访问的数据项集合相分离，并使用管理信息库（MIB）这个术语来描述数据项集合。

MIB 定义了变量（variable）集合，其中每个变量对应一个被管数据项。MIB 文档为每个变量定义了名称（name）和精确的语义，包括变量的取值范围和网络元素响应 Get 或 Set 命令的规定。例如，一个 MIB 变量对应到达某个接口的数据包总数，它的定义中指定：计数器的范围为 32 位整数，Get 命令返回计数器的当前值，Set 命令为计数器分配一个新值。MIB 还为管理员控制的每个虚拟数据项定义一个变量（例如，本章曾介绍过的重新启动数据项）。要点：

> SNMP 的 MIB 为每个被管数据项定义了一个变量。定义中给出了变量名和精确语义，包括变量的取值范围和 Get 命令以及 Set 命令的操作含义。

早期的 MIB 标准化工作试图将所有可能的变量定义收集到一个文档中。然而，几年后，

⊖   本章后续各节将讨论远程监控的 MIB（RMON MIB），对可能重复发生的事件，它允许管理员控制 Trap 消息的生成速率。

SNMP 的普及意味着需要不断修改文档以容纳新的变量。所以 IETF 决定将 MIB 标准划分为多个文档，并且每个文档可以独立进行更改。对于标准化组织或商业协会这样的组织，如果创建了一种新技术，该组织可以在不更改其他 MIB 标准的前提下为该技术定义 MIB 变量集。同样的，如果某企业推出了一个具有特殊功能的新型网络元素，该企业可以定义 MIB 变量集并发布独立的规定文档。

　　下一节会解释 MIB 标准为何能够分割成独立的文档。至此，我们就可以理解在处理内容添加和修改时文档划分的必要性。要点：

> 为适应新的网络技术和实现，MIB 标准被划分成多个独立的文档。添加新文档或修改现有文档都不会对其他 MIB 标准产生影响。

　　从管理员的角度来看，多个 MIB 标准文档的出现意味着管理员必须熟悉网络中应用的 MIB 所对应的模块。例如，大多数 SNMP 软件都包含用于基本协议（例如 TCP 和 IP）的标准 MIB。然而，如果管理员安装了一个新型网络设备，现有的 SNMP 软件可能不包含对新技术的 MIB 定义。因此，在使用 SNMP 对新型网络设备进行监控和控制之前，管理员必须了解并创建适当的 MIB 定义。总结：

150

> 在使用 SNMP 管理新型网络或网络元素之前，管理员需要熟知并建立新的 MIB 定义。

10. 12　MIB 变量的层次命名

　　不同组织如何避免 MIB 标准定义中的冲突和不一致性？关键在于层次命名空间（hierarchical namespace）的使用。分层能为不同的名称分配不同的权限，这样每个组织都会拥有自己的命名空间。因此，一个组织能在自己的权限范围内指定变量名称和含义，这就不会对其他组织分配的名称造成干扰。

　　事实上，层次命名的思想并非起源于 SNMP 或 MIB。相反的，MIB 变量名都是从对象标识符（object identifier）命名空间分配而来的，对象标识符命名空间是一个由国际标准化组织（ISO）和国际通信联盟（ITU）共同管理的全球化层次命名结构。图 10-1 通过显示 MIB 变量相关的内容说明了 MIB 变量名在整个层次结构中的位置。

　　如图所示，命名层次空间中的每个节点都被分配了一个字母序标签和一个数字序标签。节点的名称通过层次路径给出，书写时使用圆点分隔路径中的标签[⊖]。人工书写时通常采用字母序标签，而发送消息时通常采用数字序标签，原因在于数字编码使用的比特数较少。

　　MIB 变量名位于 mib 标签之后，mib 标签位于 mgmt（management）标签之后。mgmt 节点位于 internet 之后，internet 的层次是由美国国防部（dod）所分配。因此，带有 mib 标签的节点全名为：

iso. org. dod. internet. mgmt. mib

若采用数字序标签表示同样的路径，所得字符串如下：

1. 3. 6. 1. 2. 1

151

　　⊖　抽象语法标记第 1 版（ASN. 1）中对格式进行了详细说明。

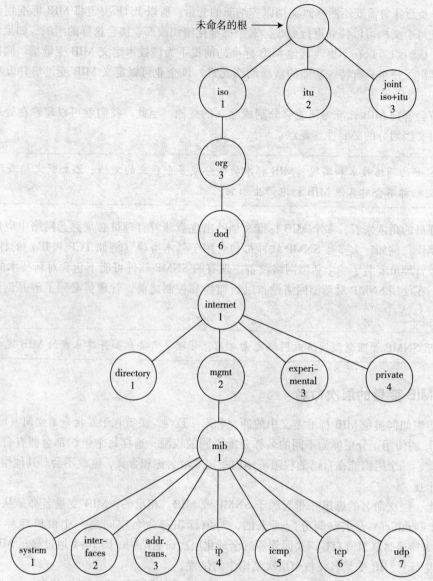

未命名的根 →

图 10-1   MIB 变量名的层次对象命名空间。每个节点既有字母序标签
也有数字序标签，节点的名称同起始于根节点的路径相对应

独立的 MIB 变量被分配在如图所示的最下层。所有属于 IP 协议的 MIB 变量都被分配在标签为 ip 的节点之下，属于 TCP 协议的变量被分配在标签为 tcp 的节点之下，以此类推。例如，一个包含网络元素接收到的 IP 数据报计数器的 MIB 变量的标签为 ipInReceives，并且被分配在节点 ip 之下。因此，变量的全名如下：

iso. org. dod. internet. mgmt. mib. ip. ipInReceives

虽然 MIB 变量被划分为相互独立的协议，但是所有 MIB 变量名在全局层次命名空间中都位于相同的子树中。因此，每个 MIB 变量名都包含从根节点到这个 MIB 子树的一条较长的路径，同时还包含指明数据项的额外标签。总结：

> MIB 变量名对应层次对象命名空间中的一条路径。由于 MIB 变量位于层次中的相同位置，因此它们的前缀相同：
>
> iso. org. dod. internet. mgmt. mib.

10.13　分层的优缺点

正如前文所述，SNMP 中的 MIB 变量使用一个标准的层次命名空间。全局（global）命名空间意味着一个独立层次包含的内容是对象而非 MIB 变量。绝对（absolute）名称意味着每个名称都代表层次中的一条完整路径。

标准化全局层次结构和绝对名称的使用体现了一种平衡。全局层次的主要优点是能够保证 MIB 变量同其他标识符不产生冲突。同时，由于采用绝对名称，翻译名称时就不需要上下文，MIB 变量同其他数据项之间也不会产生二义性。

绝对命名方案的主要缺点在于变量名的长度。即使使用变量名的所有软件都理解其中只涉及 MIB 变量，但是每个变量名也必须包含很长的前缀。特别的，由于 SNMP 软件只使用 MIB 变量名，因此变量名前缀不包含任何可用信息（从后几项标签中才能获取变量名信息）。

当变量名必须在 SNMP 消息中传输时，长前缀问题则变得格外重要。例如，对于一个包含很多 Get 请求的消息，每个 Get 命令都标识一个变量名，每个变量名具有相同前缀。这样的冗余前缀意味着数据传输总量大大增加，会浪费更多带宽。当采用 UDP 方式传输 SNMP 时，较大的请求必须被划分成多个消息。总结：

153

> SNMP 的基本设计原则是使用全局绝对对象名称和长前缀来区分 MIB 名称，而不使用其他类型的对象名，这使得 MIB 变量名的长度大大增加。

10.14　复杂数据集合和 MIB 表

前几节对于 MIB 变量的描述足以用于单独数值（例如，存储接收到的数据包总数的整数值）。然而，很多必须管理的数据项需要用到包含多类数值的复杂数据集合（data aggregate）。

以 IP 路由表（又称为 IP 转发表或第 3 层转发表）为例，管理员将 IP 路由表视为多个项目的集合，每一项都代表多个数值。图 10-2 列出了可能出现在 IP 路由表中的数据项以及这些数据项的长度和含义。

数 据 项	长 度	含 义
目标地址	32 位	目标 IP 地址
地址掩码	32 位	前一项的位掩码
下一跳 IP 地址	32 位	下一个路由器地址
接口号	16 位	外出接口
起始路由	8 位	数据项的源地址
生存时间	32 位	路由表项的生存时间

图 10-2　IP 路由表中每个表项中的数据项示例

为了适应数据集成，MIB 命名方案包含了表（table）的概念。表是对同构（homogeneous）

和异构（heterogeneous）数据集合的归纳整合。也就是说，表能够对应于数据项完全相同或数据项不同的数据集合。采用可编程语言的术语来说，表能够对应于数据项类型相同的数组（array）或数据项类型不同的结构（structure）$^{\ominus}$。

SNMP 的 MIB 为网络元素中的数据结构和设备定义表。例如，有的表对应 ARP 高速缓存（即每个表项对应高速缓存中的一个数据项）。另外，MIB 定义的表还可以对应于网络元素的物理接口（即每个表项对应一个接口）。

使用可编程语言能将表设置为任意深度。因此，MIB 表中的每一项又可以是一个表，以此类推。表中每一层的数据项都可能不同。

IP 路由表就是一个很好的例证。在传统的编程语言中，IP 路由表对应于一个数组，数组中的每一项都是定义了多个域的结构（例如，图 10-2 中列出的数据项）。就 MIB 变量而言，整个路由表被定义成同类的 MIB 表，每一个表项都是一个异类 MIB 表。

总结：

> MIB 命名方案使用表结构以容纳数据集合。每个表都对应同类或者异类的数据集合，并且表可以被设置为任意深度。

10.15   汇聚访问的粒度

同汇聚数据项相关的一个问题是访问的粒度。以 IP 路由为例，路由表包含多个表项，每一个表项都可能包含图 10-2 中列出的数据项。有时，管理员需要将整个表项当成一个独立的单元进行处理。有时，管理员需要区分对待同一个表项中的不同数据项。例如，当从路由表中移除一个表项时，管理员需要处理表项中的全部内容。然而，当改变数据项"下一跳"（next hop）的值的时候，管理员只需要处理这个数值而不用更改表项中的其他数据。

幸运的是，MIB 命名方案能同时提供上述两类访问。也就是说，命名方案为整个表分配一个名称，同时为每个数据项分配各自的名称。因此，SNMP 消息能够指明某个操作是针对整个数据集合还是针对集合中的一个数据项。总结：

> 由于 MIB 命名方案为每个表设定一个唯一的名称，并为表中的每个数据项设定各自的名称，因此，SNMP 消息就能够指明所进行的操作对象是整个数据集合还是集合中的一个数据项。

10.16   传输协议和交互

网络管理技术之间的一个根本区别在于控制的范围：每次只能管理一个设备的技术属于元素管理技术。从这种意义上说，SNMP 是一种元素管理技术。SNMP 采用请求－响应的交互方式，在这种工作方式下，管理软件可以向网络元素发送消息，同时网络元素会发回一个响应说明该请求是否通过。总结：

> SNMP 本身是一种元素管理技术，原因在于 SNMP 只允许管理员工作站每次同一个网络元素进行交互。

$\ominus$ 有些可编程语言使用术语"记录"来代替"结构"。

有趣的是，由于 SNMP 既可以使用无连接的（connectionless）传输协议也可以使用面向连接的（connection-oriented）传输协议（即 UDP 或 TCP），有时就会产生混乱。也就是说，当使用 SNMP 同代理通信时，管理软件既可以使用不同的 UDP 数据包单独发送每个消息，也可以打开一个与代理的 TCP 连接并通过这个连接发送多个消息。如果通过 UDP 接收请求，代理也会采用 UDP 方式返回响应；如果通过 TCP 接收请求，代理会使用同一个 TCP 连接返回响应消息。

TCP 连接能够持续发送多个 SNMP 消息——一旦打开 TCP 连接，该连接能够一直保持打开并实现后续的消息交换。然而，TCP 连接的保持不能改变下层交互：即使管理软件为多个网络元素建立 TCP 连接，并保持其有效性，通过该连接发送的每个请求都会进行单独处理。

总结：

> 虽然 SNMP 可以采用 UDP 或者 TCP 方式传输并保持 TCP 连接的有效性，但由于代理软件会对每个消息进行单独处理，因此传输方式的选择不会影响下层交互。

10.17　更新、消息和原子性

从概念上说，有一个关键方面将决定一项技术提供的是网络元素管理还是全网管理。这个关键方面就是信息更新时系统提供的原子性（atomicity）。原子更新是指系统要保证对所有内容要么全部进行更新要么全部不更新——如果任意一部分更新失败，则系统不会发生任何改变。因此，元素管理和网络管理的区别就在于执行原子更新的粒度。元素管理系统仅能保证每次升级一个网络元素，而全网管理系统能够保证同时升级多个网络元素。SNMP 消息的独立性是指如果管理软件向多个网络元素发送 Set 请求，有些网络元素可能执行成功，另一些可能执行失败。

总结：

156

> 元素管理系统仅能保证单一网络元素的原子性，而全网管理系统能够保证多个网络元素的原子性。

有趣的是，虽然每次只能更新一个网络元素，但是 SNMP 协议仍然制订了严格的规则来保证操作的原子性：对于给定消息，只允许执行全部命令或者不执行任何命令。这样，SNMP 就能保证每个消息的原子性（per-message atomicity）。因此，如果管理员发送一个要更改三条路由的 SNMP 消息，执行结果只能是三条路由全部改变，或者不改变任何一条路由（返回的响应中会标识是否成功执行更改操作）。总结：

> 虽然 SNMP 无法处理多个网络元素的原子性更新，但是 SNMP 能够保证给定消息中的 Set 命令得到全部执行或者完全不执行。

给定消息中的原子性需求在管理软件中的重要性体现在两个方面。首先，它允许管理软件使用无连接传输以避免由消息的重新排序引发的问题。第二，它允许管理软件避免因微小改变而造成的不一致状态。当然，如果提供的接口不允许管理员指明如何将命令聚合在消息中，那么管理员将无法控制原子性操作或同步更新操作。

10.18　远程监控 MIB

MIB 变量的一个方面能够为 SNMP 添加新的功能，因此这个方面格外重要。我们已经知道，

SNMP MIB 的原始定义关注交互范型，这种范型允许管理员工作站中的软件同一系列网络元素进行交互。软件发起交互过程，接收响应，并显示选定的数据项。当监控多个网络元素时，这种方式会产生大量网络流量并要求管理员工作站花费大量 CPU 周期对响应进行处理和分析。即便使用 Trap 命令降低网络负载，管理员也必须控制 Trap 命令的生成过程。

虽然使用基本 MIB 变量足以描述数据结构，但是这些变量不允许管理员针对何时以及如何生成 Trap 命令以及如何管理交互过程制订具体细节。有些企业开发出用于管理交互过程的软件，但是每种软件都是一种专有的解决方案。为了实现控制功能的标准化，IETF 采用了一种有趣的方式：IETF 没有创建新的应用层协议，而是额外制订了一组 MIB 定义，该定义集合允许管理员控制同远程设备的交互过程。

[157]

这种 IETF 标准称为远程监控（Remote MONitoring，RMON）MIB。本质上，RMON 定义了大量虚拟数据项，使得管理员能够使用 Set 命令控制设备对管理信息的采集、存储以及通信。例如，管理员可以规定：设备需要维护数据包的统计信息、存储事件日志，并在满足一定条件时生成预警消息。另外，RMON 指定的变量集合，管理员可以使用 Get 命令对存储的变量数值进行查询。

由于 RMON 使用多个变量定义控制功能，因此这个标准会将变量划分成不同的组（group）。每一组对应广泛的管理功能或协议。图 10-3 列出了 RMON 中的 MIB 组及其作用。[⊖]

总结：

> RMON MIB 定义的变量能在不使用额外协议的条件下允许管理员控制统计数据的收集和 Trap 预警的生成。

组	控制细节
统计数据	数据包和计数器的统计数据
历史	定期的数据包采样
预警	通知的统计样本和阈值
主机	数据包到达的主机记录
hostTopN	发送数据包的主机统计数据
矩阵	主机之间的通信统计数据
过滤器	事件和预警的数据包规定
数据包捕获	捕获和存储的用于分析的数据包副本
事件	输出通知的生成

图 10-3　RMON MIB 中的组及其用途

10.19　从管理员角度看 MIB 变量

在 SNMP 中可以使用两类工具。大多数管理员愿意使用提供高级接口的工具。这类工具会隐藏 MIB 变量和 SNMP 消息的细节。高级工具不会要求管理员理解 MIB 名称，而是使用一种同任务相关的语言和图形方式以便于理解的形式显示输出结果。

另一种工具能为管理员提供 SNMP 的低级接口。低级工具允许管理员生成并发送消息，其中包括 Get 命令和 Set 命令的细节以及每个命令中 MIB 变量名的规定。在安装高级管理工具之

[158]

⊖　从技术上说，图中的组来自 RMON1。RMON2 定义了其他的组，包括用于高层协议的组。

前，如果网络中添加了新设备或者新服务，这时就可能用到低级 SNMP 工具。

> 管理员通常愿意采用隐藏 SNMP 和 MIB 变量细节的工具。然而，对消息或 MIB 变量
> 名的细节进行详细说明时，就需要用到低级工具。

10.20　安全性和团体名

SNMP 协议的第 1 版和第 2 版提供的安全性较低：消息内容不加密，认证方案也较弱。在认证的处理过程中，每个 SNMP 消息都需要携带一个团体名（community string），接收方会根据团体名对消息进行认证。例如，对于一个接收 SNMP 请求的网络元素，当收到消息时，网络元素必须验证消息中的团体名同本地配置的团体名是否匹配。如果二者不能匹配，网络元素会拒绝响应这个消息。独立团体名共有三个访问级别：读、写和全部可写。

很多早期的 SNMP 产品都为团体名设置了一个默认值。有趣的是，这个默认值是公开的（public）。很多管理员安装了 SNMP 软件但却没有更改默认值，这使得攻击者能够轻易猜出团体的密码，使安全性降低。

SNMP 第 3 版的安全性得到了极大提高，它要求安全性包含以下三类内容：
- 认证
- 隐私
- 基于视图的访问控制

SNMP 第 3 版对消息进行认证，这意味着网络元素能够保证消息的合法来源。为了防止消息在管理员工作站和被管元素之间传输时被非法阅读，第 3 版还通过加密的方式提供了消息隐私保护。

SNMP 第 3 版中最有趣的方面就是基于角色的访问控制（RBAC）机制的使用。基于视图的访问控制是指管理员对网络元素中数据项的读取和修改依赖于管理员使用的权限。因此，通过配置网络元素中的第 3 版软件，能够实现一个管理员在更改路由表的同时另一个管理员对数据包计数器进行查询和复位。

159

10.21　总结

SNMP 是一种广泛应用的管理技术，它能够实现管理员工作站和被管实体之间的通信。SNMP 的操作映射为使用 Get 命令和 Set 命令的读写范型。管理信息库（MIB）中的变量都在标准层次命名空间中进行统一命名。另外两个命令 Get-Bulk 和 Get-Next 能够用于优化交互过程。除了基本数据项变量和虚拟数据项变量之外，MIB 还包含了对应于数据集合的表结构。异步 Trap 命令能够通过支持事件监控的方式扩展 SNMP 的功能。在无法使用轮询机制的情况下，SNMP 还可以使用 Trap 命令进行事件监控。

虽然 SNMP 能够为每个消息提供原子性操作，但是它无法保证多个网络元素之间的同步。因此，SNMP 属于一种元素管理技术。

RMON MIB 指定允许管理员控制同远程网络元素的交互的变量。例如，管理员可以规定在哪些条件下需要网络元素生成 Trap 命令，生成数据包统计样本，以及生成流量矩阵中的数据聚合体。

SNMP 协议的第 1 版和第 2 版缺少安全性机制，当前的 SNMP 第 3 版能够提供认证、隐私保护和基于视图的访问控制。

160

第 11 章　流量数据和数据流分析（NetFlow）

11.1　简介

本书的这一部分将讨论用于网络管理的工具和技术。上一章详细介绍了用于管理员工作站和被管网络元素或服务之间通信的 SNMP 技术。本章将继续讨论管理员对网络流量进行数据分析时所使用的技术。

本章将阐述流量分析的根本目的和动机，介绍管理员对测量结果的使用方式，解释进行数据收集和评估的架构，并分析 NetFlow 这个事实上的标准。下一章要讨论的管理技术会关注路由和流量管理。

11.2　基本流量分析

本书中的术语"流量分析"（traffic analysis）是指测量网络流量、评估流量构成并理解流量用途的完整过程。第 7 章曾介绍了流量分析的一种用途：为容量规划和网络优化构建流量矩阵。由于分析正常流量模式有助于管理员监测异常状况的发生，因此流量分析的结果还能用于异常检测和故障诊断。

迄今为止，很多工具都能够帮助管理员进行流量分析。例如，管理员可以使用数据包分析器来检查给定链路上的数据包。除此之外，管理员还可以使用 RMON MIB 和 SNMP 来收集多个链路上的统计数据。

由于数据包分析器或 RMON 客户端每次只能分析一个数据包，因此这些工具无法揭示数据包之间的关系。也就是说，数据包分析器会读取数据包，检查报头，更新统计信息和计数器，并移动至下一个数据包，不断重复这个过程。因此，数据包分析器无法确定数据包是否发送到同一个目标地址，也无法报告数据包序列是否属于某个会话的组成部分。实质上，对单个数据包的检查导致分析器只能收集基本统计数据。例如，数据包分析器能够告知管理员电子邮件信息占所测流量的百分比，但是它无法获得发送的独立电子邮件消息的总数。要点：

> 由于数据包分析器或 RMON MIB 只能评估独立的数据包，因此它们只能提供聚合统计数据。

11.3　数据流抽象

要深入理解网络流量，管理员必须对包含连续数据包的通信过程进行评估，还需要对流量的源地址和目标地址、使用的协议以及应用程序之间的通信细节进行评估。例如，管理员可能需要了解在网络中传输的电子邮件消息的平均长度、中值长度和最大长度，VoIP 电话呼叫的平均持续时间，或者在给定链路上同时产生的 TCP 连接的最大数目。

为了理解涉及多个数据包的通信思想，本章定义了一个抽象概念——数据流（flow）。我们认为，全部网络流量都能够被划分成不相交的数据流集合，并根据基础数据流对其进行评估。

要使数据流的定义足够灵活并适用于任何通信过程，就不能对这个抽象概念进行精确定义。

相反的，管理员可以以很多方式应用这个概念。例如，管理员可以将两个应用程序之间的每一次通信定义为一种数据流类型。此外，管理员还可以粗略定义流量，认为所有发送到特定 Web 服务器的数据包都属于某个数据流的一部分。可归纳如下：

> 直观的说，每类数据流都与一系列相互关联的数据包对应。数据流的定义应该充分通用，以便于管理员以多种方式应用这个概念。

164

11.4　两种数据流类型

数据流可以被划分为以下两种基本类型：

- 单向数据流
- 双向数据流

1）单向数据流：顾名思义，单向数据流是指在同一个方向上传输的流量（例如，从一个方向通过链路）。由于计算机通信是双向的，因此从表面上看，单向数据流是无用的——即使数据单向传送，协议仍然要反向发送请求和响应消息。然而，单向数据流的情况却最为普遍。原因在于，网络中的大多数链路都是全双工（full duplex）链路，这意味着双向的数据传输相互独立。因此，当管理员分析一条全双工链路上的流量时，要将它当成两条独立的单向传输链路。使用单向数据流抽象，管理员还可以处理非对称路由。在非对称路由中，从一个方向发来的数据会转发到另一条不同的路径上，而不会按照相反方向转发。

2）双向数据流：双向数据流能够记录两个通信实体之间的全部通信过程，包括双向传输的数据包。在某种环境下，应用程序在每个方向上发送的数据包总数大致相同，并且在两个应用程序之间传送的数据包都沿着一条路径，同方向无关，双向数据流在对上述环境的评估中最为有用。然而，只有极少数协议会在不同方向上传送总量相同的数据。因此，双向数据流的应用不如单向数据流那样广泛。总结：

> 虽然大多数计算机通信过程涉及双向数据包交换，但是由于单向数据流的通用性和灵活性较双向流量更高，因此单向数据流的应用更为广泛。

当然，一个特定工具可能会限制管理员必须使用其中一种流量抽象类型。例如，一种普遍使用的流量技术可能只允许管理员定义并分析单向数据流。更重要的是，即使一种工具允许管理员定义双向数据流，而当两个方向的传输数据没有通过公共节点时，收集双向数据流数据也是无法实现的。

165

11.5　数据流分析的目的

数据流分析是指对流量数据进行分析的过程。现在有很多工具都能帮助管理员分析数据流数据并显示分析结果。通常，数据流分析器能够产出图形化输出结果，使用不同颜色区分不同类型的信息。

很多例子都能够说明数据流分析是一种非常重要的技术。下面给出的例子并非毫无遗漏，但是它们能够说明数据流分析的几种可能的用途。

- 流量特征：数据流分析有助于管理员了解网络流量的构成。例如，管理员能通过协议类型、应用程序或目标地址等方式得到流量的显示结果。

- 吞吐量评估：数据流数据能够帮助管理员评估网络的吞吐量。
- 审计和计费：数据流数据能用于计算使用某种服务应缴纳的费用。
- 输入/输出流量比较：数据流分析的一个重要应用是将某个站点的输入流量和输出流量进行对比。
- 服务质量保证：数据流分析能够判定是否达到了 QoS 的目标。
- 异常检测：数据流分析能够用于监测异常事件或流量变化。
- 安全性分析：数据流分析能帮助管理员识别拒绝服务攻击以及病毒或蠕虫的传播。
- 实时故障排除和诊断：当出现问题时，实时数据流分析能帮助管理员确定问题发生的原因。
- 事后讨论：历史数据流数据能用于评估导致问题的根本原因和前期事件。
- 容量规划：正如第 7 章所述，流量矩阵是容量规划的基础，数据流分析能用于构建流量矩阵。
- 应用程序测量和规划：除了全局规划之外，管理员还能根据数据流分析追踪独立的应用程序。例如，数据流分析能帮助管理员对到达某个服务器的流量源地址进行监控。

166

11.6　数据流汇聚级别

从直观上说，每个独立数据流都对应于两个端点之间的一次通信。然而，数据流抽象的灵活性很高，它允许管理员选择该定义的一种应用粒度。当然，某些工具会对这种选择加以限制。在实践中，大多数工具允许管理员通过指定数据包报头字段给出数据流定义，有些工具还包含临时规定（例如，具有相同头部域的数据包只有在 30 秒的时间间隔内出现才被认为是同一个数据流的组成部分）。

数据流汇聚（flow aggregation）是指集中测量多个独立通信过程，汇聚级别（level of aggregation）是指汇聚的粒度。有些例子会根据汇聚的概率来阐明这个概念。管理员可以通过以下内容选择汇聚数据流：

- IP 地址
- 网络元素接口
- 传输协议类型
- 应用类型
- 内容引用
- 应用端点

1）IP 地址：当使用 IP 地址进行流量汇聚时，数据流分析器会将具有相同 IP 地址的数据包分成一组。例如，如果管理员通过源 IP 地址进行汇聚，来自同一个计算机的数据包都汇聚合成一个流量，这样可以得到与传输数据流相关的计算机总数。通过目标 IP 地址进行汇聚使管理员可以计算出目标地址的总数。同时使用源地址和目标地址进行汇聚能够为每一对计算机创建通信数据流。

2）网络元素接口：在很多情况下，管理员更关注于本地数据流的行为，而非源地址或目标地址。要了解本地行为，管理员可以使用网络元素的输入（ingress）或输出（egress）接口进行数据流汇聚。因此，要分析路由器中每个接口的外出流量，管理员可以使用输出接口进行汇聚。同样，要确定某个网络元素的流量矩阵，管理员需要同时使用输入和输出接口进行汇聚。

3）传输协议类型：基础协议分析是数据流分析的一种特殊情况。要确定流量中包含的协议类型（例如，UDP、TCP、ICMP），管理员可以为每一个协议类型（protocol type）定义一个数据流汇聚。

4）应用类型：数据流分析有助于管理员了解网络流量如何在应用程序之间划分（例如，电子邮件和 Web 浏览在总体流量中所占的比例）。要根据应用程序划分流量，管理员就需要根据目标地址的协议端口号（protocol port number）进行数据流汇聚。由于已为每个应用程序分配了一个特定的端口，因此每组数据流汇聚结果都对应不同的应用程序[⊖]。

5）内容引用：有些流量分析工具能够提供深度数据包检测（deep packet inspeotion），这意味着管理员能在数据流定义中添加数据包中的任意数据项。使用深度数据包检测工具，管理员就能定义同每个请求相对应的数据流。例如，管理员能为每个网页定义一个数据流，并使用数据流分析器检查每个网页请求。

6）应用端点：要了解通信细节，管理员可以定义对应于两个端点之间通信过程的数据流，其中每个端点可以根据源 IP 地址和目标 IP 地址、源协议端口号和目标协议端口号以及协议类型等内容的组合进行标识。

11.7 在线和离线的数据流分析

正如前文所提到的，数据流分析工具可分为以下两类：

- 在线分析
- 离线分析

1）在线分析：在线（online）是指实时进行数据流分析，即收集到的数据流数据会被立即送到分析程序进行处理。而且，在线分析提供给管理员的显示结果能够随时间的变化而持续更新。

管理员通常认为在线工具的显示结果会实时更新，并且会在问题出现时使用在线工具进行诊断。从实践意义上说，流量更改同管理员显示结果的更新之间存在一个很小的时间延迟。事件发生和结果显示之间的时间差异同很多因素有关，其中包括管理员工作站的速度、汇聚级别、分析执行过程的复杂度，以及从测量点到分析计算点之间传输数据的时间延迟。因此，要降低延迟时间，管理员可以使用高速计算机，将计算机（例如，便携式计算机）放置在离数据流数据源地址更近的位置，提高汇聚级别，或者降低计算或显示的复杂度。

2）离线分析：离线（offline）是指将收集并存储数据流数据后再进行分析。例如，离线分析可以每晚执行一次，处理 24 小时时间段内的所有数据流数据。

离线分析对于事后情况处理非常重要，例如法医鉴定或事先无法获得精确数据的情况。离线分析的主要优点在于计算过程不受时间的限制。因此，离线分析不会强制管理员进行流量汇聚，相反，它能够计算平滑数据流的数据（例如，每个数据流对应一个应用终端）。此外，离线分析可以对生成复杂显示结果的任意计算过程进行操作。

11.8 数据流数据分析示例

现在有多种工具可用于分析数据流并显示结果。例如，现有工具能够显示以下内容：

- 来自/到达每个自治系统的流量比例

⊖ 在实践中，由于必须指明协议类型并且从服务器端发送到客户端的数据包在源端口域中都具有一个众所周知的端口，因此，这个定义会更加复杂。

- 通过协议对比输入和输出流量
- 探测大量协议端口的主机
- 不同协议类型占据的流量比例
- 活跃的 IP 地址总数
- 不同设备接口占据的流量比例
- 出现的新数据流速率

数据流分析工具的一个有趣之处在于它们能够使用图形输出方式以及色彩。例如，显示流量比例的工具通常使用动态饼图，其中每部分的面积随着新数据流数据的变化而变化。在给定时间内，动态饼图是评估流量组成的一种简便方式。图 11-1 给出了一个依协议划分流量的动态饼图示例。

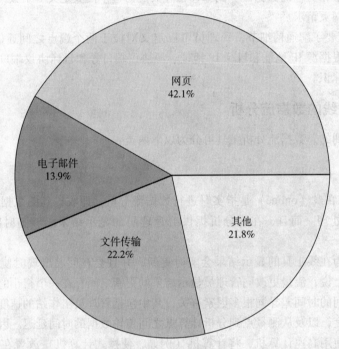

图 11-1   依据不同协议类型显示流量比例的动态饼图。在计算机显示中，
动态饼图会不断变化，以实时反映当前接收到的数据流数据

要观察和了解数据流量随时间的变化趋势，管理员可以使用时间级数图显示流量组成的历史数据。典型的时间级数图使用不同的颜色表示不同类型的流量。例如，y 轴可以表示每种类型所占的比例，x 轴表示随时间的变化量。图 11-2 给出了传输不同数据的流量所占比例的时间级数图，这些数据类型包括网页数据、电子邮件、文件传输以及其他应用。

顾名思义，时间级数图会不断进行更新。在图表中，右边表示新的测量结果，原有的测量数据会移动到图形的左边。因此，管理员可以通过图形的位置观察过去 10 小时内的流量变化趋势。

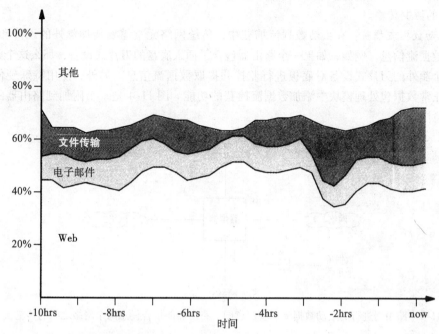

图 11-2　显示三种主要应用所占流量比例的时间级数图。新数据显示在图形的右边，
原有数据不断移动到左边。在计算机显示中，使用不同颜色标识不同流量类型

11.9　数据流数据捕获和过滤

在执行数据流分析之前，首先需要捕获（capture）数据流数据。可以采用以下两种方式：

- 被动数据流捕获
- 主动数据流捕获

1）被动数据流捕获：在被动（passive）数据流捕获中，用于收集数据流信息的硬件和用于转发、处理数据包的硬件相互分离。例如，如果要在两个设备之间插入以太网集线器，被动监控设备就能在混杂模式下通过对集线器的侦听而获得每个数据包的副本。另外，有些虚拟局域网交换机提供的镜像端口（mirror port）经过配置后能够接收在指定虚拟局域网中传输的所有数据包的副本。分光器可以在光纤中进行被动捕获：分光器能够对光纤中传输的光进行复制，并将这个副本发送到被动监控设备。无论在哪种情况下，数据包捕获都不会影响底层网络，也不会影响数据包传输。图 11-3 是在两个网络元素之间的链路上插入数据流采集器的示意图。

171

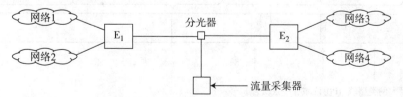

图 11-3　在网络元素 E_1 和 E_2 之间的链路上插入分光器进行被动数据流捕获。
数据流采集器会接收在链路中传送的所有数据包的副本

如图所示，从一条链路上捕获的数据流信息能够帮助管理员了解多个网络中的传输流量。例如，图中穿过中心链路的数据流包含左边网络和右边网络之间的传输流量。某组织同 Internet

之间的链路是一种特殊情况，原因在于捕获该链路上的数据流能够帮助管理员了解该站点同 Internet 之间的数据传输。

2）主动数据流捕获：在主动数据流捕获中，传统网络元素需要增加额外的硬件和/或软件才能捕获数据流信息。例如，如果一个路由器包含了插入底盘的刀片式设备，那么这个路由器可以使用一个额外的刀片式设备对底板进行监控并提取数据流信息。另外，使用特殊硬件能在网络元素的正常数据包处理模块中添加数据流捕获的功能。图 11-4 是一个附加到路由器的数据流连接器示意图。

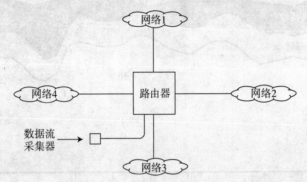

图 11-4　路由器进行的主动数据流捕获示意图。路由器能报告任意两个网络之间的传输流量

主动捕获和被动捕获两种方式各有优缺点。被动捕获的主要优点在于它的非干扰特性——被动系统的信息采集不会降低或改变网络传输速率。然而，大多数被动技术仅能捕获单个虚拟局域网或单条链路中的流量信息。

主动捕获系统的优点在于它能够获得在特定网络元素中传输的所有数据包的信息。因此，运行在路由器中的主动捕获机制能够报告任意两个接口之间的数据包流量，同时，一个大型路由器能够连接多个网络。另外，路由器可以利用数据流信息提高数据转发性能。然而，主动捕获机制要求网络元素具备额外的硬件和软件。

11.10　数据包检查和分类

要了解数据流捕获的工作原理和配置方法，就要了解数据包布局和处理的基本内容。本节将通过实例解释相关概念，而不会详细讨论协议的具体细节。为了简化说明过程，我们就以包含 Web 服务器请求的以太网数据包为例。数据包内容包括以太网报头、IP 报头和 TCP 报头，这些报头字段都位于 HTTP 请求之前。图 11-5 给出了各个协议的头部域在数据包中的排列方式。

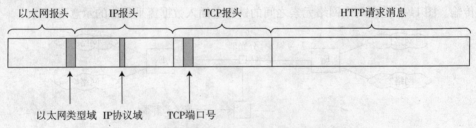

图 11-5　一个包含 Web 请求的数据包报头字段排列示意图。
每个报头都包含了一个说明后续报头类型的字段

如图所示，每个报头都包含了一个说明后续报头类型的字段。以太网报头中的"类型"字段包含十六进制数值 0800，表示该数据包中包括 IP 数据报。IP 数据报中的"协议"字段的值为

6，表示该数据报包含 TCP 数据段。TCP 报头中的"目标地址端口号"字段的值为 80，表示数据包的目标地址是一个 Web 服务器。需要注意的是，数据流采集器无需检查整个数据包来确定其目标地址，相反，它只需要检查以太网类型、IP 协议以及 TCP 目标端口号三个字段。如果这三个字段的值是正确的，那么就能肯定该数据包的目标地址是一个 Web 服务器⊖。

我们使用术语"分类"(classification) 来描述检查报头中选定字段的过程，并由网络元素对数据包进行分类 (classify)。分类的速度比数据包整体处理的速度更快，并且可以采用专门的分类硬件进一步优化。更重要的是，硬件能够提取特定字段的数值，并检查是否再次遇到相同的数值组合。要点：

> 数据流采集器会检查每个数据包中选定的报头字段，并根据检查结果对数据包分类。有些硬件还能优化分类过程。

了解下层系统可以使用分类对数据包进行处理有助于理解数据流的配置。例如，流量捕获过程中的计算量与要检查的报头字段总数之间成正比例。因此，如果只使用少量报头字段进行数据流汇聚，那么汇聚过程的效率会更高。例如，如果通过传输协议进行汇聚，那么数据流采集器只需要检查两个字段：以太网类型字段（验证数据包内包含 IP 数据报）和 IP 报头中的协议字段（检查 IP 数据报中的协议类型）。

11.11 在线和离线分析的捕获

本章已经讨论过在线和离线的数据流分析，二者的区别对于数据流捕获结果具有重要意义。严格遵循在线分析范型意味着数据流采集器必须在数据包到达时就对它们进行分类。离线分析范型虽然无需即时进行数据包分类，但是数据流采集器必须存储数据包的全部信息并允许分析软件稍后对数据包进行数据流划分。

在线和离线两种方式之间的区别之所以至关重要，是由于以下两个原因：
- 普遍性
- 资源需求

1) 普遍性：由于离线系统存储的是原始数据，因此它能为管理员提供更多信息。特别的，离线范型允许管理员多次运行分析工具，并采用不同的汇聚方式。因此，管理员可以先根据协议进行数据流汇聚，然后再根据 IP 目标地址对相同的数据再次进行汇聚。

2) 资源需求：离线系统的主要缺点在于存储容量的需求较大。为避免随意占用磁盘空间，离线系统需要将信息捕获的持续时间限制在很短的时间内，或者使用统计采样（例如，每一千个数据包中处理一个数据包）减少数据总量。每一种方法都无法适用于所有情况：缩短生存期使得管理员无法对流量进行精确描述，而采样则会增加结果误差。更重要的是，如果管理员仅仅关注某种数据流汇聚，那么尽早进行数据包分类能够减小数据总量并延长生存期。

11.12 数据包内容数据流

前几节对数据包报头和数据流分类的讨论忽略了一个重要内容：根据数据包的内容识别数据流。例如，如果管理员使用网址划分 Web 服务器的流量会出现什么情况？也就是说，假定 Example 企业的管理员管理的 Web 服务器为 example.com，管理员可能会为所有向以下网址提出请

⊖ 在实践中，分类器还必须检查 IP 报头中的选项是否存在，因为选项的长度会改变后继报头的位置。

求的数据传输定义一个数据流：

www. example. com

管理员可能为所有向下述网址提出请求的传输定义另一个数据流：

www. example. com/products

以此类推，管理员会针对服务器提供的所有网址进行数据流定义。从管理员的角度来看，为每一个网址定义一个数据流似乎与根据每个协议定义一个数据流一样简单。然而，从数据流采集器的角度来看，依据网址和依据协议定义数据流之间有着很大差异，原因在于网址并非位于报头字段的固定位置。因此，数据流采集器必须检查数据包的内容（即解析 HTTP 消息并提取网址）。这个过程称为深度数据包检测（deep packet inspection），它比从协议报头中提取固定字段的内容需要的计算资源更多。因此，进行内容检测的分析器比检查报头中固定字段的分析器的处理速度更慢。总结：

> 基于深度数据包检测的数据流定义会导致更高的开销，并且其处理速度比使用固定报头字段的数据流定义方式更慢。

11. 13　数据流和优化转发

虽然数据流捕获和数据包转发看似毫不相关，但事实上并非如此——用于数据流分析的数据同样可用于优化数据包转发。要理解其中的原因，可以考虑高速 IP 路由器中的数据包转发过程。当有数据包到达时，路由器会检查数据包的类型字段以验证其中是否包含 IP 数据报，提取 IP 目标地址，并根据目标地址查找路由表。每一个路由表项都会指明数据包转发的下一跳地址和接口。

要优化转发过程，路由器会将数据流分类同转发高速缓存（forwarding cache）相结合。数据流技术的应用很简单：路由器使用分类硬件提取数据包中用于流量识别的字段。从数学角度看，分类是从数据包到数据流的映射过程：

分类：数据包→数据流

典型的，每个数据流都会被分配一个整数类型的数据流标识符（数据流 ID），而分类会将数据包映射到某个数据流 ID。

假定这样给出数据流定义：某个数据流中的所有数据包都转发到相同的下一跳地址，使用数据流标识符的转发过程无需再次检查报头字段。也就是说，需要维护一个从数据流 ID 到下一跳地址信息的独立映射关系：

转发：数据流 ID→下一跳信息

典型的，映射关系会在内存中以表的形式实现，数据流 ID 可以作为表的索引。

使用高速缓存的目的在于：转发高速缓存是一个高速硬件机制，它能够提高由数据流 ID 到下一跳信息的映射速度。高速缓存的操作速度高于内存，它保存当前数据流映射的集合。若一个数据包经分类后生成的数据流 ID 为 f，硬件就会检查转发高速缓存。如果高速缓存中包含 f 的映射，路由器就直接从高速缓存中提取下一跳信息并转发数据包。否则，路由器会从内存的表中提取下一跳信息，将信息的副本放入高速缓存以便进行后继数据包的处理，然后转发当前数据包。

在待处理的数据包来自相同数据流的概率较高的情况下，高速缓存能够优化执行性能——某数据流中的第一个数据包需要进行查表操作，而后继数据包的转发信息就可以直接从高速缓存中提取。参照时间局域性（temporal locality of reference）是指重复操作的概率。幸运的是，经验表明，大多数网络都表现出高度的参照时间局域性。因此，转发高速缓存能够显著提高路由器的性能。在本章的后几节中，我们将了解到性能提高是捕获数据流数据的主要动机，很多设备都使用独立高速缓存维护数据流信息。

总结：

> 虽然数据流分析同数据包转发看似毫无关联，但是时间局域性使得路由器硬件能够通过将数据流分类硬件和转发高速缓存相结合的方式提高转发性能。

176

11.14 数据流数据输出

数据流数据输出（flow data export）是指发送数据流数据的源节点同其他设备之间的通信。在通常情况下，数据流数据源是一个路由器，输出数据流数据的目标地址是运行在管理员工作站中的数据流分析应用程序。数据流数据输出包括以下两个问题：

- 应采用什么格式描述输出数据？
- 应采用什么协议传输输出数据？

1）格式：格式问题的关键在于数据流数据的表示形式。在信息总量和性能之间需要达到一种平衡。一方面，如果数据发送量最大，那么接收方就能够确定哪些是重要的数据，从而丢弃无用数据。另一方面，由于数据流数据的传输会占用网络带宽，因此传输无用信息会浪费带宽和存储空间等资源。

在格式选择中，要关注元数据（即所采集数据的信息）。例如，数据流输出系统通常包括时间戳，它能在每个消息的生成时间不产生二义性的条件下允许接收方保存输出信息以便进行后续分析。另外，元数据中还包含捕获数据的设备标识。

2）协议：协议的问题涉及传输系统的范围和普遍性。一方面，如果传输机制采用第二层协议，数据流数据仅能在一个网络中传送，并且接收系统也必须使用第二层协议。另一方面，使用标准传输协议能使数据流数据在网络中的传输具有普遍性，但是这要求发送系统和接收系统同时具有 IP 地址并且运行 TCP/IP 协议栈。

下一节将介绍，业界已经采纳了一种数据流输出技术作为事实上的标准。该技术为数据流数据定义了表示形式，并使用 UDP 进行消息传输。UDP 的使用意味着管理员能将数据流数据传输到任意目标地址，原因在于数据流数据消息能够通过源节点到目标地址之间的任意网络。总结：

> 大多数数据流输出技术都采用 UDP 方式。因此，数据流数据能够通过源地址到目标地址之间的多个网络。

177

11.15 NetFlow 技术的起源

NetFlow 是一种应用最广泛的数据流技术，它由 Cisco System 发明。除了 Cisco 之外，包括 Juniper Networks 在内的网络厂商在输出流量数据时都遵循 NetFlow 格式，这意味着该数据流分析工具被多个厂商所采用。NetFlow 中用于输出数据流数据的协议在 RFC 3954 中发表。IETF 采用 NetFlow 的第 9 版作为 IPFIX 的基础。IPFIX 是一种数据流输出技术，它添加了安全性并允许数据流数据在对拥塞敏感的传输机制中传递。

有趣的是，工程师设计 NetFlow 的初衷并不是想发明一个用于分析的数据流数据输出系统。相反的，正如 11.13 节所述，NetFlow 是一种用于提高 IP 路由器转发速度的优化设计方案。为使管理员监控网络性能，NetFlow 输出转发高速缓存中的数据流信息和性能信息。当意识到数据流数据输出时，客户便开始询问格式细节并创建数据流分析工具。

11.16 NetFlow 技术的基本特征

NetFlow 使用主动数据流捕获范型，在主动范型下，路由器或交换机能够记录数据流信息并将数据流数据结果输出到外部采集器。由于 NetFlow 是为优化转发而设计的，因此它采用单向数据流定义方式。NetFlow 允许管理员控制数据采集过程，包括指定数据包采样的能力。最后，NetFlow 采用细粒度数据流定义，输出信息中同时包含数据流细节、元数据（例如时间戳）。图 11-6 列出了 NetFlow 输出的数据项示例。

NetFlow 的每个版本都会定义固定字段（fixed field）的集合。也就是说，NetFlow 会维护内部数据包转发的高速缓存，并仅根据高速缓存中的内容输出信息。NetFlow 第 9 版（IETF 使用的版本）对基本范型进行了扩展：第 9 版不再规定固定字段，而允许管理员通过选择用于数据流定义的字段集合控制输出数据。本章余下内容将详细介绍 NetFlow 的第 9 版⊖。总结：

- 源 IP 地址和目标 IP 地址
- 源协议端口号和目标协议端口号
- IP 数据报中的服务类型字段
- 起始和终止时间戳
- 输入和输出接口号
- 以八进制数表示的数据包长度
- 路由信息（例如，下一跳步地址）

图 11-6　NetFlow 流量输出的数据项示例

> NetFlow 定义的数据流具有单向性，并输出平滑信息。NetFlow 第 9 版允许管理员控制数据流输出字段的集合。

11.17 扩展性和模板

如果管理员能够控制 NetFlow 输出的字段集合，那么数据流采集器如何对输出消息进行解析和理解？NetFlow 并不要求管理员为输出设备和采集设备进行相同的配置，它会同时发送数据和描述信息来解决这个问题。描述信息中会标识发送设备，并通过给出每个字段的类型和长度值来指明数据记录中的字段集合。因此，接收方可以根据描述信息来解析到达的数据。更重要的是，即使接收方无法理解 NetFlow 消息中的所有数据项，也能够根据描述信息提供的充足细节忽略那些无法解析的数据项。

总结：

> 由于 NetFlow 发送的额外信息能够描述消息内容，因此管理员仅需要配置 NetFlow 输出设备。NetFlow 采集器能够根据描述信息解析 NetFlow 消息。

NetFlow 中的模板（template）是指描述性信息。输出 NetFlow 数据的设备会同时发送模板和数据。事实上，每个模板都被分配一个 ID，这意味着输出设备可以通过为各种数据类型分配唯一的 ID 来输出多种类型的 NetFlow 数据。例如，如果路由器拥有四个接口，管理员就能为每个

⊖ 本章将介绍路由器的输出。Cisco 交换机使用的输出范型经过了简单修改，在修改后的范型中，数据流初始数据包的输出使用 NetFlow 第 5 版，而数据流汇总时使用 NetFlow 第 9 版。

接口选定输出字段集合。该路由器会为每个字段集合配置一个模板 ID，采集器会根据数据记录中的 ID 将记录同特定的模板结合起来。要点：

> 由于每个模板都被分配了唯一的 ID，因此给定设备可以输出多个相互独立的 NetFlow 数据集合，采集器也能够明确地解析输入数据。

178
≀
179

11.18　NetFlow 消息传输和结果

消息传输的具体细节对于网络管理员来说并不重要。然而，传输机制的概念能够帮助我们理解 NetFlow 产生的流量以及管理员得到的结果。特别的，我们将了解为何当输出设备和采集器距离很近并且通过私有网络相连时，NetFlow 能够获得最好的执行效果。

NetFlow 采用 UDP 传输方式，即输出设备将 NetFlow 消息封装成 UDP 数据报并发送给采集器。它可能产生以下两个重要结果：

- NetFlow 消息可能丢失或重新排序
- NetFlow 消息可能引发拥塞

1）消息丢失和重新排序：NetFlow 协议能够处理消息丢失和重新排序问题。例如，在启动过程中，如果数据到达采集器的时间比模板更早，那么采集器就会保存数据。一旦模板到达，采集器就会对存储的数据进行解析和处理。

协议采用两种技术处理数据包丢失和重新排序问题。首先，NetFlow 为每个消息分配一个序列号，因此接收方就能按顺序排列接收到的数据。第二，协议要求发送方定期发送模板的副本。因此，如果原始的模板副本丢失，很快还能收到新的副本。

2）NetFlow 流量拥塞：由于 UDP 不提供拥塞控制机制，因此 NetFlow 流量直接注入网络中而不考虑其他流量的影响。因此，使用 NetFlow 的管理员必须采取相关措施避免流量淹没中间网络元素或链路。典型的，一个站点会将 NetFlow 流量置于独立网络中（例如，私有 VLAN 将路由器管理端口同 NetFlow 采集器相连）以避免拥塞问题。此外，管理员可以插入流量调度设备来限制 NetFlow 消耗的带宽，或者保证输出设备不向外发送大量数据（例如，限制 NetFlow 模板中包含的字段）。

总结：

> 虽然 NetFlow 协议包含的机制能够补偿 UDP 数据包丢失和重新排序的问题，但是管理员仍然要避免拥塞的产生。管理员可以将 NetFlow 数据转移到私有网络中，以便限制 NetFlow 使用的带宽，或者限制 NetFlow 发送的数据总量。

180

11.19　配置选择的影响

正如我们所见，当管理员配置 NetFlow 输出设备时，模板中字段的选择会影响输出数据的总量。另外，以下参数也会影响 NetFlow 的操作：

- 数据包采样速率。
- 高速缓存容量。
- 流量超时。

1）数据包采样速率：当从每秒处理多个数据流的高速链路（例如，主干链路）中捕获数据时，NetFlow 会生成大量流量数据。为降低数据速率，管理员可以配置输出设备并使用数据包采样（packet sampling）的方式。从本质上说，采样是指当进行数据流捕获时，从每 N 个数据包中提取一个数据包进行检查。例如，将 N 配置成 1000 意味着在数据捕获阶段，每 1000 个数据包就会忽略其中 999 个，同时 NetFlow 数据的发送速率也会相应降低三个数量级[⊖]。当然，采样也会降低处理结果的准确度。因此，采样过程引入了折衷方案：管理员可以选择提高准确度或者减少NetFlow 数据总量。

2）高速缓存容量：在输出数据流数据之前，捕获设备必须探测数据流的起始和终止。因此，在数据流中的所有数据包都完成检测之前，必须保存数据流信息。当流量结束后即可输出数据流数据。维护数据流信息的机制称为数据流高速缓存（flow cache）。之所以这样命名，是因为数据流高速缓存中只保存时间最近的数据流数据。

有些系统允许管理员控制数据流高速缓存的大小。降低高速缓存容量会降低系统能够同时捕获的数据流总数，也会降低传输总量。当然，如果高速缓存容量过小将导致分析误差。

3）数据流超时：数据流捕获对于使用面向连接范型的协议来说很直观。例如，TCP 会交换SYN 数据包以建立连接，并使用 FIN 或 RST 数据包终止连接。因此，如果一个设备要捕获 TCP连接的数据流信息，它只需要监控适当的 SYN、FIN 和 RST 数据包。

对于 IP 和 UDP 等遵循无连接范型的协议，捕获数据流数据更为困难，原因在于没有特殊类型的数据包来标识数据流的起始和终止。在这种情况下，数据流输出设备会采用高速缓存超时来控制数据发送的时间——当数据记录经过 K 秒的闲置等待时间后，该记录将被输出并从数据流缓存中清除。

管理员可以为数据流缓存设置超时值。然而，极限数值的执行效果并不理想。超时值选择过大将使高速缓存中保留无用数据流，这就占据了用于捕获其他数据流的空间。超时值选择过小会导致在所有数据包检测完毕之前过早输出数据流（即后继数据包将被视为新的数据流）。

总结：

> 除了选择输出字段的集合之外，管理员还可以配置数据包采样速率、数据流高速缓存的规模，以及清除陈旧数据项的高速缓存超时时间。

11.20 总结

数据流分析会对流量进行分类，每类数据流都代表一个相关数据包序列。数据流分析的应用范围很广，包括流量描述、审计和计费以及异常检测。

数据流定义较为灵活。管理员可以根据相同目标地址、数据包中包含的相同协议、具有相同TCP 连接的数据包或者来自特定入口的数据包定义汇聚数据流。

数据流分析可以在线（在采集数据的同时）或者离线（在数据包采集和存储之后）执行。在线分析有助于问题诊断，而离线分析允许管理员对相同数据进行多角度观察。

数据流数据的捕获可以通过被动探测或转发数据包的主动网络元素实现。主动捕获的主要优点在于它能够追踪从一个接口到另一个接口的数据流。为实现高速捕获，网络元素可以使用分类硬件，尽早分类能够减少数据采集量，但是无法保留所有细节。

现在有很多数据流分析工具，其中大部分使用图形化显示方式。两种普遍应用的显示格式

⊖ 在实践中，为防止每次只检查第 N 个数据包的情况发生，采样机制会包含一定的随机性。

是动态饼图和时间级数图。

最流行的数据流技术是 NetFlow，它由 Cisco System 发明并得到了其他厂商的广泛应用。Net-Flow 中说明了单向流量并给出平滑定义。为保证输出的一般性，NetFlow 会发送一个描述数据和数据记录的模板，即使接收方无法理解全部字段的含义，也能根据模板解析 NetFlow 数据包。

NetFlow 采用 UDP 传输方式。协议能够处理数据包重新排序和模板丢失的问题。为控制拥塞状况的发生，管理员既可以配置 NetFlow，减少数据发送量，也可以重新规划网络，选择较少发生拥塞的路径（例如，私有网络连接）。

现在有多种数据流分析工具。例如，使用 NetFlow 数据的开源工具集合可以从如下网址获得：

http：//www. splintered. net/sw/flow-tools/

Cisco System 为捕获 NetFlow 数据提供支持，并且提供数据分析工具。对这些信息的介绍可以从以下网址获得：

http：//www. cisco. com/warp/public/732/netflow/index. html

关于 IETF 的 IP 流信息输出（IPFIX）的相关内容可以通过以下网址获得：

http：//net. doit. wisc. edu/ipfix/

第 12 章　路由与流量工程

12.1　简介

这一部分中的几章将介绍网络管理常用的技术与工具。在上一章中我们重点介绍了流量分析，它是管理员了解与评估流量的关键技术之一。

在本章中，我们继续讨论网络管理技术，并且把讨论的重点放在路由管理上来。我们会发现虽然基本的路由非常简单，但是有许多细小的问题使得对路由传播的管理更加复杂。

12.2　转发与路由的定义

我们首先回忆一下转发（forwarding）与路由（routing）的区别。转发是指 IP 路由器的动作。当路由器接收到一个数据包时，会沿着通往数据包目的地址的路径选择下一跳地址，然后将数据包发送出去。而路由则是指建立一些信息帮助路由器完成转发任务的过程。从管理员的角度来看，路由是用来控制转发的一种工具。也就是说：

> 管理员使用路由机制来建立和控制数据包流经网络的路径。

12.3　自动控制与路由更新协议

现在，路由管理工作已经彻底实现了自动化：管理员仅仅需要选择合适的路由软件，然后可以运行这些软件来处理问题。事实上，现在已经有许多路由更新协议（routing update protocol），每个协议都允许路由器在整个网络中交换消息，并传播路由信息。从理论上说，如果管理员选择了路由协议，并且为每一台路由器都配置了路由软件，那么这些路由器就会自动建立一些内部转发表，并且维护它们的正确性和高效性。

尽管存在着大量的协议和软件，但是网络路由还没有实现自动化——建立与维护路由仍然是网络管理最困难的方面之一。事实上，自动路由协议可以很好地处理许多小问题。在管理员需要对协议已经做出的选择进行更改时，它会提出存在的障碍。总结如下：

> 虽然自动路由协议可以处理一些小问题，但是路由仍然是大型网络管理中的难题之一。

在对基础知识进行回顾之后，后面各节将会深入地研究路由管理。我们会探究路由与策略的交互关系，考虑使路由管理复杂的限制因素，然后举出一些潜在的路由问题的例子。

12.4　路由基础与路由度量

为了进一步理解路由管理的问题，我们必须先理解一些基本概念。其中包括：

- 最短路径与路由度量。
- 路由机制的类型与范围。

下面各节中将给出上述两个概念的定义。在随后的几节中我们会继续对路由管理进行深入研究。

12.4.1 最短路径与路由度量

一个路由协议总是在尝试寻找穿越网络的最佳路径。其中关于"最佳"的定义依赖于网络和所使用的路由协议。通常，最佳路径就是根据路由协议的度量机制所测量出来的长度最短路径（shortest path）。常见度量项目包括：

- 跳步数
- 延时
- 抖动
- 吞吐量
- 冗余度

1）跳步数：跳步数是自动路由更新协议中最常用的度量机制。一条路径的跳步数被定义为沿这条路径所经过的路由器数$^\ominus$。当使用跳步数时，路由协议选择跳步数最短的路径进行传输。

2）延时：对大多数应用，如实时的视频和音频来说，一条路径的跳步数的重要性低于横穿这条路径的延时。在这种情况下，管理员需要选择一条延时最小的路径进行传输。

3）抖动：抖动通常与延时相关，因为两者对于实时应用来说都十分重要。为了输出高质量的实时数据，必须选择抖动与延时最小的路由。

4）吞吐量：在一些情况下（比如文件系统备份），有大量的数据需要进行传输。这时，无论是跳步数还是延时都不能提供一条最优的访问路径。因此，我们应该选择一条拥有最大吞吐量的路径。

5）冗余度：在一些情况下，可用性比其他方面的性能更为重要。管理员可以将冗余度作为度量的标准，选择那些能够提供最大冗余路径的路由进行传输。

遗憾的是，没有哪一个度量标准对于所有的情况都是理想的。因为大多数网络都支持各种应用，其中包括实时音频和视频的传输，也包括普通数据的传输。

> 当选择路由策略时，管理员必须考虑用哪一种度量标准进行衡量。

187

12.4.2 路由的类型与范围

1）单播路由与多播路由：本章与路由的主要焦点就是单播（unicast）流量。也就是说，大多数路由都是为含有唯一的目的地址的数据包提供路由选择的。与此同时，一些技术也为多播（multicast）传输提供了路由支持。多播路由比单播路由更加复杂，但是多播技术却没有单播技术成熟。特别的，多播系统常常需要充分的配置、监控与维护。因此，许多站点为了避免多播路由，通常采用单播隧道来传输多播数据流；多播只用于局域网中最终递交的一步。

2）IPv4 路由与 IPv6 路由：虽然 IP 协议的第 4 版和第 6 版在概念上是相同的，但是 IPv6 更改了若干关于地址的假设（例如，每一条链路一次可以分配多个前缀）。因此，IPv6 的路由管理与 IPv4 不同。虽然现在只有 IPv4 技术比较成熟，但是我们在 IPv6 管理方面所积累的知识还不足以得出任何结论。

3）内部路由与外部路由：一般来说，路由可以根据底层设备的范围划分为两大类。内部路由（interior routing）指在一个组织的内部（比如企业内部）进行路由，而外部路由（exterior

---

$\ominus$ 一些协议将一跳步定义为一条链接而不是一台路由器。两者的不同在于是选择 1 作为初始值还是 0 作为初始值。

routing）指在两个独立的组织之间进行路由。从技术上看，内部路由被定义在一个自治系统（autonomous system）中，而外部路由是在两个自治系统之间的路由。与上述差别相对应，路由更新协议也划分为内部网关协议（Interior Gateway Protocol，IGP）和外部网关协议（Exterior Gateway Protocol，EGP）。

虽然看似简单易懂，但在大型网络中内部路由与外部路由的区别变得越来越模糊。例如，一个大型企业可以选择将整个企业网络划分若干独立的子网，然后在每一个子网中独立地进行路由管理。在实践中，内部路由与外部路由的一个主要区别在于选择路径所使用的标准：内部路由通常采用最短路径原则，而外部路由通常会根据合同和财政的要求进行选择。这一点可以总结如下：

> 虽然路由被划分为内部路由和外部路由，但是大型的网络会将自身划分为多个独立的子网进行管理，因此两者之间的区别越来越模糊了。

12.5　关于路由更新协议的例子

人们已经设计出许多协议来交换路由信息。有一项协议已经成为 Internet 外部路由的事实标准。它由 Internet 工程任务组（IETF）制定，被命名为边界网关协议（Border Gateway Protocol，BGP）。两个流行的内部网关协议也源于 Internet 工程任务组的标准：路由信息协议（Routing Information Protocol，RIP）和开放最短路径优先协议（Open Shortest Path First，OSPF）。除此之外，供应商已经定义了自己的内部网关协议。例如，Cisco Systems 就会销售内部网关路由协议（Interior Gateway Routing Protocol，IGRP）的软件以及其扩展版本（EIGRP）的软件。最后剩下开放系统之间互连协议：中间系统对中间系统的路由选择协议（IS－IS）。

12.6　路由管理

对网络管理员来说，路由有两个方面十分重要：
- 路由规划与路径选择。
- 路由配置。

1）路由规划与路径选择：在部署一个路由体系结构之前，管理员必须理解整体的目标，然后选择合适的技术实现这些目标。更重要的是，规划包括对需求进行评估，建立指定传输路径的策略，保证底层网络能够支持上层传输。评估是非常困难的，尤其是在涉及经济问题的时候。例如，如果一个 ISP 需要经过另一个 ISP 进行路由，那么费用将会根据两个组织间的 SLA 来设定。

2）路由配置：路由的另一个方面关注路由体系结构的部署。一旦路由体系结构被设计出来，每一台路由器要么进行手动配置，要么使用路由更新协议进行配置。配置同样需要保留一定的带宽（例如，保证普通的数据流不影响实时音频流的传输）。

12.7　路由管理的难点

路由既重要又富有挑战性。一方面，优化的路由是十分重要的。因为传输数据包所使用的路径会影响整个网络的性能、恢复能力、故障适应能力，以及每一个应用所得到的服务。另一方面，路由是极富挑战性的。因为在设计路由体系结构时，我们通常要根据外部的要求做出某些选择。例如，路由会受到组织策略或者路由更新协议的制约。除此之外，路由还会受到合同责任（对于供应商来说更是如此）和商业代价的影响。因此我们不能仅仅遵循最短路径的原则，数据流的路由需要满足外部的约束。这一点可总结如下：

造成路由管理困难的因素很多；可以采取策略让一些传输使用非最佳路径。 ⌷189

为了说明策略对路由的影响，图 12-1 向我们展示了五个站点的连接情况。

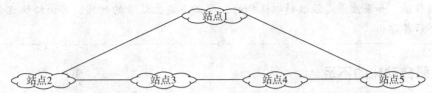

图 12-1　5 个相互连接的站点。如果站点 2 与站点 5 的规模相同，那么从站点 1 到
站点 3 的最短路径需要经过站点 2。但是策略可以规定使用一条更长的路由

图 12-1 可以用来描述由 5 个自治系统构成的集合或者拥有多个站点的企业。无论在哪种情况下，策略都可以实现非最佳的路由。例如，如果站点 1 由 ISP 组成并且站点 2 是它的一个客户，那么根据合同的规定，ISP 不能使用站点 2 传输数据（即数据会流经另一个站点）。如果该图描述的是一个企业，站点 1 和站点 2 之间链路的过载可能会导致企业禁止在该链路上的其他传输。因此，为了贯彻策略，站点 1 的管理员会为目的地址是站点 3 的情况配置非最佳路由。

12.8　使用路由度量来加强策略

管理员可以通过手动配置转发表来实现任意策略。但是，这样做既单调又容易出错。此外，手动配置不利于出现故障时的自动恢复。因此我们提出这样一个问题：路由更新协议能在策略存在的情况下使用吗？

看起来路由协议不会顾及策略，因为协议在计算最短路径时使用的度量源自底层网络的性质而不是策略。但是在许多情况下，路由软件允许管理员控制路由。大致有三种方法：

- 手动控制
- 路由交换控制
- 度量控制 ⌷190

1）手动控制：这是最简单的方式，它允许管理员通过插入或更改转发表中的特定行来完成策略控制。这些行从某种意义上说是永久的，因为路由协议不能删除或替代它们。

2）路由交换控制：一些路由软件允许管理员为每一台路由器配置一系列约束（constraint）规则来控制路由信息的传输。这些约束指定了发送给其他路由器的输出信息和从其他路由器接收到的路由信息。因此，为了执行策略，管理员可以使用约束来阻止一个站点获得一条更短的路径。

3）度量控制：虽然一个具有约束机制的系统能够处理一些策略，但是一种更灵活的方法是允许管理员控制路由协议发送的数值。例如，一个协议（比如 RIP 协议）可以使用跳步数（hop-count）作为度量。管理员可以配置 RIP 协议使用的度量。因此，管理员可以人工地为一个网络设定“距离”，RIP 协议在向其他路由器发送路由信息的时候会使用这些距离。

度量控制比约束机制更加有效。如果管理员能够控制度量，那么他就可以选择是否鼓励使用特定的路由。但是在发生故障的情况下，管理员还是必须依靠自动的路由。例如，在图 12-1 中，管理员可以设置站点 2 的度量，使得通往目的地站点 3 的路径代价较高。如果设置了站点 4 的度量，就会使得通往目的地站点 3 的路径代价较低。当路由信息到达站点 1，通过站点 4 和站点 5 的路径会比通过站点 2 的路径代价低。但是，路由系统仍然会提供后备方案：如果发生故障（比如，站点 4 与站点 5 之间的链路失效），协议就会自动地检测故障，然后采用经过站点 2 的高代价的路由。可以总结如下：

> 为了控制路径选择，管理员可以对路由度量进行配置，这样就可以得到高于或低于实际值的数值。如果度量是经过精心选择的，那么当发生故障的时候，路由协议就会选择一个后备路由。

12.9   克服自动化的不足

路由说明了网络管理中的一个重要原则：当自动子系统不能够应对一些情况的时候，管理员必须采取欺骗手段使得系统产生需要的输出结果。实质上，管理员不是直接指定需要的输出，而是通过一整套经过推导得出的参数和输入来使自动系统产生指定的输出结果。例如，在路由协议中，管理员必须选择度量才能实现预期的转发，同时必须仔细计算出故障时人工度量对于路由的影响。这一点可总结如下：

> 当控制一个自动管理子系统的动作时（比如路由协议），管理员必须间接地通过操纵参数来得到需要的输出结果。间接控制是十分复杂的，而且可能会产生出乎意料的结果。

12.10   路由与服务质量管理

在第 7 章中，我们曾介绍路由对整个网络的性能十分重要，并且在容量规划中扮演着不可或缺的角色。除此之外，路由还在网络服务质量（Quality of Service, QoS）管理中扮演着重要角色。本节将从以下三方面进行说明：
- 路径特征。
- 拥塞预告。
- 路由变更的影响。

1）路径特征：每一条通过网络的路径都有许多特征，比如，延时、抖动等。这些特征决定了这条路径的服务质量。一般来说，路径越短，它的服务质量就会越好。例如，一条包含了卫星连接的路径就会比一条两个以太网之间的路径拥有更高的延时。因此，在许多情况下保证服务质量是十分必要的。管理员需要保证路由协议不会忽略对服务质量的考虑。

2）拥塞预告：回忆第 7 章的内容，我们知道，拥塞会导致延时。因此，当有低延时的需求时，管理员必须将数据流路由到拥塞最小的路径上来。换句话说，管理员必须仔细地控制路由，保证即使是在拥有最短路径的情况下，具有低延时要求的流量也不会路由到拥塞的路径上来。

3）路由变更的影响：有趣的是，由于路由变更会产生抖动，路由更新协议在修改最佳路径的时候就会自动地引入服务质量问题。当路由协议在两条路径之间摇摆不定的时候，上述问题会更加严重。因此，为了减少抖动，管理员必须防止持续的路由变更。这一点概括如下：

> 路由与服务质量管理具有内在的联系。因为通过网络的最短路径不一定总是满足服务质量的要求，而且路由的变更会带来抖动，所以服务质量必须要求管理员超越路由协议。

值得注意的是，服务质量管理在音频、视频和普通应用数据流汇聚于同一网络的时候面临着极大的挑战。因为在这种情况下，网络还是采用传统的转发系统，而不会区分各种类型的数据流。在此种情况下，路由器会转发所有沿着同一路径到达指定目的地址的数据流。因此，为了避免沿同一路径转发所有的数据流，允许管理员为特定的数据流（比如音频流）选择一条合适的路径以满足服务质量的要求几乎是不可能。总而言之，管理员面对着这样一个矛盾：一方面不能为特定类型的数据流找到满足服务质量要求的路径；另一方面沿同一路径转发所有的数据流又会引发拥塞问题，从而违反服务质量的要求。

12. 11 流量工程与 MPLS 隧道

因为 IP 转发使用目的地址来选择下一跳步，Internet 转发可以被视为利用一套定向的表格，其中每一个表格对应一个目的地址。流量工程（traffic engineering）是基于目的地址转发的首要选择，而多协议标记交换（Multi-Protocol Label Switching，MPLS）技术则是最为流行的技术。多协议标记交换技术允许管理员将流量映射到一个数据流集合，并且为每一个流指定一条通过网络的路径。此外，每一个映射可以指定网络中的任意两点作为起点和终点。也就是说，管理员可以在网络中的一些节点上使用流量工程，而在另一些节点上使用传统的 IP 转发。

非正式地，我们将 MPLS 路径称为隧道（tunnel）。实质上，一旦一个数据包进入 MPLS 隧道，就会按照事先决定的路径到达隧道尽头，而不考虑已经建立的 IP 转发机制。通过允许管理员将流量划分为流，MPLS 能够克服 IP 转发机制的一个重要限制：对于一个指定的目的地址来说，一些类型的流量可以沿一条路径传输，其他类型的流量可以沿另一条路径传输。因此，管理员可以让 VoIP 流量沿着一条低抖动和低拥塞的路径传输，而让 E-mail 和 Web 流量沿着一条高吞吐量的路径传输。这一点可概括如下：

> 流量工程技术为 IP 转发提供了另一种选择。流量工程不是为每一个目的地址指定路由，而是允许管理员独立地控制每一个数据流的转发。

12. 12 预先计算备用路径

传统的 IP 路由协议可以检测、调节链路故障以及一些网络拓扑变化。一旦检测到故障，路由协议会选择另一条路径以绕开故障重新路由。但问题是：流量工程如何处理好类似的情况呢？

现在的技术为使用流量工程的网络提供了自动恢复功能。与传统的路由协议不同，为流量工程网络设计的恢复系统使用预先计算（precomputation）的方法。也就是说，在任何故障发生之前，管理员就会指出一些潜在的故障，然后要求软件为每一个潜在的故障计算一条备用路径并存储起来。当故障真的发生时，软件就能够快速地切换到备用路径上。一些供应商使用"路径保护"（path protection）一词来强调为流量工程提供备用路径和自动恢复机制与路由协议提供传统的转发机制来实现自动恢复是类似的。这一点可以概括为：

> 虽然流量工程为每一个流分配了一条固定的路径，但是当故障发生时，使用现有的技术可以将流切换到一条备用路径上来。供应商称这样的软件提供路径保护。

当然，服务质量的要求使得选择路径时的计算更加困难。为了说明其中的原因，图 12-2 给出了一个网络，每一条链路上都分配了流量。

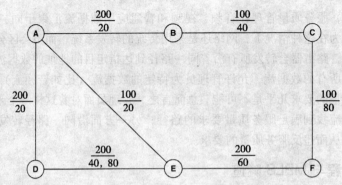

图 12-2   图中显示了 6 台路由器；每一条链路上都标记出链路容量与已经分配给数据流
容量的比值。链路（D，E）有两个数据流，速度分别为 40mbps 和 80mbps

在图 12-2 中，每一条链路上的标签列出了这条链路的总容量和为现有的数据流所分配的容量。为了讨论方便，我们假定图中列出的每一个数据流都是两个路由器之间点对点的流。比如，A 与 D 之间的链路的容量为 200mbps，但是只有 20mbps 的数据流被分配到这条链路上。也就是说，180mbps 的容量未被分配（也就是说，还可以用于那些尽力而为的流量）。

为了理解预先计算后备路径的困难程度，我们假定在 D 和 E 之间的链路故障的情况下计算后备路径。现在有两个数据流被分配给这条链路，容量分别为 40mbps 和 80mbps；后备计划必须为上述两个数据流提供后备路径。因为 B 和 C 之间的链路只剩下 60mbps 的容量，所以对 80mbps 的数据流来说唯一可行的后备路径就是：

$$D \rightarrow A \rightarrow E$$

此外，当使用后备方案后，加上 80mbps 的容量，链路（A，E）的剩余容量不到 40mbps。因此，对于 40mbps 的数据流来说，唯一可行的后备路径是：

$$D \rightarrow A \rightarrow B \rightarrow C \rightarrow F \rightarrow E$$

上述的两条路径是否构成了一个可行的后备方案了呢？遗憾的是，该方案有两个潜在的问题。首先，因为后备方案将链路（A，E）的整个容量都分配给了数据流，所以没有多余的容量来运行最佳的传输。其次，在这个简化的例子中仅使用了点对点的数据流，而且只考虑了吞吐量的要求。除了为数据流保留带宽以外，流量工程通常会提供一个延时和抖动的范围。在上述的后备计划中，将链路（A，E）的所有容量都分配出去意味着这条链路的利用率达到了 100%。这样就会导致任意的高延时和高抖动。因此，预先计算后备路径是一个多元优化的问题。这一点可概括如下：

> 在使用流量工程的网络中预先计算后备路径是十分复杂的。因为除了考虑吞吐量之外，服务质量（QoS）通常会带来其他方面的要求，比如延时和抖动的范围等。一个后备方案必须满足服务质量的各个方面。

12.13   组合优化与不可行性

考虑到许多组合优化问题，后备路由计算的一个可能结果就是没有一种解决方案是可行的。也就是说，即便给定了一个网络的拓扑结构、一些数据流的集合以及一个潜在的故障模式，也没有一种后备方案能够满足服务质量（QoS）的约束。我们认为这样的问题是过度约束的（over-constrained），后备方案也是不可行的。

当然，决定一个问题是否可行需要进行充分的计算。尤其是在网络非常大的情况下，存在着许多数据流，而每一个数据流又有许多服务质量约束。为了减少计算时间，常用软件不会为网络中的数据流列举所有可能的路径。取而代之，软件会根据最大流量最小截量定理[⊖]进行优化。即使可以进行优化，预先计算也需要管理员在后台进行。它通常也是一个离线的过程，而不是一个可以立即得出结果的过程。

我们可以看出，管理员只会对可行的后备方案感兴趣，而那些不可行的方案是不重要的。但是，如果知道了一个后备方案是不可行的，可以从以下两个方面帮助管理员。首先，在故障发生时可以帮助管理员避免在重新路由数据流上浪费时间。其次，容量规划十分有益：如果一些数据流是至关重要的，管理员必须增加容量保证在发生故障时数据流不会出现问题。这一点可概括如下：

> 知道一个后备方案是不可行的可以帮助管理员为关键数据流增加容量，同时避免在寻找一条并不存在的后备方案上浪费时间。

12.14　预先计算与 IP 路由的快速收敛

有趣的是，预先计算后备路径也可以应用于 IP 路由。这样可以提供比传统协议更加快速的收敛性。供应商使用术语"快速故障恢复"（fast recovery）和"快速故障切换"（fast failover）来描述这一优化。

为了理解快速恢复为什么如此重要，我们观察到传统的路由协议采用更新循环的方式来应对路由变化。对于一些协议来说，一次循环需要耗费数十秒钟的时间。因此，在故障发生之后路由更新协议需要几分钟的时间才能够收敛到一个新的方案上来，而在这段时间内，路由是不可用的。如果有了快速恢复机制，后备路由就会被预先计算出来并且随时可以安装。因此，一旦检测到故障，快速恢复就会立即修复转发机制，不需要消耗过多的时间。

12.15　流量工程、安全以及负载均衡

流量工程的使用对网络管理的诸多方面都产生了影响，其中包括安全与负载均衡。有时，人们认为流量工程比传统的 IP 路由更加安全，因为管理员可以准确地控制一个数据包经过网络的路径，所以管理员可以保证数据包不会流出指定的区域。即使在发生故障的时候，路由协议也会自动重新路由其他流量。除此之外，经过 MPLS 隧道的流量可以被加密——数据包在进入隧道之前被加密，在通过隧道以后再解密。

有趣的是，虽然流量工程在某些方面可以增加安全性，但是使用流量工程却会给整个安全体系结构带来限制。例如，在一个数据包被分配到一条路径之前我们需要对它进行分类。这还是在数据包的相关字段没有被加密的前提下完成的。如果隧道使用了加密技术，那么一个未加密的数据包在到达使用流量工程的网络时，会先被划分到合适的数据流中，然后再进行加密。但是，如果应用程序采用了端到端的加密技术，并且数据包在到达时已经被加密，那么为数据包寻找正确的路径是十分困难甚至是不可能的。因此，使用加密隧道的体系结构会给端到端的加密应用带来约束。

⊖　最大流量最小截量定理最初应用于商品的物流中（比如，航运路线）。

流量工程也影响着负载均衡（load balancing）。在传统的路由系统中，采用动态的负载平衡机制将数据流划分给两个或多个平行的路径。更重要的是，根据路径分发数据包的想法能够适应各种条件——负载均衡器会不断地测量每一条路径的流量，然后根据测量结果将数据包分配给各条路径。因此，负载均衡器能够避免高利用率的情况。这样就意味着低延时和低抖动。但是流量工程却与负载平衡发生了冲突。因为流量工程采用的是静态的方法，此时事先为每一个数据流都指定了一条穿越网络的路径。如果每一个数据流的流量是恒定的并且已经预先知道，那么当这些数据流被分配到路径上时，负载是均衡的。但是，如果每一个数据流的流量是不断变化的，那么缺少动态的负载均衡就会导致巨大的延时和抖动。

本节总结如下：

> 流量工程会给安全与负载均衡带来影响。

12.16   开销、收敛以及路由协议选择

使用自动路由协议是人们在考虑了日益增长的功能、数据包开销以及配置复杂度之后做出的折衷。对于最小的网络和最简单的拓扑结构来说，路由协议是不必要的。因为只存在着一条路径。在这种情况下，路由协议只会增加网络开销而没有任何好处。对于大型的、更加复杂的拓扑结构来说，路由协议能够检测故障，为沿后备路径传输数据流，保证网络能够正常地运行，直到故障被修复为止。

当没有故障发生的时候，携带路由信息的数据包仅仅是增加了网络的开销。因此管理员必须选择一个协议既实现故障检测的功能，同时又使用最少的数据包开销。例如，在只有一条连接通向 Internet 的拓扑结构中，选择一个协议让到任意目的地址的传输都使用一条默认的（default）路径可以减少更新消息的数量，从而降低开销。管理员必须在两个主要的路由协议之间做出选择：距离向量（distance-vector）协议与链路状态（link-status）协议。这两个协议使用消息的大小和数量是截然不同的。

另一个管理问题涉及收敛（convergence）过程花费的时间。在拓扑结构发生变化或者发生故障之后，自动路由协议需要时间来检测变化并更改路由。在这种情况下，我们称系统收敛至一个新的路由状态。收敛过程需要的时间依赖于使用的协议、网络拓扑结构以及故障发生的位置。采用不同的协议，收敛时间也截然不同。例如，一个使用距离向量路由的协议（比如 RIP）需要数分钟的时间进行收敛。因此，当需要快速恢复故障的情况下，管理员必须选择一种快速收敛的协议（比如 OSPF 的收敛速度就比 RIP 快很多）。

除了考虑路由协议产生的流量与收敛时间之外，管理员必须知道配置和运行协议的困难程度。例如，RIP 就比 OSPF 更容易安装和配置。但是，RIP 不能用于大型的复杂网络中，也不能满足外部路由的需求。

我们将选择路由协议时要注意的方面概括如下：

> 因为管理员必须考虑协议生成的数据包开销、网络的规模与复杂度、故障和变更时的
> 收敛速度，以及配置和运行协议的代价，所以选择一个合适的路由协议是十分困难的。

12.17   OSPF 域与层次路由的原则

OSPF 对管理提出了一项重要的课题：路由层次结构（routing hierarchy）的设计。OSPF 采用

"域"（area）的概念来表示相互间可以交换路由消息的路由器集合。当配置该协议的时候，管理员将网络划分为一个或多个 OSPF 域。使用域的目的是为了减少开销——同一个域的路由器之间可以交换路由信息，但是在域之间进行传输之前需要对路由信息进行汇总。因此，域间的数据流要比域中的数据流少得多。我们面临的挑战是不存在任何公式能决定域的大小和组成。

对于一个由多个站点组成的网络来说，管理员可以为每一个站点使用一个单独的域。更重要的是，管理员能够将域安排在不同的路由层次中，而数据流往往会沿着路由层次中的路径传输。层次路由提供了一种介于平面路由体系结构和流量工程体系结构之间的折衷方案。在平面路由体系结构中，路由协议可以在计算最短路径时使用任何一条路径；而在流量工程体系结构中，管理员必须为每一个数据流指定路径。我们可以概括如下：

> 层次路由给管理员提供了介于平面 IP 路由与流量工程之间的折衷方案。当从一个域向另一个域传输时，数据流沿着层次的路径进行传输，而不能沿任意的路径穿过网络。

198

12.18 路由管理与隐藏问题

路由管理面临着一项不同寻常的挑战。为了增强健壮性，一些应用程序在首选连接不可用的情况下采用备用连接点的机制。除此之外，许多路由技术都提供了自动检测和故障适应机制。因此，网络应用程序和路由基础设施都可以修复路由问题，而不需要通知管理员或者要求人工干预。

下面将从概念上分类说明一些管理员不易发现的路由问题。

- 非对称路由
- 非最佳路由
- 路由环路
- 黑地址与黑洞
- 子网歧义
- 收敛速度缓慢
- 路由抖动
- 冗余路径失效
- BGP Wedgies 问题

1）非对称路由：路由非对称（asymmetry）是指沿一个方向的数据流所经过的链路和路由器的集合与沿相反方向的数据流所经过的链路和路由器的集合不同。虽然非对称在某些情况下是有用的，但是非对称路由并不是人们有心所为（比如，是由事故引起的）。非对称路由能够降低整体的吞吐量，但也使得故障检测更加困难（例如，从一方跟踪路由不能识别出一个双向通信经过的所有路由器）。因为通信过程是持续不断的，所以非对称性仍未被检测出来。

2）非最佳路由：如果对一对源地址和目的地址来说，存在着一条更短的路径满足路由的各种约束，那么我们认为路由是非最佳的（nonoptimal）。非最佳路由的一个典型例子就是多余跳步问题（extra hop problem）。在多余跳步问题中，一个错误的路由会造成一个数据包在交付使用之前两次穿越相同的网络。因为网络是在不断运行的，所以非对称路由问题十分隐蔽（可能会存在一些性能退化的迹象）。

3）路由环路：路由环路（routing loop）指的是一些路由组成了一个环路。为了说明路由环路为何不能被检测到，我们观察一个可能只包括一小部分地址的路由环路。如果一名用户能够通过网络进行通信，但是不能到达某一个站点，那么他很可能认为这个站点已经失效了。

4）"黑"地址与黑洞："黑"地址（dark address）和黑洞（black hole）用于说明网络不能路由所有地址的情况。典型的，黑洞是由于错误地配置路由器引起的。如果只是那些很少被访问的地址受到影响，那么问题不会明显地展示在用户面前。

5）子网歧义：当使用长度可变的子网地址时，管理员可能会因为在分配子网号时疏忽大意而造成网络中的所有部分不能访问某些子网地址的情况。因为只有特定的源地址和目的地址的组合受到影响，所以在用户尝试在这一对端点之间进行通信之前，问题是不会被检测出来的。

6）收敛速度缓慢：在路由发生变化之后，路由协议需要一段相当长的时间才能收敛。一个特殊的收敛问题被称作无穷计数（count-to-infinity）问题。它能够形成持续数分钟的暂时的路由环路。因为路由协议最终会达到收敛状态，所以收敛缓慢的问题不能够被检测出来，并且可能会重复发生。

7）路由抖动：路由抖动（route flapping）问题是最重要的隐藏问题之一，它是由不断变化的路由引起的。路由的改变并不是人们所期望的。因为一次路由变更通常会引发抖动，并且会造成数据包无序。路由是在不断运行的，但是变更会造成传输协议和实时应用的性能下降。

8）冗余路径失效：一个敏感的路由问题与在故障时使用的后备路由有关：如果由于种种原因后备路径不能正常运行，那么这一问题在首选路径失效之前是不会暴露出来的。类似地，如果使用了负载均衡，平行路径的故障也很难被发现。因为网络是不断运行的。

9）BGP Wedgies 问题：在一个有强制策略的环境中使用边界网关协议（BGP）会引入一个敏感而且出乎预料的路由问题。如果从一个自治系统到另一个自治系统之间已经建立了路由，并且存在独立的首选（primary）路径和后备（backup）路径，那么一旦首选路径发生故障就可以在随后的一段时间内得到修复。虽然倾向于使用首选路径，但是运行 BGP 后的结果会使后备路径继续使用下去。

我们可以概括如下：

> 因为一些敏感的路由问题没有明显的症状，所以路由管理是十分困难的。

12.19　路由的整体特性

有趣的是，路由为我们引入了最重要的管理问题，它已经成为贯穿整个讨论的话题：路由与流量工程跨越了多个网络元素。因此，路由管理与流量管理需要所有网络元素的协调。

路由管理可以被划分为截然不同的两个阶段：初始配置阶段与持续运行阶段。为了保证基本的 IP 路由配置正确，管理员只需要建立两个基本的性质。

- 在整个网络中路由协议的配置是一致的。
- 初始路由可以满足路由协议的内部操作。

在第一个性质中，一致性要求指定链路上每一个节点都能理解链路使用的路由协议。因此，分享同一链路的路由器必须使用同样的路由协议。这样也就意味着正确的配置要求在一对路由器之间进行协调。在第二个性质中，路由器必须配置一些初始的路由，这样才能使路由协议到达其他路由器。因此，如果到其他路由器的路径已知，那么就已经决定了正确的初始路由。

多个网络元素之间更加明确的协调需要流量工程进行管理。尤其是，沿着标记可变路径的每一对路由器必须在两者使用的标记上达成一致。因此，建立标记可变的路径需要经过一系列路由器，并且为经过的每一个跳步选择一个标签。

协调多个网络元素使得路由比其他管理任务更加复杂：

> 与其他管理任务一次只在一个网络元素上执行不同，路由管理与流量工程需要多个网络元素之间进行协调。协调多个网络元素增加了复杂性，但是也解释了为什么路由中的敏感问题不易暴露出来。

12.20　总结

路由是复杂的。许多网络使用自动协议来交换路由信息和发现最佳路由，并且在众多协议中存在着多种多样的度量。路由可以被划分为内部路由和外部路由，但是在大型网络中这种划分十分模糊。

路由协议包括边界网关协议（BGP）、路由信息协议（RIP）、开放最短路径优先协议（OSPF）、内部网关路由协议（IGRP）以及其扩展版本（EIGRP）。路由策略也许会违背选择最佳路径的原则。为了制定策略，管理员可以控制路由和使用的度量。路由管理与服务质量管理密切相关，通过网络的路径决定了接收服务的质量。

对于传统路由来说，流量工程是主要的选择。它可以预先为数据流分配路径，我们将其称为隧道。MPLS 是最常用的技术。虽然不能够满足故障检测和恢复的要求，但是流量工程技术作为预先计算可选路径之用，这类似于预先计算的形式已经用于为传统 IP 路由提供快速恢复。服务质量保证使得预先计算后备路径成为一个复杂的组合问题。流量工程影响着安全问题与负载均衡问题。

由于路由协议和网络应用程序生来就包含着许多错误，所以路由管理是十分困难的，一些敏感的路由问题依然没有显现出来。

未来研究

Griffin 和 Huston ［RFC 4264］描述了 BGP 缺陷，并且给出了一个拓扑结构来说明这一问题。Norton ［2002］提出了一项很吸引人的技术研究。主要的 ISP 可以利用这项技术控制对等节点的路由。我们尤其关注一些优化效益的技术。这些技术通过在 BGP 路径中插入附加选项使得流量沿着另外一条非最佳路径进行传输。

第 13 章 管理脚本

13.1 简介

本书的第二部分重点介绍了目前网络管理员使用的设备与平台。前面几章在对管理工具进行了一番研究之后，又对单独的技术逐次展开了讨论。除了用一章的篇幅介绍 SNMP 之外，后续各章节包含了流量分析与路由的内容。

本章将讨论相关的技术，并且为继续介绍下一部分内容奠定基础。本章描述了脚本这一十分有趣的概念，同时向读者解释脚本为什么会被认为是实现自动网络管理的第一步。本章将举例说明脚本功能如何扩展网络管理产品的通用性并且增强产品所支持的功能的。本书第三部分将会展开关于自动化的讨论，并且对网络管理的未来进行介绍。

13.2 配置的限制

从直观的角度上看，配置（configuration）是一个选择的集合，管理员可以通过它来控制设备或者软件系统的运行⊖。配置的一个重要缺陷就是不能够轻易地扩展功能：配置参数的集合与每一个参数的可能值在系统设计时就已经决定了。也就是说，当创建一个网络元素或服务时，设计者不仅要设想出系统将会使用的方法，而且还要选择方便管理员区分使用模式的参数。这一点概括如下：

对于系统设计者来说，预见用户的需求是十分困难的。在由多个系统组成的网络中，情况更加复杂。因为用户有权自由地选择一种网络拓扑结构和一套网络服务。进一步说，在设计系统的时候，用户既可以在一个完全不可预料的环境中设置一个网络系统，也可以在传统的环境中提出一些部署系统的新颖办法。总而言之，对于设计者来说，预见所有可能或者定义一套能够满足所有情况的参数集合几乎是不可能的。

这一点概括如下：

13.3 使用更新范型不断升级

范型决定了可配置网络系统的产品：每一个后续版本都会包含与新增配置命令相对应的新功能以及控制新特性的参数，同时提供能够启用和控制新的特性的参数。为了利用新的功能，当前用户会将他们的系统升级（upgrade）至一个新的版本。除了商业产品外，室内系统通常会遵循一个更新范型。使用配置来选择新特性的主要优点在于向下兼容性：如果一个新特性在给定

⊖ 图 4-1 列出了与配置相关的主要特性。

情况下是不需要的，那么该特性将被忽略。

从供应商的角度来看，创建一个提供特性选项的产品能够增加潜在的使用，从而激发潜在的市场。但是，每一个附加的特性都会增加设计、建造以及测试产品的成本。因此，在新版本中加入一个新特性之前，供应商最好调查一下潜在的市场并且只将那些低投入高收益的特性整合进来。

从管理员的角度来看，定期地更新产品有以下缺点：

- 一个站点必须支付整套升级产品的费用，即使该站点只需要其中一小部分的新功能。
- 在使用任何新特性之前，管理员必须等待一个更新周期。
- 产品的一个新版本必须经过彻底地测试才能够安装到网络产品上。
- 因为供应商选择的特性是为了实现他们的利益最大化，所以供应商不可能囊括一个站点需要的所有新特性。

因为各个站点的需求是各不相同的，所以最后一点十分重要。例如，虽然一些站点有严格的安全要求，而且关注对访问的限制，而另一些站点却要求提供开放的访问。类似地，一些站点需要创建详细的账户记录，而另一些却不需要。

13.4　不通过定期升级扩展功能

在设计网络产品时，能否不通过升级到一个新版本就完成功能的扩展呢？在一些情况下，答案是肯定的。也就是说，在设计时不必预见所有可能的使用情况，而将扩展功能作为设计的基本部分与产品一起被制造出来（例如，产品包含了一种机制使得拥有者在不升级的情况下增加新的功能）。

当然，扩展不足以处理产品核心功能有重大修改的情况的。进一步说，扩展可能难以实现。一个缺点来源于用于创建扩展的内部专业技术：大多数技术要求编程方面的专业知识。因此，在能够使用上述技术之前，站点必须雇用一名专业的计算机编程人员。

限制扩展的一个最重要因素来源于性能的下降：扩展功能不像系统内置机制一样能迅速地运行。因此，供应商很少将扩展功能作为使路由器或交换机获得高性能的途径。取而代之，扩展通常用于低速的设备或控制机制中。事实上，最适合扩展机制的产品包括了应用软件执行的服务。我们可以概括如下：

> 因为扩展机制会降低性能，所以它通常用于低速的软件系统而不是高速的硬件系统。

13.5　脚本的传统概念

为了理解管理技术是如何提供扩展的，我们回顾一下脚本的概念，通常，"脚本"（script）一词指具有下列特点的计算机程序：

- 简明扼要
- 用解释性语言编写
- 用于完成一项简单的任务
- 按要求进行调用

1）简明扼要：与数百万行代码组成的大型应用程序相比，脚本是很小的。一些脚本只需要几行代码就能够表达出来。许多脚本的代码都少于100行。

2）用解释性语言编写：脚本与传统的计算机程序不同，因为脚本是解释性的（interpreted）。

也就是说，不需要编译成由 CPU 直接执行的二进制指令，脚本按照源格式进行存储并被一个名为"解释器"（interpreter）的计算机程序执行。用于脚本的解释性语言包括：awk、Perl、Tcl/Tk、Unix 外壳以及 Visual Basic。

3）用于完成一项简单的任务：与包含输入、基本运算以及展示（输出）代码的大型应用程序不同，脚本通常用于处理工作进程的一个方面。例如，脚本可用于在处理之前对输入数据进行过滤。

4）按要求进行调用：因为脚本具有解释性，所以它能够在任何时候被调用。例如，脚本可以从命令行界面调用。更重要的是，脚本可以调用其他脚本处理部分进程。

上面的描述大致概括了脚本的一般特点，但也存在例外的情况。例如，长的脚本可能会包含数千行代码，编译器经过发展，已经可以高速地执行脚本，脚本已经用于处理输入、运算、输出等多个方面。我们可以概括如下：

> 虽然存在着例外情况，但是传统的脚本通常是由解释性语言编写的一小段计算机程序，它能够完成一项小任务，并且按要求调用。

13.6 脚本与程序

可以看出，脚本与应用程序的区别主要在于它们的目的以及在整个系统中扮演的角色不同。的确，由于大多数脚本语言是图灵完全（Turing complete）语言[⊖]，脚本可用于完成任意的计算。但是，重要的区别在于脚本语言影响着编写与使用软件的整体代价。一般来说，脚本是低代码量与较短执行时间之间的一种折衷。脚本通常会：

- 易于创建和修改
- 可快速调试和检测
- 执行速度较慢

[208]

1）易于创建和修改：脚本语言使软件创建的过程更加容易和快速。因此，脚本语言为处理普通任务提供了高水平的方式。事实上，脚本比应用程序简短的一个重要原因就是语言的级别——脚本中一行代码完成的功能在传统编程语言下需要用许多行代码才能实现。高灵活性的另一大好处就是编程人员不再需要进行大量的训练和专业培训。

2）可快速调试和检测：因为脚本语言可以被解释，所以程序员不需要等到编译和链接程序就可以进行调试。因此为了检测变化，程序员可以不断地修改脚本，并可以立刻运行结果代码。

3）执行速度较慢：虽然减少了软件生产、修改以及测试时消耗的总体代价，但是脚本执行起来比传统程序缓慢。

这一点可概括如下：

> 脚本是程序开发代价与执行速度之间的一种折衷方案：与传统编程语言相比，脚本开发代价小，但执行速度较慢。

13.7 单机管理脚本

脚本是如何应用于网络管理的呢？脚本在管理方面主要有两个应用：单机应用与扩展机制。

⊖ 如果一种语言是图灵完全语言，那么它就有足够的能力计算任何可以计算的函数。

我们将首先讨论单机脚本，并在后面的几节中继续讨论作为扩展机制的脚本。

对于管理员来说，单机脚本的运行与应用程序十分相似。脚本与应用程序的不同在于适应性——脚本可以更容易、更快速地进行更改。因此，管理员可以要求程序员为适应当前的需要修改脚本（比如修改输出的格式）。进一步说，由于脚本的修改代价低，因此创建多个在次要方面不同的版本成为可能。例如，如果一个站点有多个管理员，程序员可以为每一个管理员创建一个脚本版本。

单机脚本在实现重复管理任务的自动化时十分有用。例如，假如需要更改 30 台路由器的同一配置，管理员不需要手工输入更改命令，而是创建一个脚本自动读取路由器地址列表，然后再自动为列表中的每一个路由器输入命令。这一点可概括如下：

> 脚本为消除重复管理任务提供了一种有效方法；一个单机脚本能够自动地向网络元素集合中的每一个成员发送命令。

209

13.8 命令行、Unix Expect 程序和 Expect 脚本

前面已经介绍过，网络元素通常以命令行接口（Command Line Interface，CLI）的形式提供管理访问。在某些情况下，一个网络元素通过它的命令行提供的功能往往要比其他接口（例如，SNMP）更加丰富。因此，许多管理工具都关注 CLI 交互功能。

目前有一种使用 CLI 创建单机管理脚本并与网络元素进行交互的特殊技术十分流行。该技术的中心在于名为"expect"的应用程序上。expect 由 Tcl（Tool Command Language）语言编写，主要运行在 Linux 操作系统上。现在已经出现用于其他系统的版本，包括 Windows 系统。

expect 程序的思想非常简单：不需要通过手工输入命令来控制或配置网络元素，而是在一个文件中保存命令集合并允许 expect 自动地加载它们。因此，expect 的主要输入是命令文件（command file）（例如，包含一系列命令的文本文件）。expect 脚本（expect script）这个名称通常指一个命令文件。

当然，盲目地输入一系列命令是不够的——如果出现问题或发生错误，继续输入命令可能不会达到预想的结果。因此，expect 提供了一种利用脚本检测和处理异常情况的机制。

我们可以概括如下：

> 一种用于 CLI 交互的流行技术称作 expect，执行的步骤与检测的条件在命令文件中指定，通常称这种文件为 expect 脚本。

实质上，一个 expect 脚本就像一个微型的计算机程序。也就是说，不需要包含发送到远程系统的文本，命令文件指定 expect 在交互过程中应该采取的一系列步骤。一个可能步骤包括向系统发送文本串，而另一个步骤包括等待系统应答。除此之外，expect 脚本还能与用户交互。因此，expect 脚本能够向管理员汇报进程、显示输出以及通知管理员是否有错误发生。

expect 脚本有一个重要特性，它能够根据不同条件执行不同任务。因此，管理员可以指定：如果远程系统发送登录提示，那么 expect 脚本就以管理员的登录 ID 作为响应；如果远程系统发送错误消息，那么 expect 脚本就应该通知用户发生了故障，并停止与远程系统进行交互。这一点概括如下：

210

除了与远程系统交互以外，expect 脚本还能与管理员进行交互。

13.9   expect 脚本的例子

我们用一个简短的例子说明上述概念。为了简化例子，我们考虑一个与远程系统 CLI 交互的脚本：脚本登录一个远程系统，执行 ifconfig 命令启用网络接口，然后注销账户。

我们假定远程系统的 CLI 是用于和人进行交互的。正常情况下，人们通过输入 ENTER 命令初始化登录过程，然后系统在控制台上显示登录提示进行响应。因此，为了初始化交互过程，脚本发送一个换行字符（该字符响应输入的 ENTER 命令相关），然后系统返回一个字符串：

```
Login:
```

脚本发送登录 ID（在本例中，使用的登录 ID 是 manager），系统提示输入口令：

```
Password:
```

在本例中，脚本发送口令 lightsaber。一旦登录完成，系统就发送以大于号（＞）表示的命令行提示，为处理下一个命令做好准备。

在上面的例子中，脚本可以发送一个命令，然后终止这次会话。为了终止会话，脚本必须发送：

```
logout
```

脚本运行 ifconfig 命令，指定设备需要启用的主要网络接口，该命令的准确格式如下：

```
ifconfig hme0 up
```

远程系统发送一个指定网络接口信息的消息作为 ifconfig 命令的响应。该响应消息包括 IP 地址、掩码地址以及广播地址。在下面的例子中，输出信息采用了两行文本的格式：

```
hme0: flags=1000843<UP,BROADCAST,RUNNING,MULTICAST,IPv4> mtu 1500 index 2
        inet 128.10.2.26 netmask ffffff00 broadcast 128.10.2.255
```

图 13-1 包含了一个 expect 脚本来执行请求登录、启用接口、注销账户的各个步骤。从理论上讲，脚本只需要向远程系统发送文本。但是，在实践中，脚本必须验证在交互过程的每一步中远程系统做出的回复。除此之外，脚本必须告知管理员交互进度与结果。

例子中的代码使用了三个基本指令：send、send_user 和 expect。指令 send 取一个字符串作为参数，然后将该字符串发送给远程系统的控制台。这一过程就像人工在远程系统的控制台上输入命令一样。指令 send_user 将一个字符串作为输出显示在管理员的屏幕上。最后，指令 expect 监控来自远程系统的输出，然后根据不同的情况进行响应。例子中的语言按照 Unix 传统使用反斜杠来转义控制字符串。因此，在一个字符串末尾的两个字符 "\n" 是换行字符，它们相当于在键盘上敲入了回车。

在图 13-1 中，以关键字 expect 开始的每一行后面都包含了一个指令样式。例如，在第一个 expect 处有两行样式，字符串 "Login:" 和一个星号（＊）。星号表示可以匹配任何字符串。因此，如果远程系统发出 Login:，那么脚本就会发送字符串 "manager" 作为响应。如果远程系统发送其他消息（比如，一条出错消息），脚本就会为管理员显示出错消息，然后退出。

除了图 13-1 中的例子之外，expect 程序还提供了许多特性。例如，脚本能够设置定时器以防止远程系统没有做出响应的情况。expect 脚本也允许管理员直接与远程系统进行交互。例如，可以创建脚本登录远程系统，将管理员的键盘和显示器与远程系统连接，同时允许管理员手工输入 CLI 命令。当然，脚本也可以按照一定的模式自动地进行交互。当出现异常情况时，只有切换到手工输入界面才能继续执行命令。这一点可概括如下：

因为 expect 程序提供了许多特性，所以 expect 脚本能够提供复杂的功能。

13.10 管理脚本、异构情况和 expect 脚本

许多站点使用 expect 脚本处理普通的管理任务。例如，一个名为"passmass"的 expect 脚本能够在普通的计算机上修改用户的密码——脚本首先获得一个主机的集合作为参数，然后对集合中每一台主机的密码都做相同的修改。

212

```
#
# Example expect script that logs in, turns on an interface, and logs out
#

send_user "attempting to log in\n"

send "\n"
expect {

  "Login:"     send "manager\n"

  *            {send_user "Error: did not receive login prompt\n"; exit}
}

expect {

  "Password:" send "lightsaber\n"

  *            {send_user "Error: did not receive password prompt\n"; exit}
}

expect {

  ">"          {send "ifconfig hme0 up"; send_user "performing ifconfig\n"}

  *            {send_user "Error: did not receive a command prompt\n"; exit}
}

expect  {

  ">"          send "logout\n"

  *            {send_user "Error: did not receive a command prompt\n"; exit}
}

send_user "Finished performing ifconfig on remote system\n"
```

图 13-1　expect 脚本与远程系统交互的例子。脚本向用户报告每一步的情况

213

虽然对任意网络元素或服务组成的集合都能够创建脚本进行管理，但是脚本更适用于被管系统相同或相似的情况。例如，前面介绍的口令脚本就假定同一个命令可以修改每个系统的口令。如果为了适应集合中不同的计算机而重写脚本，那么脚本就会变得更长并且更难理解和修改。这一点可概括如下：

> 在被管理系统相似的情况下，脚本能够很好地工作。为异构环境编写的脚本往往很长并且难以创建和维护。

13.11　一个使用图形化输出的单机脚本的例子

虽然说明了基本概念，但是图 13-1 中的例子脚本只集中介绍了命令行的交互与配置。脚本还可以用于设计包含图形化表示的复杂软件系统。为了解释脚本的功能，本节将会研究端到端的性能监控问题，同时介绍一种可以解决这个问题的脚本，最后给出使用图形化输出的脚本的例子。

脚本是怎样帮助管理员监控整个网络的性能的呢？一种办法是使用脚本不断地测量和显示往返延时。虽然这种办法并不能包括网络性能的所有方面，但是通过网络的往返延时也可以显示出断路和拥塞等问题。特别是，管理员可以使用监控脚本测量外部站点的响应时间。在解释这种脚本的运行方式之后，我们将会研究例子中的输出。

脚本的一个主要优点是可以与现有的许多工具结合使用。例如，除了创建一个新的程序来检测延时以外，脚本还可以使用 ping 程序。这是一个使用非常广泛的程序。类似地，为了在图表中绘制数据点，脚本可以利用现成的程序，例如 gnuplot 程序。这样做可以节省数千行的代码，程序员也可以在完成收集、处理、显示信息的前提下创建更短小的脚本。

可以用一个例子来说明上述概念，并且说明脚本的相对大小。我们的例子应用了两个独立的脚本：一个是用于收集网络性能数据的监控脚本，另一个是用于按照图表的样式输出格式化的结果供管理员查阅的绘图脚本。我们首先研究监控脚本，然后再考虑绘图脚本和它的输出结果。

监控脚本使用 ping 程序来探测管理员指定的目的地址集合。脚本定期进行工作：每隔五分钟，它就会调用 ping 程序检查每一个目的地址。对于一个给定的目的地址来说，ping 程序将会发送 5 个请求，然后收集这些请求的响应，最后计算出这些请求最小、最大以及平均的往返时间。一旦 ping 程序报告了结果，监控脚本提取相关的数值，并且为目的地址产生一行附加一个数据文件的文本。因为对于人们来说，数据文件是不可读的，文件中的每一行仅仅由 6 个数字组成，它们分别代表时间戳——探测活动的时间和日期（从 1970 年 1 月 1 日开始计算，以秒为单位）、发送的 ping 数据包的数目、收到数据包的数目，最小、平均以及最大的往返时间（以毫秒为单位）。下面是由监控脚本生成的一行文本的例子：

```
1143019606 5 5 36.007 48.816 66.116
```

在例子中，发送了 5 个 ping 数据包，并且收到 5 个响应数据包，最小的往返时间是 36.007毫秒，平均往返时间是 48.816 毫秒，最大往返时间是 66.116 毫秒。

图 13-2 包含了监控脚本的代码，它使用 expect 程序来处理 ping 程序的输出。虽然脚本包括了大约 200 行文本，但是大多数都是添加的注释，用于帮助读者更好地理解代码。

```
#!/usr/bin/expect -f
#
#
# monitorscript - expect script that uses ping to monitor a set of hosts
#
#
# use:          monitorscript config_file
#
# where config_file is a text file that contains a list of hosts to
# be monitored, with one host name or IP address per line
#

#
# Check for an argument and set variable hostfile to the argument
#
if {[llength $argv] == 0} {
        puts stderr "usage: ping.ex <config file>";
        exit 1
}

set hostfile [lindex $argv 0]

#
# load_config - read the configuration file, place the contents in list
#        'hosts' and create an output file to hold ping results for each
#        host in the list.
#
proc load_config {} {
    global hosts host_out hostfile

    # declare a list named 'hosts', or empty it, if it exists

    set hosts [list]

    # open the configuration file and append each line to list hosts

    set cf [open $hostfile r]
    while {[gets $cf line] >= 0} {
        lappend hosts $line
    }

    # for each host, X, create an output file named  monitor-X.raw

    foreach i $hosts {
        set host_out($i) [open "mdir/monitor-${i}.raw" a]
        fconfigure $host_out($i) -buffering line
    }
}
```

215

图 13-2 使用 ping 程序监控一个由若干主机组成的集合，同时收集数据
并显示出来。脚本使用了一个配置文件来决定去 ping 哪一台远程主机

```
#
# reload_config - close the existing output files and reload the
#        configuration (i.e., change the configuration file while
#        the script is running).
#

proc reload_config {} {
    global hosts host_out reload
    foreach host $hosts {
        close $host_out($host)
    }
    unset hosts host_out
    load_config
    set reload 0
}


#
# check_status - check the global status variables and take action
#

proc check_status {} {
    if {$::die} exit
    if {$::reload} reload
}


#
# lremove - remove the first occurance of an item from a list, and
#        return the modified list
#
proc lremove {l v} {
    set i [lsearch $l $v]
    lreplace $l $i $i
}


#
# Find a host ID in a list of IDs
#
proc host_by_id {idlist id} {
    lindex $::hosts [lsearch $idlist $id]
}


#
# Program begins here: load a set of host names from the config file
#
load_config


#
# Initialize global variables and set traps to catch interrupts
```

图 13-2　（续）

```
#
set die 0
set reload 0

trap {set die 1; set wakeup ""} {SIGINT SIGTERM}
trap {set reload 1} {SIGHUP}

#
# Main loop: repeatedly ping the target hosts
#
set wakeup ""
while {1} {
   check_status

   # get the current time (Unix epoch on Unix systems - seconds since
   # Jan 1, 1970)
set time [clock seconds]
after 300000 { set wakeup "" }
set host_ids [list]

# ping each host on the list five times and record the results

foreach host $hosts {
   spawn -noecho ping -n -c 5 -i 5 -W 10 $host
   lappend host_ids $spawn_id
   wait -i $spawn_id -nowait
   set results($host) [list]
}

# create a list of hosts for which ping has been executed, and
# iterate until a response has been received from each.

set valid_ids $host_ids

# continue iterating until the list is empty

while {[llength $valid_ids]} {

   # use expect to analyze the output from ping

   expect -i $valid_ids \
      eof {
      # case 1: when an end-of-file condition is encountered (i.e.,
      # all output for a given host has been processed), remove the
      # host from the list.
         set valid_ids [lremove $valid_ids $expect_out(spawn_id)]
      } \
      -indices -re {([0-9]+) packets transmitted, ([0-9]+) received} {
      # case 2: if the next item in the ping output is a line that
      # gives packets transmitted and received, append the data to
```

217

图 13-2 （续）

```
# the record for the host.
   set host [host_by_id $host_ids $expect_out(spawn_id)]
   set results($host) [list $expect_out(1,string) \
       $expect_out(2,string)]
} \
-indices -re {min/avg/max/mdev = ([0-9.]+)/([0-9.]+)/([0-9.]+)} {
# case 3: if the next item in the ping output is a line of
# statistics that gives the minimum, average, and maximum
# round-trip times, append the values to the record for the
# host.
       lappend results($host) $expect_out(1,string) \
               $expect_out(2,string) $expect_out(3,string)
    }
}

#
# go through host list and write nonempty responses to output file
#

foreach host $hosts {
   if {[llength $results($host)] > 2} {
       puts $host_out($host) "$time $results($host)"
   }
}

#
# see if user aborted or requested a reload during the cycle
#

check_status

#
# wait for next iteration to begin
#

vwait wakeup
}
```

图 13-2 　（续）

　　为了允许管理员控制被探测的目的地址的集合，脚本使用了单独的配置文件。配置文件的每一行都包括了一个域名和一个 IP 地址。脚本会读取配置文件的内容，然后创建一个内部列表包含所有需要去 ping 的目的地址，最后利用 ping 程序开始探测活动。

　　有趣的是，脚本允许管理员在任何时候通过发送信号重新载入配置文件。也就是说，管理员不需要重启脚本。一旦管理员编辑了配置文件，就会发送一个信号，脚本会根据信号停止探测当前的主机集合，然后重新读取配置文件，再开始探测新的主机集合。

　　在创建相应的数据文件时，脚本使用配置文件中给定的名字。例如，如果配置文件中有一行的域名为 cnn. com，脚本将会把相关的数据保存在名字为 ping-cnn. com. dat 的文件中。

　　一旦监控脚本收集了每一个目的地址的数据，并且为每一个目的地址创建了文件，那么管理员就使用第二个脚本将数据转换成图表的格式显示出来。绘图脚本读取与监控脚本相同的配置文件。因此，如果配置文件包含了 cnn. com，那么绘图脚本就会打开文件 ping- cnn. com. dat，然后在文件 rtt-cnn. com. png 中绘制一个数据的图表。该图表参照标准的形式，可以在 Web 浏览器中显示出来。

图 13-3 包括了绘图脚本的代码。

```sh
#!/bin/sh
#
# Invoke the Gnu plot program to display output from monitorscript
#
# use:   plotscript configfile [directoryname]
#
# where the argument configfile is a monitorscript configuration file,
# and the argument dirname is the name of a directory in which
# monitorscript has stored output files.
#
DIR=monitordir
case $# in

    1|2) if test "$#" = "2"; then
                DIR="$2"
         fi
         CONFIG="$1"
         ;;

    *)   echo 'use is: plotscript hostname [directoryname]' >&2
         exit 1
         ;;

esac
#
# Run gnuplot to place a plot of the data for each host in the
# monitor directory
#
for HOST in `cat $CONFIG`; do
    gnuplot > /dev/null 2>&1 <<EOF
        set timefmt "%s"
        set xdata time
        set format x "%m/%d %H:%M"
        set xtics rotate
        set title "RTT data for $HOST"
        set xlabel "Time and Date (EST)"
        set yrange [0:1000]
        set ylabel "RTT (ms)"
        set y2range [0:100]
        set y2label  Loss (%)"
        set terminal png size 800,600
        set output "$DIR/rtt-$HOST.png"
        set key  topleft
        set key box
```

图 13-3　绘图脚本根据监控脚本收集的数据绘制图表的例子。
绘图脚本使用和监控脚本相同的配置文件

220

```
        plot "$input" using (\$1 - 18000):4 title "Min. RTT" with lines, \
             "$input" using (\$1 - 18000):5 title "Avg. RTT" with lines, \
             "$input" using (\$1 - 18000):6 title "Max RTT" with lines, \
             "$input" using (\$1 - 18000):(\$3/\$2) title "Loss to $HOST" \
                axes x1y2 with lines
EOF
    graphfiles="$graphfiles \"$IN\" \
using (\$1 - 18000):5 title 0g RTT to $HOST\" with lines,"
done

graphfiles=`echo $graphfiles | sed -e 's/,$//'`

#
# Run gnuplot again to produce a summary graph for all hosts
#
gnuplot > /dev/null 2>&1 <<EOF
    set timefmt "%s"
    set xdata time
    set format x "%m/%d %H:%M"
    set xtics rotate
    set title "Aggregate RTT data"
    set xlabel "Time and Date (EST)"
    set ylabel "RTT (ms)"
    set terminal png size 800,600
    set output "$DIR/rtt-all.png"
    set key top left
    set key box
    plot $graphfiles
EOF
```

图 13-3　（续）

脚本的输出形式包含了可以在用户屏幕上显示的表格。图 13-4 说明了输出结果的形式[⊖]。

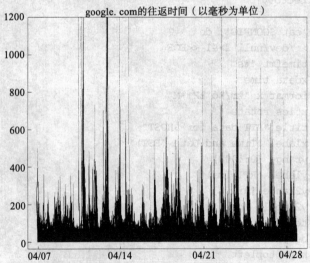

图 13-4　图 13-3 中的脚本所绘制的图表。灰色表示平均往返时间，蓝色表示最大往返时间

[⊖]　图 13-4 中的图表是根据真实的数据绘制的。这些数据是利用监控脚本测量出一台从位于西拉法叶城的计算机到位于印第安纳州 Google 站台的往返延时而得到的。

在图中，显示结果延续了很多天，在 X 轴上指出了每一个星期的情况。Y 轴用于表示往返时间，平均值用灰色表示，最大值用蓝色表示。在管理员显示器上，往往用多种颜色表示最小、平均以及最大的延时。

除了为每一个目的地址创建图表之外，图 13-3 中的脚本创建了一个包含配置文件中所有目的地址数据的摘要图表。每一个目的地址都使用了单独的颜色。这一点可概括如下：

> 使用现有程序来收集和显示测量信息的脚本比一个程序员用传统语言编写的软件更小、更简单。

13.12 使用脚本作为扩展机制

虽然单机脚本十分有用而且生产成本低于普通软件，但是脚本最具吸引力的一个方面是利用脚本作为网络产品的扩展机制。实际上，供应商在生产产品时会预先定义好一套扩展点（extension point）集合，这些扩展点通常被称为钩子（hook）。当配置产品时，网络管理员可以指定每一个扩展点调用一个脚本。一旦配置完成，产品就会自动地运行脚本——每当产品运行到扩展点的时候，就会调用相关的脚本。

本章之前曾介绍过，在产品调用脚本的时候最好运行在一个低速的环境或者每秒只处理少量数据包。我们现在知道为什么会这样：因为脚本通常是用解释性语言编写的，执行起来比较缓慢。特别地，当脚本作为服务器的扩展功能而工作的时候，由于请求较少（例如，只有少量数据包），服务器在响应之前可以完成大量计算。因此，脚本带来的额外消耗并不是很大。这样就很容易理解为什么脚本扩展功能适用于大多数服务器：一个服务器作为应用程序运行时，意味着留给脚本的接口与硬件机制与脚本之间的接口相比是微不足道的。概括如下：

> 一个支持脚本扩展的网络产品会包括一系列扩展点。在这些扩展点上，产品可以调用脚本。脚本扩展特别适用于作为应用的服务器。

13.13 服务器使用扩展脚本的例子

为了进一步了解脚本扩展的概念，我们研究下面的例子。假如供应商决定创建一个可扩展的 DHCP 服务器⊖。该服务器的首要任务就是在计算机启动时为计算机分配 IP 地址。虽然 DHCP 服务器也处理更新请求，但是我们仅仅研究新的请求就足够了。因此，从服务器的角度来看，一个进入的数据包包含了申请 IP 地址的请求，出去的数据包包含了对客户端的响应。

虽然看似简单，但是当数据包到达时，DHCP 服务器会进行若干步处理。图 13-5 列出了服务器处理一个 DHCP 请求的步骤。

图中的大多数步骤都是自解释的。当一个数据包到达时，服务器会检查它的正确性。如果请求是有效的，那么服务器通过提取数据包中的字段并将其存入一个内部数据结构中来进行优化。连续的处理步骤针对的是数据结构中的选项，而不对原始数据包中的字段进行操作。

⊖ 我们的例子主要是基于 Cisco 公司的 CNS Network Registrar（CNR）产品，但是描述非常简单。

1. 接收下一个进入的数据包，并且验证该数据包是否包含一个有效的 DHCP 请求。
2. 正确解码数据包中的信息，并把数值保存在一个内部结构中。
3. 将客户进行归类（比如将客户分配到某个租赁地址的集合中）。
4. 为客户查询一个地址，计算租期，并且开始收集响应的相关信息。
5. 在响应中加入必要的附加信息（比如，boot 文件名）。
6. 将响应信息按照 DHCP 消息正确的格式进行编码，构造一个应答数据包。
7. 将租赁的信息更新到非易失性的数据存储单元中（比如磁盘上的信息），并发送响应。
8. 执行动态 DNS 更新，为已经分配的地址创建一个 DNS 记录。

图 13-5　当申请新地址的数据包到达时，DHCP 服务器处理步骤的列表。
图中省略了服务器产品中的许多细节

第 3 步也许最令人难以理解。为了理解这一步的必要性，我们考察一个同时管理多个 IP 地址集合的 DHCP 服务器。在最简单的情况下，每一个地址集合都与一个 IP 子网相关联。当服务器为客户选择地址时，就根据客户所在的子网选择相关的地址集合。在更加复杂的情况下，ISP 可能会为每一个客户分配一个地址集合，然后用分配的地址来控制路由和优先级。在任何情况下，当客户端的请求到达时，DHCP 服务器会根据数据包中的信息为客户分配一个特定的地址集合。按照商业术语，我们使用类（class）这个名词来表示一个地址集合。也就是说，服务器为客户分配了一个特殊的类。

一旦将客户分配到一个类中，服务器就能够查询地址并且为地址计算租期。服务器创建了一个内部数据结构来保存响应消息的选项，然后把这些选项填入信息中。一旦所有的选项都收集完毕并且通过了验证，那么服务器就会根据 DHCP 协议标准对每一个选项进行编码，然后生成一个相应消息。在发送响应数据包之前，服务器将租赁信息保存在磁盘上。因此，即使发生崩溃或重启，服务器也已经保存了关于地址租赁的记录。

图 13-5 中的最后一步指出服务器应该有 DNS 更新功能。通常，DHCP 服务器在 DNS 服务器上既安装了正向映射，又安装了反向映射。当客户端计算机与使用 DNS 进行认证通信的服务器通信时，更新 DNS 是非常重要的（例如，一些电子邮件服务器使用反向 DNS 来对客户进行认证）。

13.14　服务器扩展点的例子

到目前为止，已经介绍了 DHCP 服务器采取的主要步骤。因此，我们很容易理解扩展点是如何加入到服务器中的。图 13-6 给出了 7 个扩展点。

第一个扩展点 post-packet-decode 在请求被接收之后进行地址查询之前调用。这种扩展的主要目的就是满足对数据包进行过滤的需求：脚本能够对进入的请求进行检查并且决定接收还是拒绝该请求（比如，决定是否允许处理过程继续进行或者声明请求是无效的）。因为外部脚本实现了该扩展功能，所以管理员能够创建一个脚本执行任何过滤策略。例如，为了防止未授权的计算机获得地址，管理员可能会选择阻止某些会造成安全威胁的计算机，或是要求每个用户在发送 DHCP 请求之前注册他们的计算机。

其他扩展点允许管理员在处理过程的每一步中控制服务器。例如，pre-client-lookup 允许外部脚本为数据包选择地址类别，这样就赋予了管理员在一般的策略之外做出选择的权力。pre-packet-encode 允许管理员在发送响应消息之前修改服务器做出的决定（比如修改默认路由器字段）。图 13-6 给出了整个处理过程，并且指出了每一个扩展脚本是在什么时候被调用的。

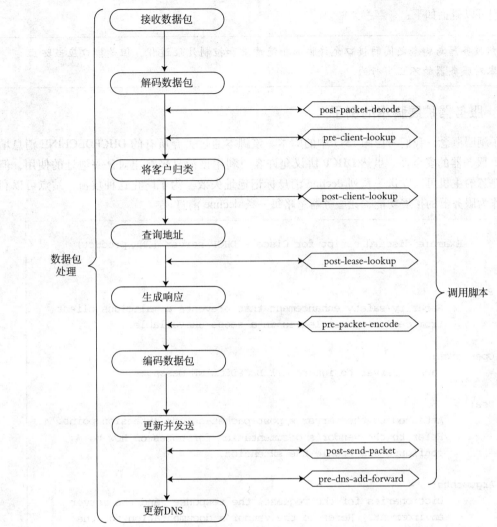

图 13-6 举例说明了 DHCP 服务器中调用脚本的扩展点。
脚本既可以修改数值又可以控制处理过程

13.15 脚本接口的功能

图 13-6 描述了一个扩展处理过程。对于一个现实的服务器来说，还有许多细节没有展示出来。例如，除了允许脚本检测和更改与请求相关的选项以外，服务器与脚本之间的接口能够提供一种允许脚本拒绝请求的机制。也就是说，当返回时，脚本能够返回一个代码，指示服务器停止处理请求并丢弃数据包。作为替代，接口允许脚本要求服务器停止处理请求并且给客户返回一个错误消息。

虽然脚本能够检查和更改与请求有关的任意值，但是服务器与脚本之间的接口应该防止脚本对服务器采取不正当的行为。一种保护技术使用了隔离的概念：服务器限制了脚本能够修改的数值。例如，在调用脚本之前，服务器能够创建一个新的命名空间（例如，一个新的变量字典），将与当前请求相关的数据拷贝至字典中，并在只能访问新命名空间的环境中运行脚本。因为脚本只能访问拷贝，所以它不能够更改服务器中的原始数据。在脚本完成工作后，服务器能够检查拷贝中的数值，判断这些修改是否正确，最后才将相同的更改写入原始数据中。

226

我们可以概括如下：

> 虽然服务器与脚本之间的接口允许脚本拒绝请求和控制处理过程，但是接口应当防止
> 脚本对服务器的不正当行为。

13.16 服务器扩展脚本的例子

为了阐明概念，我们考虑图 13-7 中的脚本。该脚本通过丢弃所有的 DHCPDECLINE 消息增强 DHCP 服务器的安全性。虽然 DHCP 协议允许客户利用该消息来终止对某一地址的使用，但是一台恶意的主机可以发送一系列 decline 消息标记地址失效。为了防止这种攻击，站点可以利用脚本作为服务器的扩展功能，让服务器忽略每一条 decline 消息。

```
#
#       Example discard script for Cisco's DHCP server (CNR product)
#
#
# Purpose:
#       Security/safety enhancement that prevents a malicious client
#       from declaring all leases in a scope unavailable.
#
# Operation:
#       Causes server to ignore all DHCPDECLINE messages.
#
# Use:
#       Attached to the server's post-packet-decode extension point.
#       Refer to the vendor's documentation for notes on how to
#       configure and enable the extension.
#
# Arguments:
#       Dictionaries for the request, the response, and the server
#       environment.  Refer to the vendor's documentation for the
#       set of items in each dictionary.
#
# Note:
#       To enable logging, change global variable LogDeclineDrops to "1"

set LogDeclineDrops "0"

proc DropDecline { request response environ } {
global LogDeclineDrops

    # Set variable msgtype to the message type from the incoming packet

    set msgtype [ $request get dhcp-message-type ]

    # if the message type is DHCPDECLINE (value 4), drop the packet
    # and send a log message (provided logging is enabled)
```

图 13-7　Cisco DHCP 服务器使用扩展脚本的一个例子，脚本用 Tcl 语言编写。
脚本让服务器丢弃所有的 DHCPDECLINE 消息（比如，类型字段是 4 的消息）

```
if { $msgtype == 4 } {
    $environ put drop true

    # if logging enabled, generate a log message.

    if { $LogDeclineDrops } {

        $environ log LOG_INFO "DropDecline: dropping a DHCPDECLINE \\
        message from host with address'<[ $request get chaddr ]>'"
    }
}
}
```

图 13-7　（续）

扩展点、服务器与脚本之间的接口所使用编程语言的细节需要在服务器创建之后才能定义。[228]
例如，虽然图中的代码使用 Tcl 编写，但是 Cisco 公司的服务器也允许使用 C 语言或者 C++ 语言
编写扩展脚本。

在图 13-7 中，哈希标记#定义了一条注释的开始，哈希标记后面的内容可以删除，并且不影
响脚本的功能。除此之外，还插入了空行，这样做是为了增强代码的可读性。如图所示，脚本并
不需要太长——即使为了增强可读性让每一个大括号都独立成行，可执行代码也只占用了 12 行。

扩展脚本的名字为 DropDecline，它在服务器接收到数据包并且将 DHCP 消息解码之后被调
用。在供应商的术语中，管理员必须配置服务器，使脚本与扩展点 post-packet-decode 联系起来。
为了方便管理员理解，在选择脚本的文件名时必须反映扩展点。例如，图中的脚本可能存放在文
件 post-packet-decode-drop-decline.tcl 中。

例子代码是为需要向脚本传递三个参数的服务器构建的。每一个参数就是一个字典（dic-
tionary）。也就是说，每一个参数定义了一个命名空间，每一个命名空间包含下面一对约束：

（name，value）

字典为每一个选项包含了附加信息，这些信息指明脚本是否可以读选项、可更改选项，或是两者皆可。

第一个字典称为 request，包含了 DHCP 请求中的选项。第二个字典称为 response，包含了为
应答收集的所有选项。在数据包到达以后，服务器通过在请求字典中为数据包中的每一个字段
创建选项来对数据包进行解码。例如，请求字典可能会包含记录客户端 MAC 地址的选项，也可
能包括 DHCP 消息头的每一个字段，等等。

响应字典也包括了与 DHCP 数据包字段相对应的变量。但是，响应中的选项并不是从到达
的数据包中获得的。相反，这些选项与填入应答数据包中的值相关（比如，使用响应字典的服
务器会为应答消息收集信息）。

第三个参数称为 environ，与在 Unix 或者 Windows 系统中的环境（environment）的概念类
似——该参数包含了一个已命名选项的集合，这些选项描述了服务器的运行时系统和控制服务
器处理过程时的特性。例如，environ 字典包含了一个名为 drop 的布尔变量。为了指明服务器应
该丢弃请求，脚本必须在向服务器返回控制之前将 drop 变量设置为真值。在图 13-7 中，仅仅用
了一行代码就完成了设置 drop 变量，丢弃消息的工作：[229]

```
$ environ put drop true
```

例子脚本中的操作是微不足道的。脚本一开始就从请求字典中提取消息类型。也就是说，脚
本在请求字典中查找 DHCP 消息的类型字段，然后将其数值拷贝至变量 msgtype。如果消息的类

型是 4，那么脚本就将变量 drop 的值设置为 true。

　　注意，从脚本的角度来看，丢弃数据包的代码是微不足道的。事实上，脚本仅仅是给变量指定了一个值，而服务器则负责完成清除状态的内部细节（例如，删除信息并且回收内存）。这一点概括如下：

> 在许多情况下，脚本仅仅决定了应该做什么，而服务器则完成必要的操作。例如，如果要丢弃一个数据包，脚本仅仅设置了变量的数值，然后由服务器处理若干细节，比如重新分配缓冲区等。

13.17　处理应答脚本的例子

　　图 13-7 例子中的脚本关注进入的数据包（比如，一个请求）。为了理解为什么管理员需要更改输出的数据包（比如，一个应答），我们考虑一个由许多运行 Unix 操作系统的客户端组成的网络。当一个 DHCP 服务器分配 IP 地址的时候，Unix 系统希望消息中相应的字段包含正确的主机名（host name）。因此，在一个由 Unix 客户端组成的网络中，管理员必须为 DHCP 服务器安排一个主机名。

　　脚本是怎样将主机名加入数据包的呢？我们可能会看出，服务器可以先创建一个数据包，然后允许脚本修改数据包。但是，上面介绍的 DHCP 服务器并不允许脚本直接修改输出的数据包。相反，脚本仅仅可以访问服务器为生成响应而收集来的信息。在数据包创建之前，脚本既可以读取也可以修改这些信息的数值。一旦扩展脚本完成了相应的修改，那么服务器就会根据修改后的信息创建最终的数据包。因此，为了控制输出数据包，脚本只需要改变响应（response）字典中的数值即可。例如，为了强制服务器在输出数据包中包含主机名，脚本只需要将主机名分配给响应字典中的一个变量。图 13-8 的例子中的脚本就包含了上述代码，它能够保证在发送给客户端的装有 IP 地址的 DHCP 响应中包含一个主机名。

230

```
#
#           Example script to insert a host name in a DHCP reply
#
#
# Purpose:
#           Accommodate clients such as Unix computers that expect a
#           DHCP reply message to contain a valid host name.
#
# Operation:
#           Force server to include the host name in outgoing reply
#           messages.
#
# Use:
#           Attached to the server's pre-packet-encode extension point.
#           Refer to the vendor's documentation for notes on how to
#           configure and enable the extension.
#
# Arguments:
#           Dictionaries for the request, the response, and the server
```

图 13-8　Cisco System 的 DHCP 服务器使用扩展脚本的一个例子。该脚本使服务器
在每一个包含租赁信息的应答中添加一个主机名。脚本是用 Tcl 语言编写的

```
#          environment.  Refer to the vendor's documentation for the
#          set of items in each dictionary.
#

proc AddHostName { request response environ } {

    # Set variable msgtype to the message type in the outgoing packet

    set msgtype [ $response get dhcp-message-type ]

    # if the reply message type is not DHCPDECLINE (value 4) or
    # DHCPNACK (value 6), copy the client host name value from the request
    # dictionary into the host name field in the response.

    if { $msgtype != 4 &&  $msgtype != 6 } {

        $response put host-name [ $request get client-host-name ]
    }
}
```

图 13-8 （续）

231

我们观察到图中的代码并不能盲目地在每一个输出消息中设置主机名选项。相反，脚本只在那些装有 IP 地址并且发送到客户端的消息中设置主机名。例如，如果服务器拒绝了一个请求，那么装有拒绝信息的消息就不需要设置主机名选项。

为了执行上述约束，脚本会检查消息的类型，并且只有当消息的类型是 DHCPDECLINE 或者 DHCPNACK 时才会设置主机名。因为需要关注输出数据包，脚本不能够检查到达数据包的消息类型。也就是说，脚本只会检查输出消息的消息类型而不会检查输入消息的消息类型。

一条输出消息一旦被认为需要加载主机名，那么脚本就会执行下面的代码：

$ response put host-name [$ request get client-host-name]

实质上代码指出，请求字典中变量 client-host-name 的数值应该拷贝到响应字典中的变量 host-name 中去。

除非进一步了解变量的意义，否则我们不能够理解上述代码。程序员是如何知道输出数据包的消息类型已经存储到响应字典中了呢？程序员又是如何知道将请求字典中的客户主机名拷贝至响应字典中的 host-name 变量里的呢？程序员又是如何知道请求字典中客户主机名变量的数值是正确的呢？

上述三个问题的答案是：服务器供应商为字典中的每一个选项指定了精确的语义，包括选项的意义、可能被分配到的数值、选项在哪些时候是正确的。因此，为了编写正确而又意义的代码，程序员必须理解这些假设，并且保证为每一个变量定义了服务器接口。我们可概括如下：

> 字典中变量的详细信息以及它们的语义由供应商来指定。在创建正确的扩展脚本之前，程序员必须熟悉变量在每一个字典中的名称和确切含义。

13.18 使用一个脚本处理多个任务

作为产品的脚本通常比我们例子中的脚本更加复杂，主要原因在于服务器限制每一个扩展

232   点只能有一个脚本。因此，商品化的脚本通常包含了一系列任务。

图 13-8 的例子中展示的就是一个脚本商品化的版本。该脚本可能会包含一些附加代码用于检测那些到达服务器的多余数据包。一段扩展脚本可以丢弃来自特定客户端的数据包或者用于微软 RAS 服务的数据包。一段扩展脚本也可以检查客户 ID，并且根据 ID 将数据包分配到指定的地址类中。因此从总体上看，一段扩展脚本的结构可能由条件判断语句构成，如下所示：

> if（ message is DHCPDECLINE ）
>> drop the packet and send a log message
>
> if（ message is an RAS message ）
>> drop the packet and send a log message
>
> if（ client ID is for a Cable customer ）
>> set the address class to cable_subscriber

这一点可概括如下：

> 限制在一个扩展点只使用一个脚本会导致每个脚本处理多个不相关的任务。一个典型的扩展脚本由一系列的条件判断和执行动作构成。

13.19   脚本执行时间、外部访问以及开销

由于脚本通常十分微小，本章例子中的脚本的执行时间很少。即便考虑了调用和解释执行的开销，例子中的脚本也没有使服务器处理请求和发送响应的时间有显著的增加。但是，在脚本执行复杂的计算时，开销是一个非常重要的因素。因此，在配置扩展脚本之前，管理员应该了解潜在的开销，并决定这些多余的延时是否合理。

在扩展脚本访问外部资源的情况下，附加延时是非常重要的。例如，可以构建一个扩展脚本用于在非易失性设备（比如，一个外部的磁盘）上维护永久的状态。这样做会使访问的开销增加几个数量级。作为另一种选择，脚本可以使用网络来访问其他服务。例如，要对请求做出决定，扩展脚本可以访问远程数据库，该数据库存储了客户信息以及如何响应每一个客户的记录。利用外部存储，访问远程服务会使处理时间增加几个数量级。

233   我们可以概括如下：

> 访问二级存储设备上数据的脚本，以及通过网络访问远程数据库或者其他远程设备的脚本会同时增加处理请求的时间。

13.20   总结

由于在制造产品时设计者需要选择配置参数，因此一个产品的适用范围与通用性受到设计者预料未来需求和使用情况的能力的制约。因此，可配置产品会重复更新，不断循环。在更新循环中，只有通过在产品的后继版本中修改或增加相应配置参数，才能更改产品的使用范围。

脚本技术提供了一种更改严格配置的方法。脚本虽然降低了创建和修改软件的代价，但是也降低了运行时的性能。目前有两大类用于网络管理的脚本：单机脚本和扩展脚本。单机脚本可以像应用程序一样运行。它在实现重复管理任务的自动化方面作用显著。

expect 程序是一种与命令行接口配套使用的脚本技术。expect 能够与一个或多个网络元素

（甚至是管理员）进行交互。expect 程序的指令被保存在一个称为 expect 脚本的命令文件中。ex-pect 脚本不能够盲目地向远程系统发送按键信息。相反，脚本可以将来自远程系统的响应作为条件，决定脚本将如何运行。expect 脚本在所有网络元素都使用相同的 CLI 的环境中工作得非常出色。

关于脚本的一个十分有趣的使用就是网络产品的扩展机制。为了使用脚本，产品必须定义扩展点，每一个扩展点与一个脚本相关联。因为脚本运行缓慢，所以在应用程序中接入脚本比在硬件系统接入脚本更加容易。扩展脚本在低速的产品中（比如，实现为应用程序的服务器）工作得最为出色。

我们考察了用于 DHCP 服务器的简单扩展脚本。该脚本是 Cisco CNR 产品不可分割的一部分。脚本的接口并不允许脚本访问服务器的内部数据结构。相反，接口包括三个存储名字值对的字典。一个字典包含了来自请求数据包的选项；另一个字典包含了为响应数据包收集的选项；第三个字典包含了来自服务器运行时环境的选项。为了考察进入的消息，脚本必须参考请求字典中的选项；为了增加或修改响应消息中的字段，脚本修改响应字典中的选项。最终，为了控制处理过程，脚本必须更改环境字典中的选项；服务器在决定如何处理时会参考字典中的数值。虽然脚本为扩展产品提供了方便的机制，但是允许脚本访问外部存储设备或远程服务会明显增加处理过程的延时。

234

未来研究

expect 程序的信息可以在 expect 的主页上找到：

http：//expect. nist. gov/

使用 expect 脚本的网络管理工具的例子可以在下面网址中找到：

http：//www. tcl. tk/customers/success/netmanage. html/

提供扩展点的 Cisco CNR 产品提供了 IP 地址管理功能，包括 DHCP 和 DNS 服务器。关于它的描述可以在下面的网站中获得：

http：//www. cisco. com/en/US/products/sw/netmgtsw/ps1982/index. html/

除了供应商提供脚本机制以外，一些开源组织也提供了脚本工具。例如，使用脚本进行网络管理的 Scotty 系统就是由德国布伦斯威克技术大学和新西兰特温特大学开发的。

235

第三部分 自动网络管理系统未来的发展趋势

第 14 章 网络自动化：问题与目标

14.1 简介

本书的第一部分向读者介绍了网络管理的问题和背景，回顾了 FCAPS 模型，并且讨论了 FCAPS 模型的各个方面。本书的第二部分研究了当今的网络管理工具与技术，其中包括脚本技术。管理员既可以使用脚本技术设计单机管理系统，又可以扩展现有的产品。

本书的第三部分将重点介绍网络管理的未来。这一部分不再介绍现有解决方案，而是研究网络管理自动化所面临的巨大挑战。本章从一开始就围绕网络管理是否可以实现自动化以及在什么样的条件下自动化是可行的等问题展开讨论。同时，本章还将回顾自动网络管理系统所应具备的特性。

后面的几章将研究可用于网络管理和网络状态表示的软件架构。这些章将会讨论由网络管理系统维护的网络内部描述与底层网络元素之间是如何转换的。除此之外，本书将专门用一章的篇幅讨论在设计一个实际的系统时必须考虑的工程折衷方案。

本书最后一章通过提出一系列开放性问题总结了关于网络管理自动化的讨论。如我们将看到，网络管理中有许多基本问题仍然没有得到解决，许多研究仍然要坚持下去。

14.2 网络自动化

围绕着网络自动化（network automation）这一主题，人们提出了许多问题。网络能够实现彻底的自动化吗？也就是说，目前能否设计出一套软件或硬件系统来代替人类智能完成创造和运行网络的工作？如果不能，是这一问题本来就十分复杂以至于根本就不存在这种自动化的解决方案，还是目前我们尚不能提出一个自动化的解决方案？自数据网络出现之日起，这些问题就成为了人们争论的焦点。

正如我们之前所看到的，人们已经创造出用于完成重复、低水平任务的自动化工具。因此，更准确地说，我们需要讨论哪些网络功能是可以实现自动化的，而哪些是不行的。一种解决这些自动化相关问题的方法就是将问题划分为若干子问题。例如，如果只单独地考虑网络管理的两个主要方面，就会使问题变得更加容易。这两个方面是：

- 初始规划与部署
- 日常的运行与维护

1）*初始规划与部署*：规划一个网络包含评估可能的使用需求、评估流量、设计拓扑结构，以及选择实现技术等。通常，规划过程的输入来源于主观臆测，并且最初的设计选择也不需要详细的知识。因此，一些工程师认为初始规划的自动化是难以实现的。

　　另一些工程师却持相反的观点。他们指出，在大多数情况下，网络的初始设计常常拷贝现有的网络——一名设计者在熟知若干组织网络的情况下，将会选择一个已经存在的网络作为新网络的基础。一个自动化的设计系统也会采取同样的方法。通常会从一个普通网络的规划集合开始，选择出最适合给定环境的规划方案。

　　2) 日常运行与维护：即使初始规划可以实现自动化，但管理一个正在运行的网络仍然是一个复杂的问题。有趣的是，日常管理中的一些复杂问题来源于和规划阶段相反的情况：不是因为拥有的数据太少，而是因为大量的数据增加了日常管理的难度。我们可以方便地获得详细的信息，比如流经某一条链路的数据包数量，或者经过一台交换机的每一个数据流的信息。当尝试了解一个网络时，大量翔实的数据会像洪水一样扑面而来，难以观察重要的事件和趋势。

　　网络自动化的支持者声称计算机软件是过滤大量数据的完美途径。与人工相比，计算机程序可以提取关键选项并且更好地监控网络趋势。而批评者则认为，在真正认清基本问题之前，无法创造出处理网络日常运行问题的自动化软件——到目前为止，还没有人找到过滤管理数据和从大量详细信息中提取重要项目的算法或方法。

　　我们可以概括如下：

> 　　虽然自动化是一个值得称赞的目标，但是有多少网络管理任务能够实现自动化呢？一种方法是将问题划分为规划与部署、日常运行与维护这两个子问题进行讨论。

14.3　根据网络类型划分问题

　　解决网络管理自动化的另一种方法是根据网络类型将问题划分为若干子问题。例如，如果将范围限制在某一类网络，自动化问题将会变得容易处理，比如：

- 边缘网络
- 核心网络
- 企业网络
- 提供商网络

　　1) 边缘网络与核心网络：正如我们所看到的，核心网络与边缘网络是截然不同的。核心网络关注的是高速数据包的转发以及域间问题。核心网络倾向于采用流量工程的方法，并且以聚类流量的测量为基础进行统计。边缘网络倾向于采用传统路由，并且以单个数据流而不是一类数据流为基础进行统计。进一步说，一个网络的边缘更倾向于过滤流量和处理诸如地址分配等任务。因此，将网络划分为边缘与核心两类，并且通过独立地完成管理任务，可以降低网络管理自动化的复杂程度。

　　2) 企业网络与提供商网络：另一种可以降低管理任务复杂度的方法是根据企业网络与提供商网络对管理任务的不同需求对网络管理自动化进行分类。一个企业必须同时处理从本地到Internet以及从Internet到本地的流量。提供商必须处理用户之间的流量 。因此，将范围限定在某种类型的网络上可以降低复杂程度，使网络自动化更加切实可行。

　　我们可以概括如下：

> 　　另一种降低网络管理自动化复杂度的方法是根据网络的类型将问题划分为若干子问题。潜在的类型包括边缘网络、核心网络、企业网络以及供应商网络。

14.4　现有自动化工具的缺点

虽然已经实现了一些自动化，但是目前的工具和技术存在着严重的缺陷。大体上说，现有的网络自动化只有下面几个特点：

- 逐次的解决方案
- 关注单个网络元素
- 手动界面上的自动化

1）逐次的解决方案：现有的自动化工具通常只解决网络管理问题的一小部分，而不考虑其他问题。因此，自动化成为了拼凑之物。在某些情况下，工具会发生交叠，两个或多个工具在处理相关问题或控制给定元素的时候会出现干扰。在其他情况下，问题仍然没有得到解决。因为自动化工具不能够处理所有的细节与网络元素，所以网络管理的一些方面需要依赖手工干预才能解决。

2）关注单个网络元素：目前的自动化管理工具不是将网络作为一个统一的整体进行处理，而是一次只与一个网络元素进行交互。在整个网络内传播修改信息需要管理系统一个接一个地重新配置网络元素。在重新配置期间，虽然只有少量元素被修改，但网络仍然保持着不一致的状态。更重要的是，因为要求管理员为给定的管理工具指定需要处理的元素集合，所以在新元素加入网络或旧元素离开网络的时候，手动配置是必须的——对于每一个自动化工具来说，管理员必须经常更新该工具所能处理的元素集合。

3）手动界面上的自动化：许多网络元素的管理界面都是为人工交互设计的。因此，当前的自动化系统是网络管理出现之后产生的想法——自动化系统只是对现有的界面进行花样翻新后继续使用罢了（例如，expect 脚本可以解析人类使用的消息）。因此，管理工具通常是笨拙的。进一步说，因为工具只会根据语法处理文本，而并不理解文本的内容和含义，所以当供应商引入新消息或者修改当前消息的措辞和格式时，就必须修改工具。

这一点可概括如下：

> 当前的网络自动化技术关注单独的网络元素，并且只在现有的界面上提供自动化。现有工具只是将若干方案进行了拼凑，并且还存在着工具交叠的现象以及尚未解决的问题。

242

14.5　逐步自动化与"白板"

围绕着自动化的一个主要问题涉及整体方法：对现有网络实现自动化管理是可能的吗？还是需要对网络重新进行设计呢？支持可以管理现有网络的人认为 Internet 已经建立起来。它不易被更改以至于任何重新设计的想法都是无望的。他们已经观察了十年，供应商曾经劝说用户采用 IPv6，但是以失败而告终。为了避免陷入类似的窘境，他们认为新的管理技术必须面对网络已经存在的现实，然后逐步地进行改进。

支持从"白板"开始的人认为逐步的改进从根本上说是有缺陷的——从目前的网络技术着手会限制管理系统的范围和功能。他们指出，许多依附于原始 Internet 的假设和原则源于 25 年前数据包网络尚未普及和发展之时。他们声称为了适应近年来的巨大增长，原始技术已经经过了多次修改和扩展，使得系统变得越来越复杂。因此，在这样的系统上实现管理自动化并不是一件容易的事情。例如，他们指出网络的防火墙规则必须被管理起来。例如，他们指出这样一种情况：一个网络配备有防火墙，它允许来自于外部的连接通过虚拟专用网（VPN）进入，然后沿着多协议标记交换（MPLS）隧道穿越网络地址转换（NAT）设备发送访问数据流。其中网络地址转换设备可以将网络核心与边缘分离开来。这个例子包含了如此之多的技术，因此没有一个管理系统希望提供这样的控制。

重新设计所有的网络技术和协议是不切实际的，网络管理自动化的根本问题仍然隐含在下面的争论中：

- 现有的网络协议与架构是如何限制我们构造自动化系统的能力的？
- 一个经过重新设计、全新的 Internet 又能够增加多少管理功能呢？

看待上述问题的另一种方式则关注现有网络基础设施的某些方面。由于管理复杂性能够得到确定，因此分析某一个选择的管理结果是值得的。也就是说，不需要对现有的网络重新进行设计，只需要对现有的技术、协议或构架组件进行排除、修改以及替换，就可以提高系统的管理性能。

这一点可概括如下：

> 一个基本问题集中在现有技术所带来的限制上：如果重新设计一部分或所有的网络技术，那么能够充分实现自动化吗？

当然，实践证明，管理的复杂性来源于多种技术的结合，而不是源于单独的一种技术。在上面引用的例子中，复杂性来源于防火墙、VPN、MPLS 以及 NAT 技术的结合。因此考虑技术结合所带来的管理限制是十分重要的。

有趣的是，虽然技术的结合带来了潜在的复杂性，但更实际的复杂性来源于交互。例如，我们可以考虑防火墙与 VPN 之间的交互。假如一个站点将其网络隔离为内部和外部两个域，并在这两个域之间设置了防火墙。再假设该站点使用了 VPN 技术使雇员能够在家访问内部网络。防火墙与 VPN 技术之间的交互仅仅发生在访问 VPN 的数据包通过防火墙的时候。

所有受到交互影响的技术必须在一起协同工作，不然会出现问题。在这样的情况下，管理显得尤为复杂，因为任何一项技术的改变都会影响交互过程。例如，作者就经历过这样的情况：改变防火墙策略会导致 VPN 出现奇怪的行为。虽然在这种情况下建立一个 VPN 连接是可能的，但是防火墙会拦截所有后续的数据包。对于用户来说，这种现象十分奇特的——VPN 软件告知用户已经建立了连接，但是应用程序并不能正常工作。

一种提高可管理性的方法就是减少甚至消除交互过程。因此，如果一个站点需要同时使用 VPN 软件和防火墙，那么它可以通过保证两者之间不进行交互来提高系统的可管理性。例如，为了消除直接交互，一个申请进入 VPN 的连接会在防火墙外终止，数据流可以通过路由绕开防火墙到达内部区域。作为选择，可以对进入的数据流进行划分，VPN 数据流能够通过一个特殊的防火墙，而其他数据流必须通过采用站点一般策略的防火墙。

这一点可概括如下：

> 因为技术之间的交互使得管理现有网络的工作更加复杂，限制或消除交互能够提高自动化管理任务的能力。

14.6　接口范型与效率

当前网络自动化的一个关键问题集中于网络元素提供给管理员的接口。管理接口在决定自动化管理系统的功能时扮演着非常重要的角色。因此，接口问题一直是网络自动化讨论中的焦点之一。

244

为了理解这个问题，我们考虑一种极端情况：一个网络应用（appliance）更倾向于为用户提供服务，而不是供管理员使用⊖。通常，应用的管理接口被限制在少数的配置参数上，并且不允许用户检查或更改数值，比如路由表中的记录。

正如例子中所说明的，网络元素的接口仅仅限制能够实现自动化的任务集合。更重要的是，我们将会看到接口对自动化系统的效率有着重要的影响。因此，即使自动化是可能的，管理接口也会导致自动化系统不可行。

我们概括如下：

> 在考虑现有网络技术的自动化时，网络元素的输出接口是至关重要的。因为接口决定了可以实现自动化的管理任务的集合以及这些任务的可行性。

对于自动化问题来说，管理接口的重要性意味着，理解接口功能与整个系统的功能之间的关系是十分有益的。这个问题包含了理论与实践两个方面。例如，理论研究者可能会在接口所提供的功能集合与可能执行的管理任务之间建立数学关系。系统设计者可以分析在一个给定管理任务中多个接口带来的计算开销。有关问题还包括：

- 是否能够描述一个给定的接口所能支持的管理任务集合？
- 是否能够说明在给定的接口上执行管理操作所消耗的计算代价？

关于网络元素接口对管理功能影响的问题能够进行转换。我们不考虑现有设计的结果，而是考虑修改接口后所带来的好处：

- 为了提高效率，是否可以对网络元素的管理接口进行重新设计？
- 如果一个元素的接口能够重新设计，需要包含什么样的功能才能保证自动化软件执行任意的管理操作？

245

14.7 自动管理系统的目标

在回答自动化是否可以应用于当前网络以及重新设计元素接口是否可以提高管理系统的功能和效率等问题之前，我们有必要弄清楚需要解决的问题是什么。本节将讨论网络自动化的目标，而后面一节则提供了一个期望的特性列表的例子。

寻找一个自动化系统始于两个主要问题，一个关注管理系统的范围，而另一个关注人工接口：

- 在理想的情况下，自动网络管理系统应该提供什么样的功能呢？
- 这样的系统是怎样与管理员进行交互的呢？

功能性的问题可能是琐碎的。当被要求想象一个理想的自动化系统时，许多管理员都会想象一种机制可以处理 FCAPS 模型的各个方面。他们想象出一个系统能够自动地配置网络元素和服务，检测并维修故障，提供记录管理员选择的表格，自动地优化性能，保证整个网络与所有服务的安全性。

第二个问题将理想的系统与现实紧密地联系在一起的。虽然管理员要求系统自动地处理所有问题，但是系统不可能离开输入；人们做出的许多管理选择都是为了满足某个组织的需求或

⊖ 在网络应用中有时也称作哑设备（dumb device）。

者某个商业目的，而不是为了适应底层的某项技术。除此之外，还存在着物理上和商业上的限制，它们都限制着可能的选择。因此，即使一个系统被设计为可以自动地处理管理任务，管理员也必须能够指出那些非技术的限制。概括如下：

> 虽然想象出一个在不受任何干预的情况下能够处理 FCAPS 模型中各个方面的自动化管理系统是可能的，但是现实的系统必须允许管理员指定目标和约束。

　　管理员与自动化网络系统交互的第二个方面在于，管理员应该如何处理自动化系统不能够处理并且难以做出满意选择的情况。下面将介绍手动更改（manual override）的概念，并提出几个问题：

- 自动化系统允许管理员在多大程度上做出修改决定和选择呢？
- 自动化系统应该为管理员提供怎样的接口来手动修改决定？
- 如果管理员手动修改了已经做出的选择，自动化系统怎样处理和调整这些变化呢？

　　第二个问题关注的是管理员怎样指定一个手动更改。目前有两种主要的方法。在集成化方法（integrated approach）中，管理员与自动化系统进行交互。管理员指定系统需要做出的修改，然后系统按照管理员的授意做出改变。在层次化方法（tiered approach）中，管理员直接与底层网络元素或设备进行交互，做出修改。

　　1）集成化方法：该方法要求手动更改作为自动化系统功能不可分割的一部分。将修改的功能融入到自动化系统中有利于系统帮助管理员检查输入的修改信息并在键入错误的数值时报警。但是集成化方法有两个缺点。首先，如果系统设计者没有为某一个值提供修改方法，那么管理员就没有任何资源可以利用。其次，如果由于自动化系统的某一部分出现故障而需要进行手动更改，那么故障很可能会妨碍管理员做出正确的改动。

　　2）层次化方法：该方法在需要手动干预的情况下，赋予管理员直接的控制权力，管理员不需要用自动化系统作为中间媒介就可以直接修改网络元素和网络设备。但是，层次化方法有两个缺点。首先，允许管理员键入任意的数值意味着管理员可能会因为疏忽大意指定了与当前自动化系统的其他选择相冲突的数值。其次，在手动更改完毕之后，我们仍需要一些附加机制来防止管理系统自动地恢复原先的数值（例如，管理员更改的参数应当受到保护，这样后续的更新只有在管理员批准的情况下才能实施）。

　　我们将允许管理员进行手动更改的接口的问题归纳如下：

> 自动管理系统是否应该包含手动修改工具？或者说，自动化系统与网络元素之间是否应该设计允许管理员直接检查和修改配置参数的接口？

　　第三个问题是自动化系统怎样处理管理员的手动修改。这是一个十分有趣的问题，因为它为我们提出了多种可能。如果自动化系统与底层的设备是紧密结合在一起的，那么分析管理员提出的每一个更改请求是可能的。系统能够检查更改的有效性，计算它潜在的影响，并且告知管理员这次更改操作可能会导致的结果。系统可以在做出更改之前为管理员提交一份报告，给管理员一个评审更改操作的机会。同时，系统也可以在更改完成之后向管理员提交报告，将需要监控的潜在问题与情况反映给管理员。

　　一些工程师认为层次化的结构为管理员提供了一个后门，管理员能够通过它控制某个网络元素，这样管理就不能够实现彻底的自动化。他们声称自动化意味着管理系统与底层网络元素之间的紧密结合。另一些工程师认为，即使实现了管理自动化，为了应对自动化失效的情况，直接做出手动修改的功能仍然是必要的。无论如何，如果使用层次化体系结构，自动管理系统必须能够获得手动更改的信息。因此，我们既可以要求网络元素向系统发送更改的消息，又可以让系统自己检测手动更改的情况（例如，系统反复地向底层元素发送询问消息以判断参数是否被更改）。

　　一旦检测到了更改，管理系统必须为新的数值赋予含义。实质上，一个松耦合的体系结构要求管理系统减少细节的含义：系统不是根据管理员提出的要求计算出网络元素需要做出的更改，而是根据一系列的更改追溯修改产生的原因。如果没有很好地选择与网络元素的接口，上述的反演计算是非常困难甚至是不可能的。我们可以总结如下：

> 自动化系统能够通过通知管理员潜在的结果反作用于手工更改。一个松散耦合的层次化体系结构会使这种反作用变得更加困难，因为管理系统必须计算出新值的含义。

14.8　自动管理系统急需解决的问题

　　假设我们忽略自动网络管理系统是否切实可行这一问题，然后想象哪些功能是系统必须包含的。自动管理系统需要拥有怎样的特性呢？一个理想的系统应该具有下面的特性：

- 全面
- 通用
- 可扩展
- 多功能
- 可适应
- 智能化
- 标准化

248

　　1）全面：与当前的工具和技术不同，一个理想的管理系统能够管理 FCAPS 模型的各个方面。更重要的是，系统不会以多个独立的子系统的集合的形式出现。相反，系统能够配置网络，检测故障，以及以一致的、无缝的方式监控性能。

　　2）通用：一个理想的自动化管理系统能够管理各种类型的网络。因此，除了管理一个企业网、服务提供商网络、Internet 核心网络，以及边缘网络之外，一个理想的系统可以支持各种网络拓扑结构。

　　3）可扩展：理想的系统能够适应各种规模的网络，从规模最小的网络到规模最大的网络。特别地，扩展性意味着自动化系统必须适应跨越多个站点的网络。

　　4）多功能：理想的系统不应该被限制在只管理网络资源的一个子集中。相反，它能够处理任何网络技术和网络元素，并且在不考虑任何限制的情况下以统一的方式处理高层次的服务和低层次的设备。

　　5）可适应：因为网络是不断变化的，理想的自动管理系统应当被设计成能够适应不断变化的基础设施和规定。为了适应不断出现的硬件和软件技术，系统必须是可扩展的。此外，理想的系统还可以适应因商业目标和财务约束而产生的改动。

　　6）智能化：虽然已经实现了自动地配置路由，但是处理管理中其他方面的技术仍然仅仅用于帮助管理员做出决定，它们在很大程度上依赖于人工智能。一个理想的管理系统能够自动地做出决定，并将对人类的干涉活动的需求降至最低。

7）标准化：大多数网络都包含了由多个不同供应商生产的硬件和软件产品。为了适应异构性，理想的管理系统会提出一个独立于供应商的标准。该标准覆盖了所有的供应商并且允许他们的产品平滑地结合起来。

概括如下：

> 如果我们不考虑可行性，只是想象一个理想的网络管理系统，那么就会得到一个全面的、通用的、可扩展的、多功能的、可适应的、智能化的，以及对所有供应商标准化的系统。

下面几节将通过讨论管理系统特殊的和必要的特性来阐述对一个理想的网络管理系统的理解。

14.9   多站点和管理员

在网络管理中，最具挑战性的问题之一就是横跨多个站点的大型网络。例如，考虑一个跨国公司的网络，该公司在三个洲都设有机构。这样的配置就给网络管理带来了一些困难。虽然每一个站点都有负责本地业务的管理员，但是所有的管理员之间必须分工协作。第二，如果站点跨越多个时区，一个站点的工作时间很难与另一个站点的工作时间对应起来，这样当出现问题时，很难找到对应的管理员。第三，由于站点之间的通信通常使用 Internet，延迟现象是十分严重的。

理想的管理系统能够以统一的方式处理多站点的问题。更重要的是，理想的系统能够了解站点的边界以及相互间的互连机制。如果站点之间的互连机制是全球的 Internet，并且每一个站点都获得了由本地 ISP 分配的地址前缀，那么自动化系统就能够正确地识别一个组织网络的站点，并且采用合适的机制来传输流量（例如，在每一对站点之间架设 VPN 隧道）。

这一点可概括如下：

> 一个理想的管理系统能够以统一的、分工协作的方式处理多站点的问题。它能够了解站点的边界，能够自动地提供站点之间的传输机制，比如加密隧道。

14.10   管理权限范围与基于角色的访问控制

正如前面几节所介绍的，网络的每个站点都有一个或多个管理员。每个管理员被分配了一定的管理权限范围。这些权限范围指定管理员能够使用的功能。例如，特定管理员的权限范围指定该管理员的权限是仅限于一个站点还是可以跨越组织的多个站点。作为选择，权限范围能够指定设备的类型而不是物理地址（比如，该组织任何站点的 DSL 调制解调器）。

除了指定管理员能够控制的设备子集合外，权限范围还指定了管理员能够执行的功能集合。例如，对于一个大规模的网络来说，管理责任可以被划分为路由管理、安全管理和故障管理。每一项管理任务分配给一个管理员。

为了控制管理员的权限，理想的管理系统会采用基于角色的访问控制（Role-Based Access Control，RBAC）方法。除了直接明确地分配权限之外，理想的系统还包含了允许管理员暂时将自己的特权转交给其他管理员的机制。

这点可概括如下：

一个理想的基于角色的访问控制的环境会提供一个较高层次的接口。我们可以方便地利用这个接口定义角色和特权，而不需要指定低层次的细节。

14.11 关注服务

也许一个理想的网络管理系统最重要的特性是关注服务而不是硬件。也就是说，一个理想的系统不是向管理员提供配置单独网络元素的接口，而是允许管理员指定最终的目标，然后由系统自动地配置网络元素以实现这个目标。

为了实现一个高层次的接口，理想的管理系统会关注网络范围的服务而不是协议与网络元素。例如，一个理想的系统允许管理员请求部署跨越整个网络的 IP 语音服务而不需要管理员识别出每一个能够提供该项服务的网络元素。类似地，一个理想的系统能自动地处理服务必要的细节，比如在单独的链路上保留带宽以及配置网关等。

我们概括如下：

管理员与理想的网络管理系统之间的接口允许管理员请求部署横跨整个网络的高层次的服务，管理系统会自动处理必要的细节。

14.12 策略、约束与商业规则

面对一个新的网络服务的请求，管理系统是怎样做出是否满足该请求的决定呢？当新的服务与现有的服务之间发生冲突时会发生什么（比如，没有足够的资源同时满足新的服务和现有的服务）？答案在于对策略的使用：在管理系统部署服务之前，管理员必须定义策略并且将它们按照管理系统可以访问的格式存储起来。图 14-1 给出了一个使用策略子系统的网络管理系统在概念上的组织结构。

251

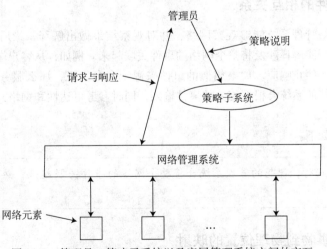

图 14-1 管理员、策略子系统以及底层管理系统之间的交互

一个理想的策略子系统可以为管理员提供描述本地以及全局策略的机会，管理系统会使用上述策略来指导决定。一个全局策略适用于整个网络，而本地策略适用于网络的一个子集。例如，管理员可能会为一个站点建立一条本地策略，他也会为一个站点的多组链路

选择本地策略。

为了让自动化系统检查部署是否违背了策略，必须用一种精确而清楚的语言来表述策略。对策略的精确规定有一个十分重要的优点：策略能够被分析，并且管理员可以收到关于策略冲突的通知。尤其是在尝试部署服务之前，策略子系统能够分析对策略的描述，并且向管理员报告策略内部的不一致性。

一个理想的策略子系统是动态的（dynamic），这样它才能够允许管理员随时更改策略。当然，在每一次更改策略时必须验证这些改动不与其他策略发生冲突。更重要的是，必须验证每一次修改与现有的网络部署不同，这样才能保证网络与新策略相符合。

策略约束管理（policy-constrained management）用于描述一个方案。在这个方案中，管理系统验证管理员提出的每一个更改策略的请求。请求只有在通过验证后才能得到满足。采用策略约束管理保证了网络与策略的一致性。我们可概括如下：

> 一个理想的管理系统会包含一个动态策略子系统。该系统允许管理员指定或更改策略。为了保证网络按照策略运行，系统会使用策略来验证随后的请求与决定。

策略子系统在商业活动与商业网络之间形成了一条清楚的链路。我们使用商业规则（business rule）作为对商业活动、目标以及约束的正式表述。我们认为，策略子系统在商业规则应用于网络时对其进行编码。当为一个网络创建策略时，管理员将商业规则转换为精确的描述。在一个理想的系统中，策略语言会使从商业规则到网络策略的转换更加直接。概括如下：

> 一个理想策略子系统的主要目标就是保证网络按照拥有并运行着该网络的组织的商业规则来运行。

14.13 多个事件的相互关系

一个理想的网络管理系统能够观察网络，并对观察结果做出解释，最后产生易于管理员理解的报告。事件的智能解释涉及将整个网络的事件关联起来。例如，从客户端软件到来的一系列事件表明服务器已经停止响应。如果相似的事件来源于多台主机，那么服务器不是发生故障就是不可达。一个智能的系统会根据相关的事件输入，同时参考可达性和网络元素的状态，最后决定问题的准确原因。

这一点可概括如下：

> 在解释事件数据时，理想的管理系统会将整个网络的事件关联起来，然后得出一个智能的解释。

14.14 从逻辑事物到物理位置的映射

一个理想的管理系统的接口能够将信息以易于人们理解的方式表达出来。作为交互过程的一个方面，将逻辑事物与物理位置关联起来的能力是十分重要的。例如，如果一个硬件设备发生故障，那么理想的管理系统就会指出该设备准确的物理位置，其中包括该设备所处的大楼、房间，以及机架等细节。

将每一个逻辑实体与它们的物理位置关联起来要求网络管理系统理解物理目录和物理关系。例如，一个管理系统必须理解交换机上的硬件接口是管理员可以访问的物理实体。类似地，管理系统必须知道交换机是安放在哪一个机架上，机架又是放在哪一个房间里。理想的管理系统可以同时理解逻辑和物理目录（inventory）。如果位置是真实存在的，系统允许管理员决定设备的物理位置。

这一点可概括如下：

> 一个理想的管理系统可以理解物理关系，并且通过将逻辑实体和物理位置关联起来帮助管理员。

14.15　自治、手动更改以及策略变更

一个理想的网络管理系统该怎样处理手动更改呢？理想的系统会自动地处理问题并根据管理员指定的策略优化性能。如果出现使用策略约束不能处理的情况，理想的系统允许管理员更改策略。特别地，理想的系统会通知管理员解决办法已经超出了当前的策略，并且允许管理员更改策略。

例如，我们可以考虑在紧急情况下配置路由的例子，比如自然灾害会引发大规模的能源短缺。在正常的条件下，一条特殊的链路会留给来自指定源的流量（例如，来自一个客户）。但是在紧急的情况下，保证任何流量都能通过路由流过链路是非常重要的。理想的管理系统不是允许管理员清楚地更改路由，而是提出一种解决方案让管理员决定是否暂时地更改策略。

对管理系统进行暂时的更改有两个好处：责任性和一致性。责任性是指管理员经过授权可以暂时地更改策略，同时这些改动都将被记录下来。因此决定由谁来批准每一处更改是可能的。一致性是指管理系统保留了对单个网络元素的控制权。因此，系统可以不断地调整更改，保证全局状态的一致性与正确性，从而达到保护网络的目的。我们可以概括如下：

> 一个理想的管理系统不是允许管理员在单独的网络元素上做出手动更改，而是通知管理员那些违背策略的选项，然后让管理员永久地或暂时地更改策略。

254

14.16　总结

在研究网络自动化时，我们提出了许多问题。如果网络管理不能实现彻底的自动化，那么这些问题又该怎样分解成为更简单的子问题？可能的办法包括将问题分为部署与运行两个子问题，或者根据网络类型划分问题。当前的管理工具提供了关注单个网络元素而不是高层次服务的原子性的解决方案。能否将多种工具整合到一个管理系统中？当前的网络实现自动化是可行的，还是需要重新设计网络？管理自动化在利用当前网络元素的管理接口时是否会受到限制？

我们在考虑一个自动管理系统时，有两个主要的问题：系统应该提供哪些功能？系统应该为管理员提供怎样的接口？一个集成化的设计为管理员提供唯一的高层次的接口；而层次化的设计则会为管理员提供配置单个网络元素的低层次的访问。

如果我们想象一个理想的网络管理系统，那么该系统具有全面的、通用的、可扩展的、多功能的、可适应的、智能化的，以及对所有供应商标准化等特性。这样的系统将可以处理网络管理各个方面，以及各种类型和规模的网络的所有设备。特别地，一个理想的管理系统能够跨越多个站点，并且提供基于角色的访问控制，让多个管理员能够有效地协作，而不会相互干扰。这样的系统能够将多个事件关联起来，并且能够报告设备的物理位置。它将关注网络范围内的服务而不是单个网络元素的功能。它将使用策略子系统来提供约束策略管理。最后，一个理想的系统能够自主地运行：系统不需要管理员手动更改网络元素的配置，而是通知管理员违背策略的项目，然后让管理员更改当前的策略。

255

第 15 章 网络管理软件的体系结构

15.1 简介

在本书这一部分中，我们将探讨网络管理的未来，并且强调系统可以自主地处理管理任务，把对人工干预的需求降至最小。前一章已经讨论了一些基本问题，比如自动化是否可行以及自动化是否必须划分为若干更小的子问题等，刻画了一个理想的管理系统，并且说明了这样一个系统应该具有的特性。

本章通过探讨一些可能会被使用的方法、体系结构和技术来进一步展开关于未来自动网络管理系统的讨论。本章将会讨论自底向上与自顶向下的设计范型，并分析每一种范型的优点。然后，讨论管理软件系统的结构，考察构建管理系统的方法，最后探讨用于创建和优化自动化管理系统的技术。

后面的几章将着重介绍数据定义在系统中所扮演的重要角色。这些章会讨论一个网络的内部表示，与内部定义相关的语义，以及设计过程中的权衡问题。本书将提出若干开放性的问题，然后进行深入的讨论。

15.2 管理系统的设计范型

如果我们要建立一个新的管理系统，那么需要从下列两种基本方式中做出选择：

- 自顶向下
- 自底向上

1）自顶向下的范型：自顶向下（top-down）的设计范型是指设计者从一些基本要求出发，拟定足以解决问题的详细的设计抽象，然后创建一个能够实现这些抽象的管理系统。自顶向下的设计不要求对整个管理系统有全面的理解——综合性的问题可以被划分为若干子问题，然后一次只将范型应用到一个子问题中。因为是从头开始的，自顶向下的方法受到了具有一定理论背景的设计者的欢迎。

2）自底向上的范型：自底向上（bottom-up）的设计范型是指设计者从网络元素、接口和技术出发，创建新的管理工具来配置、监视和控制现有的系统。自底向上的设计并不只局限于硬件设备——设计者也能够将高层次的服务和其他软件机制加入到被管理的对象集合中来。与自顶向下的设计一样，自底向上的设计可以只关注研究网络管理的某些方面，而忽略其他方面（比如只包括配置与故障管理）。因为是从现有的系统开始着手的，所以自底向上的范型受到具有一定工程背景的设计者的欢迎。

概括如下：

> 如果要设计一个新的管理系统，可以采用自底向上的设计方式，从现有系统的功能着手；也可以采用自顶向下的方式，从基本的要求着手，创建新的抽象。

15.3 自顶向下方法的特点

自顶向下的设计范型具有以下特点：

- 从基本的需求集合出发。
- 可以提供任何管理功能。
- 超越现有系统的束缚。
- 利用新的设计抽象扩展了管理的范围。
- 在网络元素的接口采用了新的功能。

在最简单的情况下，自顶向下的设计仅仅是记录、命名那些管理任务需要的功能。例如，我们可以想象操作要求希望能够监控网络中每一条链路的性能。设计者可以创建一个链路监控功能的抽象集合，然后将每一个功能的输出都描述出来，而不必说明功能是如何收集和生成需要的输出的。类似地，如果要求管理员必须能够控制网络元素，那么设计者就必须指定控制功能和配置参数的抽象集合。设计者不需要对各个功能的实现做出详细的解释，也不需要将当前网络系统的参数与抽象联系起来。

自顶向下设计范型的主要优点就是自由：设计者能够想象出一个全新的、脱离现实束缚的管理方案。设计者能够想象出新的管理设备和服务，即便它们不能被当前的网络元素所支持。一旦确定了抽象集合，设计者需要找到一种有效的方法将抽象与软硬件对应起来。

15.4   自底向上方法的特点

自底向上的设计范型遵循传统的工程方法，具有以下特点：

- 从现有系统中进行推广。
- 保留当前的网络元素与服务。
- 适应异构性和多个供应商。
- 使用当前的管理接口。
- 允许功能的不断扩展。

在最简单的情况下，自底向上的设计只能适应制造商或设备模型只有很小差异的情况。例如，我们考虑两个供应商设计的防火墙系统。每一个系统都会为管理员提供设置防火墙规则的接口。即使这两个系统的基本功能大致相同，系统的接口也会迥然不同。自底向上的设计就会检查这两个接口，并设计出整合两个接口的特点的新系统。

在更复杂的情况下，自底向上的方法能够用于生成一个概括。这个概括不仅可用于眼前的特定实例，而且还适用于更多例子。例如，假如设计者发现当前的系统包含一个参数 P，并且可以给 P 分配五种可能的数值。为了概括这一参数，设计者既可以先加入数值，然后再为这些数值附上清楚的含义，也可以从一开始就分配 16 个数值，但只给其中的 5 个附上含义。上述两种方法都可以达到扩充数值集合的目的。

15.5   自底向上设计中的功能选择问题

在自底向上的设计中，设计者必须对从当前系统中提取的功能做出选择。目前主要有两种选择方式，一种是将底层系统中出现的任何功能都包括进来，另一种将所有底层系统之间通用的功能包含进来。也就是说，设计者能够根据从当前系统中提取联合的或交叉的功能，然后设计出一套管理功能集合。

上述两种方法都不能解决所有问题。一方面，选择包含底层系统中的任意一种功能会使管理系统的功能非常强大。但是，这也意味着管理系统可能会包含不能应用于所有系统的功能。另一方面，只包含所有底层系统共有的功能会将管理系统的共同功能降至最低限度。但是，这也意味着管理系统中的功能可以应用到任何一个底层系统中。

概括如下：

> 当使用自底向上的范型时，设计者可以选择将每一个底层系统的功能都包含到管理系统中，也可以只选择所有底层系统共有的功能。

15.6 两种设计范型的缺点

每一种设计范型都有着自身的缺点。批评者指出，自底向上的设计方法倾向于一种增量的方式。它不能够将那些超出当前管理接口却很有意义的数值添加进来。也就是说，因为自底向上的方法不改变网络元素和服务，所以管理系统更像是一层薄板，仅仅为用户提供了一些接口，却不加入新的功能。更重要的是，供应商更趋向于选择用户比较熟悉的接口。因此，一旦一种接口被广泛接受，即使存在更好的接口，其他供应商也会采取与原来相同的模式。因此，批评者指出：

> 与创建全新的方法不同，自底向上的设计范型更趋向于保留市场上流行的事物。

自顶向下的设计范型同样有自身的缺点。批评者指出，自顶向下的方法可能会导致理论化（theoretical）和不切实际（impractical）。也就是说，因为自顶向下的方法源于用户的需求而不是当前系统，所以可以在任意一个较高层次的抽象中创建出新功能，却没有考虑实现这些功能需要的开销。例如，设想一个允许网络中所有的元素都能够直接访问数据的管理系统是可能的，但是在实践中，如果网络没有足够的带宽，或者站点之间的延迟很高，那么汇聚如此大量的数据是不切实际的。这一点可概括如下：

> 因为自顶向下的设计范型不受现实已有系统和接口的限制，所以按照自顶向下的方式生成的抽象可能是不切实际的，而相应的实现也可能是效率低下的。

15.7 一种混合的设计方法

设计者怎样才能在利用自顶向下与自底向上范式的优点的同时，不断地修正它们的缺点呢？答案就是混合范式。当设计一个管理系统时，努力创造满足高层次要求的抽象，但注意将设计与现实情况相结合。也就是说，将现实中的问题作为检测新抽象的标准。

首先，调查现有系统的管理机制和接口。此外，考虑跨越多个站点的大型网络所带来的实际约束。最后，将参与者的要求与期望汇集成一个列表。一旦掌握到这些信息，就按照自顶向下的设计范型提出新的、高层次的、用于解决管理问题各个方面的机制。我们不仅要想象出可能的机制，还要按照自底向上的设计范型将每一种机制与现实网络对应起来。同时我们需要考虑实现这些机制的开销和效率。我们不断地重复这一过程：对效率进行分析，然后根据分析结果提炼出相关机制，或者直接创建效率更高的实现；除非找到一种有效的实现方式，否则就放弃对应的抽象。

当然，上面所描述的混合方法不能保证解决所有的问题。事实上，矛盾仍然存在。一方面，如果提出的所有机制都是低效的，那么留给设计者的只是一些无用的、不得不丢弃的抽象。另一方面，如果提出的所有机制都能够在现有的网络中直接而高效地实现，那么机制就会不断地增加，从而变得毫无意义。因为提出的这些设计与当前系统已经没有明显的区别。因此，设计者必须提出既包含新的思想又能够在现实的网络中实现的机制，这是一件十分困难的任务。我们可以概括如下：

> 混合方法虽然可以使新的提议更加符合实际，但是可能会退化成为不符合需要的极端。这些极端包括无用的抽象与无意义的改进。为了避免这些极端，设计者必须找到可以切实实现的新的抽象。

15.8 基本抽象的关键需求

有趣的是，网络管理中最重要的问题是缺少能够形成软件系统的基本抽象。虽然 FCAPS 模型定义了网络管理的概念，但是它所描述的问题空间没有提供能帮助设计者创建管理软件的抽象。遗憾的是，目前也没有其他模型能够填补这一空白。设计者如果没有一套抽象集合，就缺乏创建管理软件的概念基础。更重要的是，在定义出系统基本的方面之前，我们没有一个通用的词汇表来比较系统或讨论系统之间的相似点和不同点。因此，每一个系统都必须视为一个特征与功能的集合。这一点可概括如下：

> 网络管理中最关键的问题是缺少能够形成软件系统的基本抽象。抽象的缺乏使得设计者无法理解管理系统之间概念上的差异性和相似性。

也许是网络管理的问题是过于复杂并且没有约束，以至于至今没有一个合适的抽象集合。也许抽象可以被设计出来，但是研究往往关注自底向上的设计范型，研究人员没有将精力放在抽象的定义上。无论是什么原因，目前人们只提出了很少的建议，并且没有一个能够获得一致的肯定。

我们需要什么？以设计并实现管理系统为目标，一个抽象集合必须具备以下特点：

- 有限的
- 正交的
- 足够的
- 直观的
- 实用的

1）有限的：为了给系统创建过程提供有益的帮助，抽象集合应当只包含少量的（比如 4~5 个）主要抽象。如果集合庞大，抽象的水平就不会很高，抽象集合就会与包含若干纲要相关联。也就是说，与为创建新系统提供基础的基本抽象不同，一个庞大的抽象集合一般来源于自底向上的设计过程中，是现有功能的目录列表。

2）正交的：集合中的抽象应该是相互独立的，抽象之间不能够交叠和相互干扰。也就是说，每一个抽象应当作为系统某一个方面的基础，一项管理活动不应该被两个或两个以上的抽象所覆盖。

3）足够的：抽象集合应当足以覆盖网络管理的所有方面，同时作为管理软件的有力基础。特别地，一个理想的抽象集合能够处理 FCAPS 模型的各个方面。

4）直观的：抽象是为人服务的（比如创建系统的设计者和使用该系统的管理员）。因此，每一个抽象必须使问题或解决方案的一个方面更加容易理解——抽象不再强迫人们应付那些难以理解或者生疏的概念，而是更加符合人类的直观感受。

5）实用的：虽然抽象能够将复杂的问题简单化，帮助我们理解问题和解决方法，但是我们讨论的基本抽象是为设计者服务的：想象出的抽象能够帮助设计者创建自动化管理系统。因此，抽象必须是实用的，这样才能设计出该抽象有效的实现。实现包括若干方面，其中包括必要的计算和存储，以及对网络的影响（比如，产生的流量或必须的延时）。

概括如下：

> 抽象集合应该是有限的、正交的、足够的、直观的、实用的。

15.9　与操作系统的类比

类比会阐明基本抽象的重要性。在计算科学发展初期，方法没有被标准化——每个供应商独自设计处理器和 I/O 设备。一旦硬件设计完成，就会设计出帮助程序员使用硬件的控制软件。通常，控制软件与一些和底层硬件特性相匹配的低层次的功能结合在一起。例如，在一台计算机上包含了二级存储设备（比如磁盘），控制软件就会将启动磁盘、停止磁盘、移动磁臂、传输数据的命令包含进来。

在 20 世纪 60 年代，控制软件已经成熟起来。逐渐地，供应商开始将高层次的抽象和更复杂的功能包含进来。最终，研究人员（特别是 MAC 工程的研究人员）定义了功能更加强大的抽象，比如处理、地址空间、用户账号/登录、文件以及设备独立 I/O。因为它们能够获得运行系统各个基本方面的信息，抽象为设计现代操作系统提供了基础。一名操作系统设计者开始会为每一个抽象创建精确的定义，然后选择将它们绑定到一起的方式（比如，将一个地址空间与一个过程联系起来）。

为操作系统创建的抽象说明了网络管理需要的是什么。一个操作系统抽象的有限集合已经被证明是正交的，足够用于大多数系统，对用户和设计者来说都是直观的，并且可以得到有效实现。

263

> 用于建立网络管理系统的抽象集合可以像建立操作系统的抽象一样功能强大并且非常基础。

15.10　将管理从网络元素分离

一个围绕创建网络管理系统的关键问题就是整体结构：管理系统能够脱离网络元素而独立存在吗？或者说，管理系统能够与网络元素相整合吗？从理论上说，两者的区别并不重要——我们不再假设用一个独立的分布式系统来处理管理任务，而是想象每一个网络元素都包含了一个附加的管理处理器，网络元素上的管理处理器之间能够进行通信。因此，一个独立的分布式管理系统也可以通过与网络元素相整合来实现。

但是在实践中，独立的管理系统与集成的管理系统之间的区别非常重要，主要有两方面的原因。首先，独立的管理系统在创建和配置管理系统时不需要替换所有的网络元素。第二，如果网络元素是独立于管理系统的，那么监视和控制两个网络元素之间的交互是非常容易的。我们可以认为，虽然与理论工作毫不相关，但是较早的部署与简便的监控是实践研究中的关键因素。

本章关于体系结构的介绍和下一章关于它的讨论都采用了实用的方法。也就是说，本书的讨论已经默认管理系统是独立于被管理的网络元素的。概括如下：

在本书剩余的部分中，我们假定管理系统是独立于底层网络元素而实现的。这一区别在理论上不是必须的，但是在实践中独立性使得开发与配置变得更加容易。

15.11　抽象与网络元素之间的映射

认为管理系统独立于底层的网络元素可以帮助我们阐明基本抽象的目的与范围。实质上，抽象只应用于管理系统。因此，在构建一个管理系统时，我们只需要检查并操作网络的抽象版本，而不会受到底层网络元素细节的限制。特别地，将管理系统与底层网络元素分离可以使设计者在设计管理软件的过程中忽略设备的独立性，并且使用与抽象匹配的高层次的网络描述。

如果一个独立的管理系统运行在一个网络的高层次的、抽象描述上，那么管理系统怎样才能控制底层的网络元素呢？答案在于网络元素与管理系统之间的接口上。每一个网络元素接口（element interface）完成底层网络元素所使用的操作和数据表示与管理系统所使用的高层次的表示之间的相互转换。这些转换通常是利用软件来实现的。图15-1说明了这一概念。

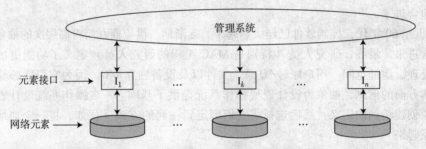

图15-1　与被管理元素分离的管理系统的概念上的组织结构。元素接口完成管理系统所使用的抽象表示与网络元素所使用的表示之间的转换工作

除了允许设计者在不改变网络元素的情况下创建一个新的管理系统之外，将管理系统与网络元素分离提供了一条适应异构性的新途径。因为每个网络元素的相关接口是相互独立的，所以网络元素是不同的。因此，可以在不影响管理系统的前提下，将设备自身的细节归入单个网络元素中。

注意，让管理系统独立于底层网络元素的概念与用于设计管理系统的范型是无关的（比如，它并不关心是否遵循自底向上或自顶向下的设计范型）。在任何一种情况下，一个网络元素的接口将供应商和设备细节与管理系统隔离开来。

15.12　北向与南向的接口

从概念上说，网络元素接口被划分为北向（northbound）接口和南向（southbound）接口两个部分。这两个部分的名称与信息传输的方向有关：北向指信息从管理系统流向网络元素，而南向指信息从网络元素流向管理系统。

一般来说，我们认为南向的路径是传送命令、配置信息以及请求的。因此，管理系统可能会使用南向的路径重新启动网络元素，更改接口的IP地址，或者请求状态信息。通常，南向路径一次会传输少量的信息。

我们认为北向路径是传送对请求的响应、状态信息，以及异步产生的事件数据。例如，除了对来自管理系统的明确请求做出响应以外，南向路径可能会用于传输SNMP协议的trap消息和NetFlow数据。因此，与北向路径不同，南向路径能够传输包含大量数据的持续数据流。

我们概括如下:

> 管理系统与网络元素的接口从概念上分为两部分:从管理系统到底层元素传输信息的北向路径和从网络元素到管理系统传输信息的南向路径。

15.13 体系结构方法的集合

怎样构建广泛应用于网络管理系统的软件呢? 存在以下几种可能的方法:
- 单片体系结构
- 可扩展的框架
- 软件背板
- 分层体系结构
- 中心数据库结构

15.13.1 单片体系结构

单片体系结构的设计思想是最简单的——构建一个唯一的、大型的软件系统来控制并监控一个网络元素集合。管理系统通过向网络中的所有元素发送请求将关于网络状态的信息收集起来。系统会根据这些信息选择动作。一旦选定了一个动作,管理系统就会单独地与网络元素进行通信,让它们执行这些行动。图 15-2 说明了整个体系结构。 266

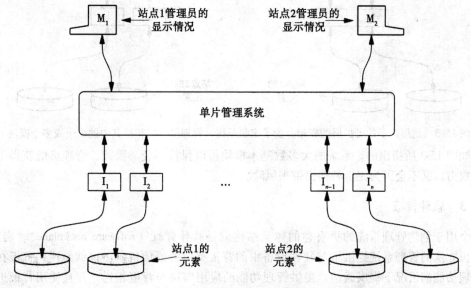

图 15-2 单片体系结构。一个唯一的、大型的系统与管理员和元素接口进行交互

单片体系结构有着自身的优点与缺点。主要的优点在于决策过程的集中化。来自底层网络元素的数据和管理请求数据流都会通过一个唯一的统一系统,这就意味着系统能够协调决策并保证一致性。特别地,因为决定来源于一个系统,所以单片体系结构能够避免系统的两个或多个组件由于获得不一致的信息而发生决策冲突的情况(比如位于多个站点的组件独自地做出决定)。更重要的是,单片系统可以在多个管理员之间进行协调,保证管理员不会产生自相矛盾的决定或命令。

　　具有讽刺意味的是，单片体系结构与生俱来的集中化的特点也导致了它最大的缺点：缺乏恢复性和灵活性。因为只要一点发生故障，整个单片系统就不能够恢复。此外，单片体系结构对链路故障是十分敏感的。特别地，单片的方法不能够轻易地处理这样的情况。在这一情况中，网络跨越多个站点，即使是在站点内部通信发生故障的情况下，每一个站点也可以自主地继续运行。最后，因为所有的处理和人工接口工具都内嵌到系统中，所以单片系统不能够扩展或轻易地更改。

15.13.2　可扩展的框架

　　可扩展的框架（extensible framework）通过允许管理员定制系统而加强了单片的方法的功能。尤其是包含钩子（hook）的框架允许管理员替换模块，比如用户接口或者其他功能单元。图 15-3 说明了可扩展的体系结构。

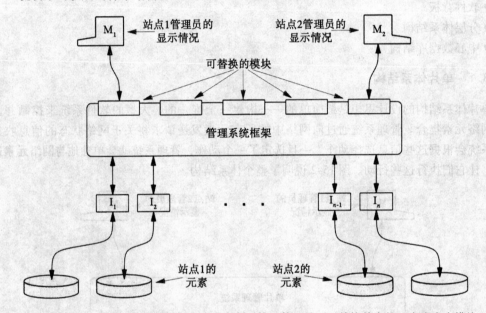

图 15-3　使用钩子的可扩展的框架。为了定制系统，管理员可以替换其中的一个或多个模块

　　正如图 15-3 所指出的，系统的大多数基本模块可以保持不变。因此，管理员既获得了定制系统的权力，又不会因为完全替换而带来风险。

15.13.3　软件背板

　　一个用于创建管理系统的更有趣的体系结构就是软件背板（software backplane）。实质上，采用背板方法的管理系统提供了与硬件设备中的背板类似的通信机制。也就是说，背板在没有特殊管理功能的情况下提供通信；提供管理功能的应用模块与背板相连，并且使用背板进行模块之间的通信。

　　事实上，在网络管理系统中有两类模块与背板相连：管理应用与元素接口。管理应用包含控制系统所需的逻辑，而元素接口则提供与网络元素的通信。一般地，一个元素接口只与一个元素相连接。但是在元素不要求大量数据的情况下，一个接口能够控制一个元素集合。每一个元素接口都会为整个软件背板提供一个 API，允许管理应用程序发送请求和接收应答。此外，接口还可以被配置成为不断地输出数据流。

　　图 15-4 说明了软件背板的体系结构。

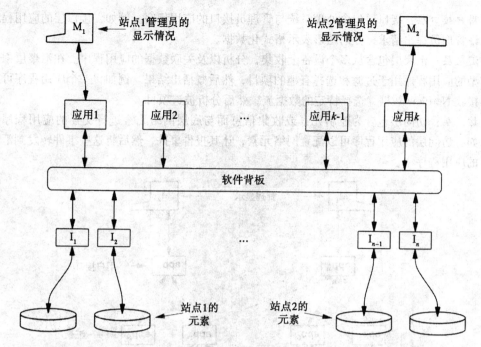

图 15-4 提供管理应用与元素接口间通信的软件背板。从概念上说，软件背板是跨越多个站点的

软件背板有两个十分有趣的特性。首先，虽然上图显示了一个实体，但是背板能够跨越多个网络站点。也就是说，背板可以作为一个分布式的通信系统。在这个系统中，每个站点可以拥有一个或多个节点。第二，虽然应用程序提供了管理员的工作站与底层系统之间的连接，但是应用程序不需要与管理员进行交互——应用程序能够在没有人工干预的情况下自主地运行，获得信息并处理信息。

背板体系结构与单片体系结构的一个重要区别就是做出决定的位置。背板体系结构不是将所有的管理决定都整合到唯一的系统中，而是使用一套应用程序协同工作。背板只提供允许应用程序与网络元素通信以及与其他应用程序进行协调的工具。在极端的情况下，所有的管理功能都放置在应用程序中，而背板不能够包含任何管理软件。

软件背板体系结构的主要优点是易于扩展。使用迟绑定技术的背板允许管理员在任何时刻添加新的应用程序和元素接口。因此，这种体系结构能够适应应用程序和网络元素的扩展。软件底板体系结构的主要缺点就是使用唯一的通信范型——该范型能够较好地应用于事务中，却不能有效地处理大批量的数据传输。

15. 13. 4 分层体系结构

分层体系结构（tiered hierarchy）精化了上面描述的背板体系结构。背板体系结构允许设计者划分应用程序中的功能，其中一些功能需要与管理员交互，而另一些可以自主地运行。分层体系结构通过将管理应用程序组织成不同层次结构使它们之间的区别形式化。

在一个分层的体系结构中，每一层都与系统中的一个逻辑功能相对应。为了实现分层的体系结构，设计者选择了一套逻辑功能并将它们安排在层次化的结构中。通过将应用程序与其对应的逻辑功能相关联，把应用程序划分为若干层。

为了进一步理解分层的方法，图 15-5 给出了一个分层的体系结构。在这个结构中，应用程序被划分为三个基本的功能类型。

- 用户接口层：接口层包含处理系统与管理员接口的应用程序。例如，接口层的应用程序允许管理员提出请求，并用图形表示格式化数据。
- 汇聚层：汇聚层包含从多个设备上收集、分析以及关联数据的应用程序。在汇聚层中，典型的应用程序用于过滤和选择有趣的项目，然后概括出结果。例如，一个应用程序可能会接收 NetFlow 数据，选择特定的数据流，然后分析被选项目。
- 访问层：访问层包含为控制元素或收集信息而与底层网络元素进行交互的应用程序。例如，访问层的应用程序可以配置网络元素，让其报告事件，然后将这些事件转发到汇聚层的应用程序中。

270

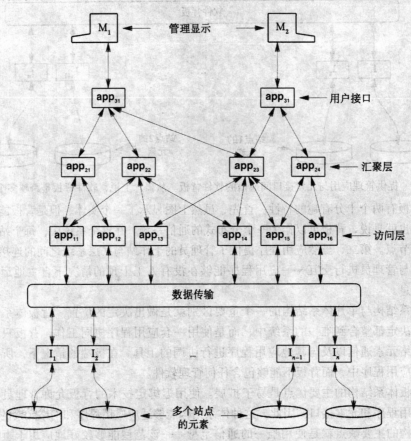

图 15-5　将应用程序划分为三层的分层体系结构。每一层都与系统的一个逻辑功能相对应

分层体系结构的主要优点是允许消除重复的设计——在层次结构中只有一个点能够汇聚或概括原始数据，并将这些数据概括成摘要用于各个方面。该体系结构的主要缺点在于所有的管理程序都引入了多余的层：虽然汇聚原始数据对分析性能是十分有益的，但是汇聚层只利用了直接传输的开销。

271

15.13.5　中心数据库结构

中心数据库（database-centric）体系结构也许是最为有趣和新奇的。它将内部网络描述的概念形式化，关注数据的一致性，并且使用传统的数据库技术存储信息。

为了理解数据库是怎样应用于管理系统的，我们回忆一下 SNMP 协议所遵循的范型。SNMP 协议不提供一个大规模的管理命令集合，而是定义了一个管理信息库（MIB）。管理信息库包含了一个抽象变量的集合，并将所有的操作都表示为对 MIB 变量提出 GET 和 SET 请求的形式。中心数据库体系结构通过允许设计者为网络中的每一项创建抽象变量，扩展了使用 MIB 变量的概念。其中包括与硬件选项、配置参数、协议、高层服务以及与网络测量相关的变量。

中心数据库体系结构不采用 SNMP 协议在每一个网络元素上定义一个代理的方法，而是按照统一的目的将抽象变量存储在分布式数据库系统中。也就是说，数据库方案是与和抽象变量相关的字段一同创建的。从应用程序的角度来看，使用数据库与使用 SNMP 协议是类似的。当管理应用程序需要关于网络的信息时，应用程序就会从数据库中取回（fetch）合适的记录。类似地，当需要更改时，管理应用程序就会采用存储（store）操作，将合适的数据库记录保存下来。

利用管理应用程序操纵数值数据库是不够的，除非数据库中的这些数值与网络元素绑定在一起。因此，数据库需要通过添加元素接口进行扩展。和在其他体系结构中一样，一个元素接口同时处理南向和北向的传输。每当数据库中的数值改变时，南向接口就将更改消息传递给底层网络元素；每当元素检测到网络的变更时，北向接口就会将新的数值保存在数据库对应的记录中。图 15-6 说明了上述体系结构⊖。

中心数据库体系结构主要有两个优点和一个缺点。首先，因为它依赖于标准化的技术（比如，关系数据库系统）来解决长期持续地管理数据的任务，所以该体系结构避免了彻底改变一个持久的存储系统。第二，因为分布式数据库系统能够很好地处理同步与并发，所以中心数据库体系结构可以有效地解决创建一个跨越多个站点的分布式管理系统所带来的问题。中心数据库体系结构的缺点在于给那些不需要永久保存的选项带来了额外的开销（比如简单的事务）。

下面几章将会扩展关于中心数据库体系结构的讨论。我们将会考察在初始化阶段网络的信息是怎样加载到数据库中的，以及语义的限制是怎样与数据选项相关联的。　　　　　　　　272

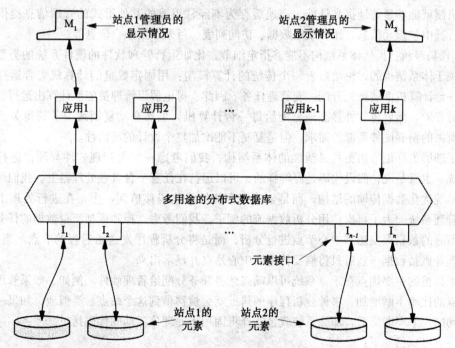

图 15-6　中心数据库体系结构。元素接口直接与数据库耦合以保证数据库中的数值与底层网络同步

⊖　虽然该图说明了在相同级别上的所有应用，但具有分层结构的应用也可以在数据库中心体系结构中使用。

15.14　有用的实现技术

上一节关于体系结构的描述重点介绍了自动管理系统的总体结构，但没有对细节进行说明。目前，有几种技术可以增强系统的体系结构并优化系统的性能，提高灵活性。例如，有用的技术包括：

- 自动复制
- 数据高速缓存
- 代码移植

1）自动复制：当考察涉及大量复制工作的软件体系结构时，我们就会使用这一技术。例如，第11章讨论使用远程流量收集器，它在向中心管理系统发送统计数据之前汇聚流量数据。这些实例中的基本问题集中于应该使用多少汇聚节点，以及在哪里安放这些节点。

自动复制避免了事先选择汇聚点的需求。实质上，一开始自动复制选择一个固定的汇聚点集合来监控流量。当然，该节点集合可以为空。如果管理流量超出了预先定义的水平，系统就会自动地增加远程汇聚点的数量[⊖]。因此，重复的结构会按照需求不断增长。

2）数据高速缓存：数据高速缓存的主要思想非常简单：每当数据需要传送到一个远程位置时，远程位置会保存一份数据的拷贝，然后根据这份拷贝处理后续请求。当然，如果数据过时（即失效），那么高速缓存的拷贝就没有任何用处。因此，高速缓存的方案必须包含允许系统决定高速缓存的数据此时是否有效的机制。

对于多个站点的网络来说，管理系统允许管理员重复地检验管理数据，因此高速缓存机制是非常重要的。例如，一个分析数据流的应用程序允许管理员在改变汇聚标准之后重新分析流量数据。如果分析和显示功能位于一个站点上，而一部分流量数据是由其他站点收集的，那么高速缓存机制就能够显著地提高性能。高速缓存为不经常更改的其他形式的管理信息提供了类似的改进，其中包括元信息，比如策略数据、访问列表、目录以及账户信息等。

3）代码移植：虽然体系结构不能够指定细节，比如运行管理软件的硬件系统的类型等，但是我们关于体系结构的讨论暗藏着一个传统的计算模型：用固定数量的计算机集合运行管理系统，每一台计算机都被预先分配一套管理任务。因此，讨论假设管理员能够计算出运行管理软件所需要的资源，然后将软件静态地分配给每一台计算机。虽然自动复制减少了获得关于运行管理软件所需的精确硬件资源的需求，但是复制不能增加整个设计的灵活性。

为了理解怎样创造出更具灵活性的体系结构，我们考虑一个将管理软件与硬件进行动态绑定的系统。也就是说，假设代码是可解释的，可以运行在任意一台管理处理器上。我们可以不采用管理系统优化数据传输的结构，而是创建一个能够将代码移植到一个正在进行处理工作的节点上的管理系统。为了再次使用分析数据流的例子，我们考虑选择和概括流量数据的任务。系统不再将所有的数据都发送到中心节点进行分析，而是将分析程序发送给远程的节点。当运行时，程序处理并概括数据，然后只将摘要传送回中心站点并显示出来。

代码移植的主要优点在于，系统可以动态地将任务分配给管理硬件。例如，如果管理事件在一个站点的比率不断增加，事件分析程序的拷贝就会被移植到这个站点。类似地，如果一个指定管理活动的比率不断降低，那么系统就会选择巩固用于处理该活动的代码拷贝。

这一点可概括如下：

⊖　如果可用的硬件不能支持添加的汇聚点，管理系统能够推荐添加更多的硬件。

有用的技术可以增加管理系统的灵活性和效率。这些技术包括自动复制、数据高速缓存以及代码移植。

15.15 可编程接口的迟绑定

在前面提出的所有体系结构中，应用程序扮演着重要的角色。事实上，当前管理系统与自动化管理系统的关键不同在于让关注的焦点远离人类——管理员只需要指定策略，软件系统就会实现这些策略。因此，由于应用程序处于自动化系统的核心部位，系统为应用程序提供的接口是非常重要的。

工程师使用可编程接口（programmatic interface）这个名词描述应用程序访问管理系统的接口。这一点概括如下：

> 因为将焦点自动地从管理员转移到应用程序上，所以自动化系统十分强调可编程接口。

正如例子中的体系结构所证明的，可以使用各种可编程接口。例如，在单片体系结构中，所有的应用软件都会在创建系统的时候被链接在一起。在可扩展的架构中，一些模块可以在系统建成后被替换掉。但是与软件背板相比，在可扩展架构中进行替换通常是更加困难的。

决定一个自动化系统灵活性的关键概念是系统与应用软件之间的绑定。我们根据时间将绑定划分为早绑定（early-binding）和迟绑定（late-binding）两类。使用早绑定的体系结构是紧耦合的（tightly coupled）：在创建系统时，设计者就将应用软件与系统相链接。相反，使用迟绑定的体系结构是松耦合的（loosely coupled），即应用程序可以在系统建成之后加入。因此，单片系统采用的是早绑定的方式，而采用软件背板体系结构的系统使用的是迟绑定的方式。

因为设计者可以优化程序之间的交互过程，所以早绑定的效率正不断提高。但是，因为早绑定意味着在设计阶段做出的决定不能再更改，所以它缺乏灵活性。对于一个新的、不易理解的自动化系统来说，体系结构采用迟绑定的方式是更加合适的（比如，在系统构成之后，迟绑定为更改系统提供了最大的灵活性）。概括如下：

275

> 在松散耦合的体系结构中，可编程接口采用迟绑定的方式，为管理应用程序在系统创建完毕之后进行修改提供了最大的灵活性。

15.16 验证外部期望

本章所考察的体系结构并不全面，还存在着其他体系结构。例如，一种特殊的体系结构主张将控制与确认分离开来。为了理解这种方法，首先考虑下面四点断言：

- 网络管理是如此复杂，以至于程序员无法编写出完美的管理软件。
- 因为管理系统包含多个可自主运行的部分，所以这些部分之间的交互可能会在无意中带来负面影响。
- 因为策略是可以交叠的，所以让管理员预测策略的综合影响是十分困难的。
- 在实现过程中做出的一个很小的决定也有可能对整个网络的行为产生巨大的影响。

因为上述所有四个断言都是似是而非的，所以自动化系统不可能防止所有的问题——即使管理系统是精心构建的，复杂的网络也会发生人们难以预料的情况。

如果我们接受了没有一个管理系统能够防止所有问题的假设，那么我们该选择哪一种体系结构呢？我们怎样将出人意料的结果降至最小呢？一种可能的方法是安排一个独立的验证系统，用于检查底层网络。图 15-7 说明了整个系统的体系结构。

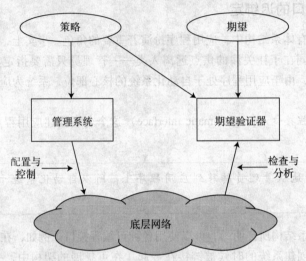

图 15-7   使用独立验证系统检查输出结果的体系结构。
网络管理系统能够使用前面描述的任何一种体系结构

如图 15-7 所示，该体系结构的思想十分简单：验证系统独立于管理系统而运行，并且检查网络的输出结果。因为可以访问整个网络，所以验证系统能够检查网络的全局行为。这一点可概括如下：

> 网络系统固有的复杂性也许意味着即使管理系统正确地运行，网络也会出现令人难以
> 预料的结果。处理这一问题的一种方法是使用外部系统来检查期望的输出结果。

图 15-7 没有显示出管理系统与验证系统之间任何的直接交互。这出于十分重要的原因：为了验证输出结果，验证过程不能依靠从管理系统获得的信息。特别地，如果相对于管理系统而言处于内部的网络信息与底层网络的实际状态出现不一致的情况，那么对管理系统的数据进行验证是不能够检测出这些问题的。我们需要谨慎地允许验证器检查内部管理系统中的数据（比如，检验信息是否与现实相符）。但是，外部验证系统的目标是检查输出结果，并不需要评估管理系统是否正确地运行。

如图 15-7 所示，验证系统有两种输入形式。首先，验证系统利用控制管理系统的策略集合。其次，它会读取需要进行检查的、期望的输出结果（expected outcome）。期望的结果可能会包含积极和消极的内容。例如，一个企业网络的管理员应当能够做出类似于这样的关于积极期望的陈述：

路由按照预期的结果提供了一条从网络中任意一点到外部 Internet 的路径。

类似地，管理员应当能够对未达到预期结果的情况做出陈述，比如：

出人意料地，傍晚和夜间的网络使用率超出了白天工作时间的使用率。

理想的期望集合不关心单独的链路和网络元素，而是为整个网络指定条件。更重要的是，为了提供最全面的验证，期望应当与管理系统中的功能正交。因此，如果管理员单独说明了路由和

防火墙的策略，那么期望也该指定包含路由与防火墙的输出结果。类似地，如果管理系统允许规范流量工程的路径，那么期望就会指出所有路径上的流量的综合影响，或者在流量工程路径上其他网络流量的影响。

> 为了检查交互，期望集合应当为整个网络指定条件并且包含多个策略和子系统。

15.17 正交工具的体系结构

上面关于体系结构的讨论假定构建一个唯一的、覆盖网络管理各个方面的分布式系统。构建一个大型的集成系统也许的确是可行的，而且是理想的结果。但是，对于包含大量功能的系统来说，它的验证工作仍然有很多问题。即使建成了一个全面的系统，关于正确性、灵活性，以及最终代码的效率问题仍然存在。

目前，有不同于唯一、大型的分布式系统的其他可供选择的方案吗？软件背板体系结构提出了一种可能：在一个由独立工具组成的集合中，每一个工具负责解决一部分问题。这一建议的中心问题是：是否需要背板？管理工具之间是否需要进行通信？也就是说，管理系统所包含的工具是独立地进行工作，还是需要相互间进行协作？

如果工具之间的协作是必须的，那么哪一项功能是必要的呢？主要有两种可能：

- 运行时的协作
- 数据格式与解释上的协作

[278]

1）运行时的协作：即使工具能够独立地完成任务，也需要通过协作防止一个工具干扰其他工具。运行时的协作是指在工具之间实现同步以保证在多个网络元素上的更新和修改是原子的。这样就能防止在给定的时间内两个工具都试图管理同一元素的情况。

2）数据格式与解释上的协作：数据协作是指在数据格式和数据含义上达成一致。即使唯一的数据交换是通过文件在二级存储设备上完成的（比如，不需要背板的情况），管理工具也必须遵守产生和消耗数据的标准表示。

15.18 总结

在设计网络管理系统时可以采用两种主要的设计范型：从当前的网络元素进行概括的自底向上的设计范型，以及从需求和抽象集合着手的自顶向下的设计范型。自顶向下的设计范型提供了实现新的、强大的功能的潜力，但是可能会出现不切实际的情况。自底向上的设计范型保证最终的系统能够在现有的网络元素上工作，但可能在进行改进的过程中受到限制。作为妥协，如果能够找到一种有效地实现抽象的方法，那么就可以使用自顶向下的方法。

FCAPS 模型提供了用于定义问题的抽象，但是没有给出用于执行管理系统的抽象。目前，还没有一种模型能够填补这一空白。在理想情况下，抽象集合必须是有限的、正交的、足够的、直观的、实用的。

从概念上说，管理系统是脱离于底层网络元素的。接口用于连接管理系统与每一个网络元素。从管理系统到网络元素之间的数据传输被认为是北向的，而从网络元素到管理系统的数据传输被认为是南向的。

我们回顾了几种体系结构的方法，其中包括单片系统、可扩展的架构、软件背板、分层的体系结构，以及中心数据库体系结构。一些技术可以增加管理系统的灵活性和效率，其中包括自动复制、数据高速缓存，以及代码移植。作为选择，体系结构可以被定义为一个松耦合的正交工具的集合。

因为与人工操作相比，应用程序对自动化系统有着更加重要的影响。应用程序与系统之间的绑定是至关重要的。使用早绑定的系统会在设计系统的时候将应用程序集合固定下来；而迟绑定机制则提供了更大的灵活性。因为迟绑定允许在系统建立之后增加或修改应用程序。

网络是十分复杂的。由于管理策略与自治部分之间的相互影响，即使系统按照策略正确地运行，也可能会产生令人惊讶的结果。一个包含外部验证系统的宏观体系结构可以用于检查出乎意料的输出结果。

第16章 表示、语义与信息模型

16.1 简介

本部分内容通过考虑可以自动配置、控制、监视与操作网络的系统，讨论了网络管理的未来发展。第14章提出了总体目标与特点，以及与预期的自动化程度有关的基本问题。第15章讨论了可能的体系结构，包括一种中心数据库的体系结构。

本章将继续关于未来的可能性的讨论。本章重点在于自动网络管理系统中可用的内部表示问题。我们将讨论及时性的问题，即内部表示是否可以频繁更新，以便能满足管理任务的需要。另外，本章将讨论信息建模技术与建议的模型，该模型有助于创建未来管理系统。后面的几章将讨论设计的权衡与研究的问题。

16.2 管理软件的数据

当计算机软件执行计算时，它要使用程序内部（保存在内存中）的数据值。因此，执行网络管理的软件系统需要获得数据，这些数据对应于网络中的某些条件。管理软件遵循下面的基本范型：

- 从底层元素导入有关网络的信息，这些信息被保存在内存中。
- 使用这些导入的信息来执行必要的计算。
- 向管理者显示计算结果或向基本网络元素导出结果。

关键点总结如下：

> 由于计算机软件只能处理保存在内存中的数据项，因此网络管理系统必须从底层元素导入信息，并将结果导出到底层元素与管理者的显示部分。

16.3 数据表示的问题

在前面关于体系结构的讨论中，描述了网络元素与管理系统之间的双向信息流：北向数据流包含从某个网络元素到管理系统的信息，南向数据流包含从管理系统到网络元素的信息。但是，这个讨论并没有涉及细节。因此，出现了两个基本问题：

- 哪些信息需要与其他实体交换？
- 这些信息应如何表示？

1) 交换信息：从本质上来说，管理系统的功能与在系统与网络元素之间交换的信息有关。管理系统可用的信息决定了系统的范围与限制[⊖]。

通常来说，导入信息定义了一组管理系统可以监视的项，导出信息定义了一组系统可以控制的项。对于导入信息，除非从底层元素得到性能与流量的数据，否则管理系统无法评价网络性能。与此类似，除非从每个系统获得事件，管理系统无法从多个网络元素中判断错误来源。对于导出信息，路由控制要求管理系统能够更新转发表。

⊖ 信息可以在不同支持系统（例如用于认证的 RADIUS 服务器）之间交换。

除了限制功能选项的改变可以增强管理系统的灵活性。理解限制功能需要考虑做出选择的时间。尽管限制功能可以提高效率，但尽早（在系统被设计与实现之前）选择一组项是有局限性的。在系统创建以后进行选择会增加灵活性，但是也会导致实现的效率更低。

这点可以归纳如下：

> 管理系统可以与底层网络元素交换的项组决定了系统的功能；选择项组的时间决定了系统的灵活性。

我们将在后面几节中继续讨论灵活性的问题，目前只了解基本概念就足够了。

2）信息表示：表示的问题看起来只是一个实现细节，而与系统的总体设计无关。但是，我们注意到，选择表示方法与总体架构、设计效率都有关系。

自动网络管理系统必须导入根据来源定义的两类信息：

- 由管理员人工输入的信息（例如一组策略），管理系统使用它对整体行为做出决策。
- 从网络元素处获得的信息，用于获得网络的当前状态。

由于这两类信息的来源不同，它们的表示方法通常也会不同。例如，策略信息通常以某种形式来保存，它适合于管理员输入与读取。有关网络当前状态的信息来自于底层网络元素。因此，这种信息以有效的二进制形式产生。没有哪种形式会适合所有管理数据，每种形式在不同环境中有自己的优点。

管理系统在某些层次必须处理多种数据表示方法，这是由于管理信息来源于多种形式。我们可以归纳如下：

> 由于一些管理信息是由人工输入，而另一些信息来源于网络元素，因此管理系统需要适应多种表示方法。

后面几节将讨论多种输入表示方法带来的后果：需要在不同表示方法之间的转换。这里，我们只是讨论内部表示方法的问题，并假设系统可以将任意输入表示转换为所需的内部形式。

16.4 内部表示与编程语言

数据表示方式选择的关键问题是应用如何利用数据。在理想的情况下，可以找到一种一致的、统一的内部表示方法，并可以适用于所有的管理功能。理想的内部表示方法应该：

- 提供一种适于所有管理数据的格式，包括通过网络元素收集的状态信息。
- 使保存管理信息的空间最小。
- 为管理应用程序提供方便、有效的数据形式。

实际上，没有哪种表示方法能满足上述 3 个目标。因此，选择数据表示方式时要进行折衷，设计者必须决定哪些目标达到最优，哪些可以让步。

第 3 个目标（表示方法要适用于应用程序）特别难于优化，这是由于方便与有效性依赖于编程语言与编程范型。例如，用 C 语言编写的程序使用数组（array）与结构（struct）作为基本数据集合，用 C++ 与 Java 语言编写的程序使用对象保存数据。这点可归纳如下：

> 由于有多种编程语言与范型存在，没有哪种内部表示方法适用于所有环境，需要做的选择是进行折衷。

16.5 编程范型的表示效果

除了编程语言之外，设计者必须选择基本的编程范型，这个选择会影响数据表示方法的选择。例如，图 16-1 列出了一组编程范型与使用它们的技术。

除了定义一种访问机制，很多编程范型指明相应的数据表示方法。例如，SNMP MIB 为一组 MIB 变量定义了类型、大小与含义。

编程范型	技术的例子
操作 API	基于 OMG 的 Internet Orb 交换协议（IIOP）
对象 API	Java 远程方法调用（RMI）
远程变量	SNMP 管理信息库（MIB）
关系数据库	查询语言（SQL）

图 16-1 一组编程范型与使用它们的技术的例子

面向服务架构（SOA）被建议用来解决数据表示与通信技术之间的关系。SOA 通常提供了一组定义，用来完成一个任意转换（RMI 或 IIOP）。这点总结如下：

> 数据表示与编程方式的选择并不是独立的。

也就是说，编程方式或技术的选择会限制数据表示的选择，数据表示的选择也会限制编程范型的选择。在下一节的内容中，数据表示与编程范型将会与面向对象的技术结合起来。

16.6 对象与基于对象的表示

面向对象语言（例如 Java 与 C++）使用了一种范型，它们将数据与操作都收集到对象（object）中。一个对象包括带有一组方法的一组数据项，可以调用这组方法来对数据进行操作。

尽管管理系统带给我们一个印象，系统负责维护数据而应用很少实现转换，这样做会带来应用与管理系统的松耦合。这一点可归纳如下：

> 为了维护与面向对象应用的紧耦合，管理系统必须提供管理数据的基于对象的表示方法。

在考虑面向对象接口时出现了几个问题。在本质上，由于多种应用与网络管理系统共享数据，因此对象的细节对它们都会有影响。如果一个面向对象的抽象扩展到底层元素，则设计者需要考虑：

- 每个对象中的成组的数据项。
- 一个对象提供的成组的方法。
- 用于表示对象、数据与方法的名字。

16.7 对象表示与类层次结构

围绕面向对象接口的一个基本选择涉及类层次结构（class hierarchy）的组织。与一个面向过程的接口不同，面向对象设计将对象定义在一个抽象的层次结构中。在层次结构的较低层次定义的类包括更多细节。这种类就是通常所说的子类（subclass）。例如，设计者需要选择创建一

个类:

NetElemConfig

它定义了所有网络元素中的配置参数，并且可以选择创建两个子类:

RouterConfig

与

SwitchConfig

它们分别定义了路由器与交换机（两类特定的网络元素）的相关细节。

　　正如我们所看到的，创建任意类层次结构的能力为面向对象的表示带来了额外的自由。特别是，设计者必须为每个类选择概念范围，它依赖于设计者预想的基本抽象。下面几节将会讨论更多的细节[⊖]。

16.8　持久性、关系与数据库表示

　　围绕数据表示选择的一个基本问题集中在数据的持久性。这就带来了两个问题:

- 管理系统是否需要将管理信息保存在非易失性存储器中?
- 如果需要保存，应该使用哪种表示方法?

　　针对第一个问题，很明显有一些信息需要持久保存，以免由于系统重启或电源故障而丢失。例如，对管理策略的描述应该保持一直不变。有趣的是，有些从网络中收集的数据与网络管理系统生成的信息也需要保存。例如，保存在高速缓存中近期的事件与存储器中的流量数据，它们可以帮助管理员在故障发生时进行诊断。

　　针对第二个问题，有两类选择可用于可持续存储，而表示方法依赖于所做的选择:

- 应用创建的并写入磁盘中的文件
- 保存在通用数据库中的记录

　　文件的主要优点是通用性与灵活性:不需要将所有数据强制保存为一种形式（例如关系数据库中的关系），每种应用可以选择合适的数据格式与表示方法。通用数据库的主要优点是分布容易且数据统一。由于被设计成在分布式环境中运行，因此现代关系数据库系统能很好地处理远程访问与数据一致性。因此，很多专家将关系数据库技术视为持久性存储的基础。决定性因素是通用数据库增强了数据的关系视图与数据结构明确，以便为管理数据提供单一的、统一的表示，而不必依赖于某种具体的应用。

　　这点可归纳如下:

> 尽管一个管理系统可以用文件保存持久信息，通用的关系数据库是更常见的选择;当使用一个数据库时，数据必须表示为与数据库模式相关联的记录。

16.9　在不同点与时间的表示

　　尽管上面讨论了表示管理数据的可选方式，但实际系统可能需要多种表示方法。需要注意的是，用于管理系统中不同点的表示方法可以不同。例如，当系统为管理员显示信息时，它必须选择一种适合于人类的表示方法;当系统与网络元素进行交互时，它必须使用元素要求的表示

⊖　在关于面向对象程的最近的观点中，一方面要尝试克服由类层次结构带来的限制，另一方面要定义可以关联到任意类的行为。

方法。因此，最优的表示方法依赖于管理系统中某点使用的信息。系统中点集合主要包括：

- 在网络元素的内存中。
- 在元素与管理系统之间传输时。
- 在管理系统的内存中。
- 在特定的管理应用的内存中。
- 在持久性存储器中。
- 在管理员的显示系统中。

正如我们上面所讨论的那样，表示方法也可以依赖于保存的信息类型。例如，用于保存从网络元素获得信息的表示方法与用于保存策略的表示方法不同。更重要的是，用于保存大量信息（例如流数据）的表示方法，与用于保存单个数据项（例如对不应发生事件的报警记录）的表示方法不同。

我们可以概括如下：

> 由于没有哪种数据表示方法能满足所有目标，或管理系统中所有位置，因此，我们可以在一个复杂管理系统中采用多种表示方法，并在不同表示方法之间进行必要的转换。

16.10 表示方法之间的转换

为了理解数据表示之间的转换，我们可以看一下几个例子：

- 标量变量的值（SNMP）
- 关系（数据库）
- 对象（管理应用）

尽管不同表示方法之间有显著的区别，但是进行转化时要保存语义的值。另外，为了使系统更有效率，转换不能使用大量的处理或内存。我们将数据转换的期望特点总结如下：

- 从 CPU 与内存使用效率角度考虑计算效率
- 数学上的 1-to-1
- 容易与唯一的可逆
- 语义保持
- 限制大小的线性增长

大多数的特点是明显的。例如，第二与第三项保证一个转换是无二义性的，并且管理系统可以实现双向的转换。我们将会在后面考虑语义。最后一项给出了可用项的相对大小，转换需要保证数据项的大小不会显著增长。尽管有些表示方法比其他方法需要更多空间，但转换后值的大小应为原始值的线性倍数，并且这个倍数应该很小。

16.11 异构与网络传输

通过网络传输一个值（在网络元素与管理系统或位于两个网络的管理系统之间传输）带来数据表示方法的问题。尽管数据传输看起来琐碎，但是两个特点使它难以实现：数据类型编码与异构。

1）数据类型编码：传输协议（例如 TCP）采用字节流范型：尽管允许成对的应用通过网络或 Internet 传输字节序列，但是协议并不对流的内容进行解释，进行通信的应用需要就数据编码达成一致。

在项的大小或类型可变的情况下，编码对于这些项来说特别重要。例如，在传输一个字符串时，发送方与接收方需要就字符串的长度达成一致。发送方需要预先规划元数据，并指定每项的类型与大小。在有些情况下，应用必须将数据与元数据都转换成传输的字节流。我们说数据经过了串行化（serialized）⊖。关键是得到需要传输的数据如何表示的细节，这是由于串行化方案决定哪些数据项可以被传输。例如，应用可以只传输复杂的数据结构，例如矩阵、结构与对象，这些结构必须是串行化方式所提供的项。

我们可以概括如下：

> 291 　数据传输的串行化方式决定了管理系统可以通过网络传输的数据值的类型。

2）异构：很多大型网络系统包含多种网络元素与来自多个硬件厂商的服务器系统。其结果是硬件使用的数据表示方法不同，这意味着软件难以将数据项从一个系统拷贝到另一个系统。令人惊讶的是，基本数据项（例如整数或字符）也可以不同。例如，有些硬件使用 big-endian（高端字节序）方式表示整数，即在低内存地址存储最重要的位；有些硬件使用 little-endian 方式表示整数，即在低内存地址存储最不重要的位。另外，数据项的容量可以不同：有些系统使用 32 位整数，另一些系统使用 64 位整数。需要注意的是，只有串行化方案并不能保证数据传输正确。

我们可以概括如下：

> 　由于基本数据项（例如整数）的大小依赖于基本硬件，并且一个大型网络通常包含来自多个厂商的硬件，因此网络管理系统不能假设一个系统的本地数据值可以传输到另一个系统。

16.12　串行化与扩展性

正如我们所看到的，通过网络传输包括两个方面：语法编码（即串行化）与语义保持。本章后面的部分将考虑语义的问题，本节则关注语法方面。

即使我们不注意串行化的语法，在这方面也会产生几个问题。例如，正如上面所提到的，只是发送一系列的位是不够的，需要制订编码以确定每项的开始与结束。另外，理想的串行化机制应允许传输任意的元数据。特别是要消除二义性并允许接收方进行确认，每项都可以得到名字与类型。

可扩展标记语言（eXtensible Markup Language，XML）已经成为一种流行的串行化技术。XML 具有吸引力的主要特点是易于扩展，数据项可以用 XML 格式编码而不必改变基础语言。XML 支持接收方对串行化的流进行分析，并从中准确提取所有项。当然，数据的值对接收方没有意义，除非接收方可以理解这些项的语义。

XML 的主要缺点是它使用文本编码⊖。XML 将数据的值编码成文本，而不是编码成紧凑的二进制格式进行发送。因此，XML 不是使用位，而是将每个整数编码成一串数字。编码与解码 292 带来了处理上的开销，使用文本表示方法意味着结果比必要的值大（编码带来不必要的传输开销）。最后，设计者必须在扩展性与低开销之间进行选择。

⊖　有些作者使用的术语是线性化。
⊜　二进制编码的使用已经进行了讨论并提出建议，但是目前还没有二进制编码标准。

我们可以概括如下：

尽管 XML 这类技术提供了很好的扩展性，但是其他串行化技术可以提供低的计算与传输开销。

16.13 语义规定的需求

由于网络管理系统必须收集、分析与归纳来自底层网络元素的数据，设计者必须保证解释后的数据值在通过整个系统的过程中不变。我们使用数据语义（data semantics）这个词来描述数据项的含义。除了数据类型（例如整数）之外，语义包含取值的范围（例如 0 到 $2^{16} - 1$）与该项的解释（例如系统启动后接收数据包的数量）。

正如我们所看到的，保证语义的绝对一致是很困难的，特别是在一个包含异构硬件的大型网络中。因此，设计者面临的一个挑战是对数据语义的精确规定，并且能在大多数硬件上有效地实现。特别是要保证正确性，数据语义规定需要超越不同的编程语言与硬件机制。

16.14 语义有效性与全局不一致性

应如何规定数据语义？主要有两类方法。第一类方法依赖于人工创建与遵循语义规定，而第二类方法使用的是自动工具。对于人工方法，设计者规定了每个数据项的语义，并且要在实现软件时遵循这个规定。如果有不精确的规定或实现上的错误，将会导致系统中两个或多个部分对给定数据值应用不同解释。但是，最重要的问题来自于规定：

如果每个数据项的语义都独立规定，即使每个数据的值都有效，也会导致解释后的值无效。

293

我们通过一个例子来理解问题的原因。假设一个网络元素有两个或更多的物理网络接口，并且每个接口都有一个 MAC 地址。进一步假设值的语义为：一个无符号 8 位整数计数器，用于保存物理接口号（值的范围为 0 ~ 255）；一个 48 位整数值，用于保存每个接口的 MAC 地址。假设接口 4 的 MAC 地址为十六进制值 0xff0310de1504。同样，假设接口计数器的值为 3。由于每个值在数据项的可用范围内，因此每个值都遵循了语义规则。如果一个设备只有 3 个接口，则将 MAC 地址分配给第 4 个接口没有意义。因此，尽管每个数据值都遵循语义规则，但处理后的值也可能在全局上无效。

16.15 信息模型与模型驱动设计

设计者如何保证数据项在一个大型的、分布式系统中的一致性？正如我们前面所说的，关键在于设计一种对信息的精确规定，这个规定独立于各种软件，并且使用它来开发与验证管理系统的各个部分。理想的规定为：

- 用于整个系统而不是其中的某个部分
- 规定数据项的各个方面（例如名字、类型与语义）
- 包括一个数据的值之间关系的规定

软件工程师使用信息模型（information model）这个术语来描述一个遵循上述规则的规范，使用模型驱动设计（model-driven design）这个术语来描述构造软件的过程，它从信息模型开始并通过该模型来创建软件。

有些软件工程师增加了额外的标准，以使信息模型适应自动分析、验证与操作的需要。也就是说，这个额外的标准除了坚持由人类来使用外，信息模型也可以由程序开发者或其他工具使用。例如，如果模型采用适于自动分析的形式保存，就有可能创建工具来检查模型以验证定义的一致性。这点可归纳如下：

> 如果一个信息模型以精确的方式表示，则可以创建工具来验证模型的内部一致性。

[294] 有些建模组织的成员持有极端的看法：由于自动软件的产生而带来错误的目标，他们认为信息模型可以解决所有的软件工程问题。他们断言，如果信息模型可以提供处理的所有细节，就可以通过创建工具来将一个模型作为输入，并产生一个正确的、可靠的、有效的软件系统作为输出。因此，他们断言除了定义数据值的细节，模型还应该包含处理过程的细节与人们期望的交互过程。

相反的观点认为，尽管模型可以帮助程序员理解问题并制定解决方案，也可以在创建程序的初始阶段帮助程序员处理一些琐碎任务，但是没有哪个模型足以生成自动软件。他们断言，一旦模型中包含处理过程的所有细节，则模型将会变得与软件难以区分。也就是说，当模型中包含足够的细节以便为一个大型、复杂的软件系统生成代码时，则模型自身也会变得很大与很复杂，在模型开发中将会遇到与软件开发相关的所有问题。

目前，没有证据显示模型比其他工具对自动软件生成更有帮助，并且看起来这些证据不只是表面上的。因此，我们可以概括如下：

> 信息模型是一个可以帮程序员理解问题与制定解决方案的工具；认为模型可以完成自动软件生成的观点并没有依据。

16. 16   信息与数据模型

正如我们所看到的，信息模型是面向对象的。面向对象建模与两种软件系统密切相关，它们由面向编程语言实现或要导出面向对象的接口。模型可以帮助程序员从概念上理解整体结构，并且在编码之前选择好对象体系结构。但是，面向对象模型的最终目标不只是模糊的结构规定，模型可以包含足够细节以使用其中的定义来创建系统。

建模的第二种形式是众所周知的数据模型（data modeling），规定在内存或可持续存储中的数据格式。数据模型通常是关系型的（relational），关系模型的最终目标是关系型数据库方案，它用来描述数据项的存储与检索。另外，数据模型可以规定数据项之间的语义关系（例如地址记录中的 zip 码与记录中的城市、省份相关联）。当然，数据模型不能只是归类数据与规定语义约束，还要规定可用于处理过程的具体形式。因此，数据模型不仅要记录数据项，还要规定预期
[295] 的操作或查询。

我们在后面的几节中将会看到，信息模型与数据模型并不互相排斥。如果使用面向对象编程语言来实现一个软件系统，则系统可以使用一个关系数据库作为持久性存储。因此，系统也需要一个数据模型。更重要的是，两个模型之间的交互决定了系统规模与访问效率。

我们可以概括如下：

> 为了创建一个面向对象的信息模型，设计者需要创建一个关系数据模型，以规定数据如何映射到持久性存储。两个模型之间的交互影响整体效率与性能。

16.17　面向对象模型的类层次结构

如何构造一个用于网络管理的面向对象信息模型？关键在于类层次结构的选择。设计者可以设想一个单一的、全局的层次结构，它包括网络管理信息的所有方面，或是多个在概念上独立的体系结构。例如，我们可以设想一个类结构，它符合图 16-2 定义的 FCAPS 模型。

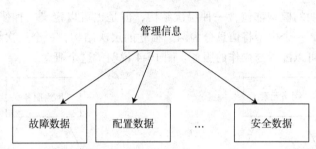

图 16-2　遵循 FCAPS 模型的类层次结构顶层。每个矩形表示一个类，箭头表示子类关系

尽管 FCAPS 提供了一种表示网络管理问题的简便方法，但它并不是一种描述管理软件结构的方式。因此，用 FCAPS 作为信息模型的基础，并不能为实际管理系统生成一种最佳结构。

目前已有很多体系结构，并且其中几种可用于自动管理系统。模型可以被设计成反映网络硬件结构的层次化信息，一个模型也可以从一组被执行的管理任务中得到。例如，图 16-3 给出了一种基于硬件的体系结构。

图中的顶层（体系结构的根）被标记为网络系统，它用来表示网络设备的层次模型。每个子类对应于一种设备（例如交换机、路由器与 Modem）。下面的层次用于区分给定类型的设备。例如，路由器的子类可包括核心路由器、接入路由器与无线路由器。

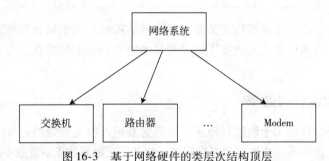

图 16-3　基于网络硬件的类层次结构顶层

路由器子类也可以按使用它们的组织来划分：服务提供商的路由器、企业的路由器与消费者的路由器。在有些情况下，所有类型的路由器通用的数据项规定在路由器类中；每种类型的路由器特有的数据项规定在子类中。因此，至少要有一个唯一数据项时才需要子类。否则，所有数据项都属于父类，则子类就会是空的⊖。

有可能出现其他的变化。例如，不是通过设计模型描述网络硬件，而是通过创建更大范围的扩展到所有计算机硬件的层次结构来描述，并将网络系统构成一个子类。作为一种选择，不是将

⊖　在有些情况下，添加子类是用于占据位置或保持对称。术语 moniker 用于表示这种子类。

层次结构限制在网络硬件设备，而是可以围绕网络元素构成层次结构（包括硬件与软件部分，例如服务器）。

这点可以归纳如下：

> 组织管理信息可以根据要解决的问题或基本功能进行组织。每种组织方式都会有变化，因此很多信息模型都是可能的。

16.18　多层次结构

尽管上述例子说明的模型都包含一种层次结构，但是也可以定义一种使用多个独立的类层次结构的模型。例如，一个模型将信息分为两个独立的层次结构，一个层次结构描述网络元素，另一个层次结构描述可以配置与操作的服务。图 16-4 说明了这个概念。

图 16-4   对应被管理的网络元素与服务的类层次结构顶层

多体系结构的优点是可以关注与问题相关的信息的某个方面，而不必关心那些无关的信息。在单层次结构的模型中，两项之间的间隔可以任意大，即使这些项之间没有信息可用。因此：

> 多个层次结构有助于避免构建一个任意大的模型、而只需使用其中很小一部分的缺点。

后面的几节将会讨论跨体系结构的关系。多体系结构的存在不需要消掉这种关系。很多体系结构的结合与跨体系结构的关系改变了模型的基本特点：模型的发展趋势是网状，而不是分层的。

16.19　层次结构设计与效率

由于信息模型是设计者用于创建管理系统的概念基础，因此模型的总体结构经常会影响生成的软件。特别是，设计不好的模型会产生不必要的开销，进而造成系统效率不高。这里主要有两种情况：

- 层次的深度
- 跨层次的交互

1）层次的深度：在面向对象语言中，引用是遵循一个类层次结构解决的。因此，当一个方法被引用时，运行时系统会使用该方法的最具体的实例（在类层次结构中最靠近调用点的方法）。它所带来的问题是：层次应该有多深？

无论深或浅层次都不可能适用于所有环境。一方面，浅层次通过将信息收集到较少的对象来进行优化。但是，浅层次的每个对象很大，这就意味着查询一个对象所需的时间很长。但是，尽管小的对象可以优化检索时间，但是小的对象需要深层次，这样就需要增加处理时间。

这点可归纳如下：

> 为了使信息模型易于编程，需要遵循运行效率来设计信息模型。重点需要考虑的包括层次的深度。

2）跨层次的交互：除了要考虑层次结构的深度之外，设计者还要考虑对象之间的交互，这些对象从层次结构的一部分到另一部分（或跨越不同层次结构）。跨层次结构的交互在有些情况下特别重要，那就是相关信息放在类层次结构的较远部分。例如，设计者将网络硬件的相关信息放在层次结构的一部分，而将配置信息放在层次结构的另一部分。在对硬件进行配置之前，管理系统需要与对象进行关联。与此相似，如果物理目录信息（设备的物理位置）位于层次结构的一部分，设备（运行在特定计算机上的服务器）的逻辑描述位于另一部分，则确定故障的物理位置所需信息要跨越层次结构。我们可以概括如下：

299

> 如果信息模型将相关的部分信息分别放在类层次结构的不同部分，跨层次结构的交互将会导致系统效率降低。

16. 20　跨层次结构关系与关联

信息建模组织已经提出了很多机制，它们可以用于表示相互之间的关系，以及在严格继承层次结构之外的其他信息。例如，信息模型可以表示为：
- 多样性
- 身份认证
- 容器与组成部分
- 约束

理解设计思路需要考虑网络硬件描述。多样性允许模型指定有零或更多网络接口的任意路由器，或是指定具有六个接口的路由器。身份认证机制允许模型具有标签（为一个实体进行非正式的命名或指定拥有它的组织）。容器允许模型表示相互之间的关系，例如一部分或被包含；组成部分表示的关系是组成。因此，模型可以指定一个路由器被包含在特定的装备架中。约束进一步允许模型明确关系：给定服务器可以通过 TCP、UDP 或其他协议来接收请求。

表示关系的机制是众所周知的关联（association）。从理论的角度来看，关联实际上是没有吸引力的，这是由于它打破了严格的类层次结构。它所带来的问题在于：信息模型如何避免定义额外的抽象，并且将所有信息统一在一个类层次结构中？对语法要求严格的人提出的解决方法是关联的层次，不是将关联看作层次之外的纽带，而是创建自身带有关联的各个层次⊖。这点可归纳如下：

> 由于严格的类层次结构不足以表示所有可能的关系，因此需要使用额外的约束关系。建模倡导者断言，层次信息模型足以表示任意信息。因此，很多建模技术不是定义模型之外的关联，而是将所有内容放入单一的抽象，并将关联放入独立的类层次结构中。

300

⊖ 在类层次结构中包含关联是对递归功能理论工作的回顾，研究者热衷于研究那些足以表示所有计算功能的数学结构。

例如，在后面章中讨论的 CIM 标准提出了一种模型，网络系统被描述在一个层次结构中，编址被描述在第二个层次结构中，而关联被描述在另一个层次结构中[⊖]。因此，一个 IP 地址与指定的路由器接口之间的约束通过关联来描述，这个关联在逻辑上位于关联层次结构中。图 16-5 说明了这个概念。

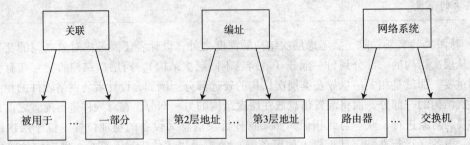

图 16-5   信息模型的整体结构的例子，关联位于独立的类层次结构中

尽管将关联放入类层次结构中提供概念上的统一，但是它会带来潜在的运行时效率问题：当需要使用一个约束关系时，系统必须访问在某个层次结构中的适当的关联对象，并将对象放在其他层次结构中运行。因此，关联作为类层次结构的部分有可能导致效率问题：

> 一个有效率的管理系统是否可以根据一个关联位于类层次结构中的模型来设计？

16.21   说明性模型与通用性

信息建模的一个重要问题是模型的范围与通用性。根据特点可以将模型分为 3 类：
- 具体解决方案模型
- 具体问题模型
- 具体域模型

1）具体解决方案模型：具体解决方案模型是小型、有约束的模型，它用于解决一个具体的问题。也就是说，具体解决方案模型有助于构建一个软件系统。具体解决方案模型的设计者熟悉系统需求细节，并且知道他将要使用的软件整体的结构。因此，具体解决方案模型关注特定系统中所需的数据项，并且可以忽略其他细节。

2）具体问题模型：具体问题模型比具体解决方案模型更具通用性。具体问题模型不是关注单一的软件系统，它记录与问题域相关的信息而不是解决方案。也就是说，具体问题模型尝试提供可用于解决问题的信息，而不提供软件设计者可采用的方案的相关信息。因此，具体问题模型的设计者知道问题所在，但是不必知道如何构建软件来解决问题。

3）具体域模型：具体域模型是最具通用性的模型。这种模型尝试编码信息，而不必知道信息如何使用。也就是说，模型的设计者不需要知道处理过程，以及用于执行处理的软件系统的结构。

由于被限定为单一系统体系结构，具体解决方案模型的通用性最差。具体解决方案模型的缺点在于不灵活。如果程序员决定改变系统结构，而具体解决方案模型已经创建，则必须对模型进行修改。

在理论上，具体问题模型与具体域模型通过提供更好的通用性来克服灵活性差的缺点。具

⊖ 可能通过添加一个根来将所有层次结构连接起来；我们理解为通过分离来增加层次结构在概念上的独立。

体问题模型提供了一个模型作为多个系统体系结构的基础，具体域模型通过支持更多软件来提供更好的通用性。因此，很多模型设计者致力于创建可用于任意问题的具体域模型。他们认为具体域模型具有统一术语（例如变量名）的更大优点，这样可以使编程更为容易，代码可重用性更高。

实际上，增加通用性是难以实现的。由于面向对象模型使用信息的类层次结构，因此模型的整体结构决定了来自模型的相关对象如何在软件系统中组织。为了达到完全通用的目的，具体域模型必须能适应多种运行时体系结构。通过定义，模型针对信息引入具体的结构。

从另一个角度来看，每个模型都是说明性的（prescriptive），它规定了一个特定的信息层次结构。由于模型定义了一个先验与保留的常量，因此我们将具体域模型看作是静态的（static）。有趣的是，在创建软件之前设计的静态模型表现出不灵活，这是由于模型变得既模糊而难以获得细节，同时又不具体而难以适应新出现的问题。特别需要注意的是，先验定义模型会产生一个静态类层次结构，它会导致软件的效率低下。这点可以概括如下：

> 尽管设计满足任意要求的单一信息模型看来有吸引力，但是静态的、预定义的对象层次结构是不灵活的，并且对有些软件系统不是最优的。

16.22　模型与语义推理的目的

我们说过，建模有助于创建正确的软件系统。定义模型意味着要规定不同数据之间的语义关系。因此，当定义一个模型并遵循该模型创建一个软件系统后，程序员可以相信系统符合模型规定的语义规则。也就是说，通过创建与检查模型并使用模型来生成软件，我们可以防止程序员在编写代码时意外违反语义约束。

软件工程组织的观点是建模可以帮助创建软件，而不是概念化的设计或帮助生成代码，但是其他组织具有不同的观点。人工智能组织将模型看作可以分析的语义信息的来源。这意味着可以采用某种形式的数据挖掘：在一个模型建立之后，从这个模型中可以得到语义推理。最终目标是从模型中发现不明显的语义关系。信息模型中的语义推理的相关工作有熟知的语义网（Semantic Web）。

16.23　标准化信息模型

已被提出多种信息模型并用于构建网络管理工具。具体解决方案信息模型已用于帮助构建特定的软件系统。另外，有些组织已开始进行具体域模型的研究工作，例如分布式管理任务组（DMTF）与电信管理论坛（TMF），这种模型足以满足所有的管理活动。DMTF 创建了一个具体域模型，TMF 创建了以下两个模型：

- DMTF：通用信息模型（CIM）
- TMF：共享信息/数据模型（SID）
  多技术网络管理模型（MTNM）

最近，这两个组织宣布它们计划共同工作，以协调这些模型中不同的地方。

问题仍然存在：标准化工作是否有助于模型成功？在理论上，如果网络管理产业采用单一的标准，开发软件时遇到的很多困难都容易解决。例如，如果将单一的模型作为开发管理系统的基础，数据项在所有管理软件上都是一致的，并且允许多个厂商的系统之间互通。管理系统与底层管理元素之间的接口也可以进行标准化。结果，标准化将使开发可移植的管理应用成为可能，它可以用在多种网络管理平台上。

但实际上，没有哪种标准足以作为管理软件的基础，标准模型的概念带来一个重要问题：静态层次结构的暗示。每个标准建议创建一个具体域模型，它可以用于任意的管理系统或应用。因此，这个标准模型会很大并近似于静态（模型尝试得到基本网络功能与管理服务的所有细节）。由于模型变得很大，需要得到信息的所有方面（包括关联）。问题是这样的模型能否产生有效率的管理系统软件，以及能否对产生低效率的软件结构做出前期判断。

我们可以概括如下：

> 尽管 CIM、SID 与 MTNM 模型都是标准化的，每种模型具有一个静态的信息层次结构，这意味着它们都与具体域模型有相同的缺点。最后，需要考虑这些模型是否能产生有效率的管理系统。

16.24　模型的图形化表示

关于建模的讨论需要考虑用于表示模型的语言。建模语言主要有 2 类：文本化建模语言（textual modeling language）与图形化建模语言（graphical modeling language）。文本化建模语言的主要优点是容易解析。文本化建模语言规定设计者需要使用的详细的语法规则，它类似于编程语言的语法规则。也就是说，文本化建模语言与编程语言一样要定义正式的语法，句法格式（例如标点符号）用于规定模型中的项。它所产生的语法是无二义性的。因此，通过图形化建模语言编写的模型可以被编译器解析，以便检查句法格式、分析规定，以及将模型转换为有效的内部格式。

文本化建模语言的主要缺点是人类难以阅读与理解具体规定。文本化建模语言的发展趋势是庞大与细节多，使用文本化的标签来指定子类的之间的关系。图形化表示方式更易于人类的理解。例如，本章中的图通过图形说明层次结构，这样更易于理解。

当然，本章中的图表只说明了其中很少的一部分层次结构，并且没有给出信息模型中的细节。当图形化用于描述信息模型时，图表中的各项包含相关的大量规定（例如类型与含义）。另外，很多信息模型是庞大而复杂的，不像显示在图中那样的简单，信息模型的图中的每个节点通常包含很多细节，可能包含带有几百个子类的节点，也可能包括关联与跨层次的关系。因此，尽管图形化语言可以帮助人类理解小的类层次结构的顶层级别，但一个包含很多细节的大的模型是复杂与难以理解的。演示工具通过忽略细节与提供导航来使模型更易于理解。但是，我们可以概括如下：

> 尽管图形化建模语言可以使小的模型易于理解，但是对包含很多图形的大的模型与文本方式一样难以理解。

用图形化语言表示模型的概念已得到广泛应用，并且已提出了几种图形化方式。有一种图形化建模语言已被广泛接受，它就是对象管理组创建的统一建模语言（Unified Modeling Language，UML）。

UML 在语言中为各项定义了精确的符号，包括表示一个类层次结构的方法与层次结构中各项之间的关系。例如，一个实线矩形框表示一个类，它的上面有一个黑体的名称。一个类的矩形可以分为子区域，它们包含类的一组属性（attribute）与方法（method）。没有箭头的线段用于描述通用性的部分（例如子类）[⊖]。

UML 是一种大型语言，它不只可以表示类层次结构与数据语义。例如，UML 包括描述人类动作的符号、工程需求（例如用例）、多重性（例如 N：1）、实现、时序图与关系等。因此，除了描述静态信息与语义，UML 图可用于描述任意交互与关系。UML 还允许模型设计者规定文本信息，例如数据与方法的名称。

我们可以概括如下：

305

> UML 是一种被广泛接受的图形化建模语言。除了使用图来描述类层次结构，UML 提供了描述任意关系、动作、交互与文本信息的方法。

16.25 复杂性问题

建模与模型驱动设计的一个关键问题是复杂性。复杂性的一个来源是语言（例如 UML）的完全通用性。由于语言中包含用于描述信息的很多方面的符号，UML 图可以快速地表示出细节，其中很多细节与从软件中得到的内容无关。另外，图形的很小变化会导致语义的很大变化，因此图形方式是难以阅读的。例如，线段的形式（有箭头或无箭头）会使含义完全改变，因此要认真考虑两个实体之间的箭头。

从更广的角度来考虑，我们可以问一个关于复杂性的问题：如果建模的目的是服务于开发软件，那么创建一个通用的模型会使模型变得多复杂，其难度与通过具体解决方案模型或不通过模型来开发软件相比，哪个难度更大一些？在采用具体域模型的情况下，经验表明，构建模型的复杂性很明显是不利的，创建通用模型的任务很复杂，消耗时间长。例如，尽管 DMTF 已对 CIM 模型进行了多年的研究，但工作仍没有结束并且模型也没有完成。

我们可以概括如下：

> 信息建模的复杂性表现在两个方面。一方面，模型很容易变得很大、很复杂，这使得人们难以理解它。另一方面，具体域模型很难创建，以至于任务难以完成。

306

16.26 映射对象到数据库与关系

前面的几节说到，信息建模与数据建模可以结合使用。这种结合来自于软件系统中的持久性存储的需求，该系统遵循模型驱动范型。尽管程序员可以编写代码将对象保存在磁盘文件中，这样做意味着需要为相互排斥与两阶段提交选择合适的数据表示与构建机制。文件可以用提供相应机制的标准数据库系统来代替。

在数据库系统可以使用之前，程序员必须创建一个机制来规定如何保存各项。遵循一个模型驱动方案意味着设计者要创建一个数据模型，并且使用这个数据模型来产生一个结构。在本质上，模型驱动设计采用的是两层抽象。

信息建模与数据建模的结合带来几个有趣的问题。一方面，我们可以看是否可以构建一个系统，其中数据模型可以对数据库中的值进行操纵，而不依赖于信息模型（被网络元素直接保存在数据库中）。另一方面，面向对象运行时系统与数据库在分布式环境中出现一个问题，它是由于运行时系统具有控制分布式处理过程的能力。面向对象运行时系统在将每个对象保存在数

⊖ UML 提供了另一种风格：一个类的部分可以用几个矩形表示，使用有箭头的线段表示它们是一个整体。

据库中之前，是否能将该对象拷贝在期望的位置？面向对象运行时系统是否能将对象提交到数据库的任意位置，并允许数据库移动这份拷贝？在最坏的情况下，在运行时系统将对象发送到远程的位置后，数据库系统有可能选择将数据保存回原始位置。

这点可归纳如下：

> 尽管一个系统可以使用信息模型与数据模型，但它们的结合会带来事务如何管理，以及哪个运行时系统控制数据位置的问题。如果两个系统对数据位置的处理不一致，将会导致整个系统效率低下。

16.27 拓扑信息的表示与保存

管理系统需要精确、完整的网络拓扑信息。正如我们所看到的，与管理系统相关的拓扑信息包括指定每个实体位置的物理拓扑，以及指定连接与数据路径的逻辑拓扑。我们也看到，智能故障的相关性要求系统理解逻辑与物理拓扑之间的关系。

在建模过程中，拓扑带来了几个问题。如何在信息模型中指定拓扑？如何将拓扑信息交给管理系统？回忆一下，有两种方法可以用于得到拓扑：

- 人工配置
- 自动发现

自动发现看来是一个理想的方法。从网络自身得到的信息是精确的，这是由于自动发现可以避免那些输入时的人工错误，或在拓扑变化后人工更新管理系统的记录。后者特别重要，这是由于管理员最重视操作的正确性，而在管理系统中更新记录要事后完成。

但是，自动发现也有缺点。发现拓扑的工具通常依赖于网络协议与应用程序，以便推断出连通性与邻接关系。因此，这类工具只能查找元素之间连接时的可路由路径，这就意味着它们只能识别逻辑拓扑。例如，考虑通过传输层隧道远距离连接两个路由器。由于探测器直接从一台路由器到另一台路由器，则自动发现工具会将两个路由器识别为邻接点。与此类似，由于依赖于特定的协议，自动发现工具不能识别物理设备与逻辑设备。例如，自动发现工具不能判断一个路由器是否虚拟（即路由器是否为一个大型物理设备中的子组），或确定运行特定服务器的计算机系统。这点可归纳如下：

> 尽管得到网络拓扑信息看起来很简单，但由于依赖于高层协议的自动发现工具只能通过可路由路径来发现逻辑拓扑，因此拓扑问题实际上很复杂。自动发现工具难以区分物理与虚拟的元素。

除了受到逻辑拓扑的限制，有些自动发现工具将结果直接输出到数据库中。拓扑描述可以通过合适的数据模型来完成，但是描述难以满足任意的信息模型。我们可以概括如下：

> 那些将结果输出到数据库的发现工具，使自动发现功能难以应用在任意的模型驱动设计中。

16.28 本体论与数据挖掘

网络管理语义方面的讨论是大规模的、仍在进行的语义讨论。我们认为能够分类与组织信息，但是软件设计者更关注如何组织信息，以便易于创建正确与有效的程序。直观上来说，我们认为没有一种结构对所有可能的应用而言是最优的，因此结构的选择主要依赖于期望的用途。

有趣的是，人工智能与数据挖掘方面的研究团体正在从不同的角度研究信息结构的问题。数据挖掘研究的思路是：通过信息数据库中各项的组合或关联可以获得哪些信息？人工智能研究团体使用本体论（ontology）这个术语，并且关注信息的语义研究方面。人工智能研究的思路是：从信息语义的规范中可以得到什么语义推理？每种研究都在寻找在最初的规定中并不明显的关系。

这点可归纳如下：

> 除了考虑有助于程序员创建正确与有效的软件的规范之外，相关研究还考虑这些规范如何用于发现隐藏的关系。

16.29 总结

由于软件只能对数据的值进行操作，有关网络的信息需要导入管理系统，并且结果需要导出到网络。导入信息既可以来自人工的管理员，又可以直接来自网络元素。

由于没有哪种表示方法适合所有情况，因此选择数据表示方法很复杂。管理系统需要以管理应用可使用的形式来导出信息，并且需要将这些信息保存在关系数据库中。典型的管理系统采用多种表示方法并完成转换，以及用于数据传输的串行化过程。XML 提供可扩展的串行化。

数据值的转换需要保证语义不变。信息建模是一种用于规定语义的技术。面向对象的信息模型定义了一个类层次结构，其中可能包含很多层次结构。信息模型的重要考虑包括层次结构的深度与跨越层次结构的交互。模型使用关联来表示跨越层次结构的交互（例如作为一部分）；关联可以被保存在不同的层次结构中。

309

信息模型可以基于具体解决方案、具体问题或具体域。实际上，由于具体域模型倾向于为软件描述一个结构，并且不包含要创建的软件中问题如何解决的知识，因此模型的通用性是难以实现的。

两个标准化组织致力于为所有管理行为制定具体域信息模型：DMTF 组织提出了通用信息模型（CIM），TMF 组织提出了共享信息/数据模型（SID）与多种技术网络管理模型（MTNM）。每种模型实现了一种静态的层次结构。这些标准化模型在实际系统中的效果尚不明显。统一建模语言（UML）已成为一种用于制定信息模型的事实上的标准。UML 使用的是图形化的符号，但是某些项可能需要文本信息。由于它们都相当复杂，因此信息模型难以创建与理解，模型是否有助于创建管理系统软件仍需要观察。

拓扑信息的获取与存储是一个特别的挑战。尽管人工输入的拓扑信息被认为是人为错误，但是使用高层协议的发现机制是有限制的，并且只能识别出逻辑拓扑的问题。另外，自动发现工具不容易区分虚拟与物理元素。

310

第 17 章　设计上的权衡

17.1　简介

本部分前面各章讨论了一个综合性的自动网络管理系统的预期特性、可能的体系结构，以及在表示方法与语义方面的复杂问题。

本章提出了一组创建软件系统的权衡方案，该系统用于自动完成网络管理任务。本章只是提出问题，并不给出答案。因此，每节提出权衡方案、列出可能性与评估结果，而并不尝试解决问题或做出选择。

为了有助于讨论，本章将权衡方案区分为几种类型，从要解决的问题与可用的通用方法开始。接着，本章围绕网络系统体系结构的选择、软件工程与设计权衡方案，以及在表示方法与语义方面的权衡来进行考虑。很明显，这个区分并不是绝对的，我们将看到一种类型的选择可以影响其他类型的可能性。

17.2　涉及范围与总体方针的权衡

311 ~ 313

- 解决子问题的现有系统与未来的综合性系统

也许最重要的权衡涉及要解决的问题的总体范围。一方面，从现有的商用与研究系统中，我们发现，可以构建系统工具，每种工具只解决一部分的管理问题。另一方面，尽管综合性系统是可以预期的，但是为创建这种系统需要广泛研究与开发。

- 决策自治与协同策略

一个基本的权衡集中在自治方面，特别是在一个大型的、多校区的网络中。每个站点可以赋予多大程度的自治？尽管自治是重要的，但是赋予自治意味着放弃控制。琐碎的细节（例如名字的分配）也可能导致重叠与不一致。

- 一组固定的已知元素与服务的调整与适应新元素与服务的通用性

如果预先知道所有的网络元素与服务，就可能设计一个对特定组的处理达到最优的系统。如果目标是适应任意的新元素与服务，那么在系统设计时对扩展性的要求超过对效率的要求。

- 支持面向连接与无连接网络路由

路由控制是网络管理的一个重要部分，系统可以基于面向连接或无连接结构而设计。用于流量工程的面向连接技术（例如 MPLS）引入了更多的开销，但是为管理系统提供比动态 IP 路由更多的控制。一个极端是，在管理系统中引入更多的智能意味着所有控制与配置操作来自管理系统，并且网络元素可以是哑终端。另一个极端是，如果每个网络元素包含足够的智能以自我配置与适应网络环境，则管理系统只需要提供全局的策略、监控网络状态并收集设备故障报告即可。一个实际的系统通常会在两种极端之间加以权衡，并将部分智能分布在网络元素与管理系统中。

- 适于管理员的功能与适于网络元素的功能

使用适于人的模式的系统通常不适于底层设备，反之亦然。例如，如果设备的管理接口输出的是适于人工的 HTML，则它难以被计算机程序分析与理解。同样，如果系统允许管理员规定全局的策略（例如为商业功能设置优先级），则它难以将策略转换成用于达成策略的参数。

314

- 自动拓扑发现与拓扑规定

一方面，由于在拓扑变化时不依赖人工更新数据库，所以自动发现可以提供准确与及时的记录。另一方面，自动发现需要使用不同协议，这意味着发现工具只能报告逻辑拓扑与跟踪可路由的路径。

● 通过快照恢复与通过重新配置恢复

在人工关闭或电源失效的情况下，管理系统必须提供一种方式来重新启动网络。有两类方法可以使用：配置命令的拷贝可以保存为管理员配置元素，每个网络元素状态的快照在网络正常运行时可以持久性保存。尽管使用快照更有效率，但是它通常包括有关时间的项，例如在恢复后没有意义的时间戳。使用配置命令重新配置网络可以避免时间差异，但是它的效率不高，并且要求一个配置时的全局顺序（在其他网络元素已经完成配置之前，很可能无法在一个给定的网络元素上完成配置）。

17.3 结构的权衡

● 集成系统与单独的工具

集成系统提供了一种一致、统一的机制来解决全部管理问题，但是它不容易被改变。单独的工具通常缺乏一致性，它可以复制数据项或处理过程，但是它可以被更新或替换，而不影响其他工具。

● 单一网络与用于管理流量的单独网络

通过一个网络传输普通流量与管理流量的优点是成本低，以及不需要单独的设施对管理网络进行管理。通过单独的基础设施将管理流量与普通流量分离的优点是互不干涉与对故障的免疫。免疫是指故障发生在运营网络（例如路由环路）时，并不会阻止管理动作的进行；互不干涉是指管理动作不会影响运营网络。互不干涉对性能评估特别重要，这是由于流量（例如流数据）可以被认为是网络中主要的负载。

● 即插即用与指定配置

关于采用的基本配置的决定性因素在于：网络元素之间直接交互以实现自我配置，还是由管理系统来配置每个元素？集中配置的优点在于管理员有能力进行精确控制；自动配置的优点在于网络元素有能力进行配置，而不需要直接控制。

● 集成管理系统与用于标准化元素接口的脚本

一方面，提供所有功能的集成网络管理系统可以将信息重用于网络管理的各个方面，并且可以被设计得更有效率。另一方面，如果每个网络元素带有标准化的接口，允许软件对元素进行有效地检查或控制，那么每个管理员就可以自由地设计应用或脚本，以提供可以满足某个组织需求的确切功能。

● 标准化元素接口与平台加应用

使用标准化元素接口的体系结构允许构建应用或脚本，以便与底层网络元素进行直接交互。另外，有可能构建一个通用的管理平台，以便与元素或应用进行交互。也就是说，管理平台从元素收集信息并使它可用于应用，以及从应用收集命令并将它应用于元素。采用平台体系结构的优点是可以隐藏设备的细节并减少数据的复制，它的缺点是限制了应用的功能。

● 直接操纵持久性存储与分离的外部数据库

管理系统直接操纵持久性存储体系结构的优点是存储可以针对要存储的数据项进行优化。尽管并不能提供对数据的优化表示方法，与外部存储分离的管理系统可以与标准化的数据库软件合作，以提供对应用产生的数据项的直接访问与控制。

315

316

17.4　工程与代价的权衡

- 更高的通信负载与低精确度的信息

网络管理系统的许多功能要求系统收集与分析数据。频繁地收集数据会改善分析的精确度，特别是在管理系统使用获得的数据来评估网络性能的情况下。但是，观测频率的提高将使管理系统在网络中传输的流量增加。由于带宽被管理流量消耗而无法用于普通通信，因此更精确的分析将导致增加的负载。

- 功能强大与易于使用

在管理系统提供给管理员的功能与用户接口的复杂度之间需要权衡。为了支持管理员指定细节或在很多可能性中进行选择，管理系统必须提供更多的选择。其结果是管理员需要花更多时间学习接口。也就是说，如果一个系统允许管理员执行更多功能与实现对网络更多的控制，必然导致它的接口变得更加复杂。

- 立即反馈与对问题的全面分析

一方面，当首次发现可疑的行为时，管理系统可以立即通知管理员。这样可以通知管理员及时注意潜在的问题，缺点是管理员将会被不必要的细节所困扰。另一方面，管理系统可以等到从多个来源收集信息、生成报告与分析结果后，通知管理员产生这个问题的根源。当然，也可能做到既及时通知管理员，又通过深入分析报告获得可用的结果。但是，从管理员的角度来看，在快速通知与全面分析之间需要权衡。

- 远程协作工具与管理流量

大型网络中的重要流量集中在管理功能的分布上，特别是故障检测与分析。一个集中式管理系统会将从网络元素收集的所有信息交给一个中心节点来分析。分布式的设计需要选择位于网络中不同位置的多个协作节点。每个协作节点从周围的网络元素收集与分析数据，并将分析结果返回到集中式管理系统。因此，远程协作会带来额外的流量，并增加总的管理流量，需要在二者之间做出权衡。

- 可扩展的编址、路由与自动分配置地址

可扩展的编址与路由系统的核心概念是层次结构。但是，分层地址必须被配置（即以一种有意义的方式来分配）。另一种分层编址方案是众所周知的平面编址，支持地址被自动分配（例如没有配置要求的永久性固定编制），但是它会导致在大型网络中的路由效率低。因此，在配置地址的负载与限制规模之间需要加以权衡。

- 大的绝对命名与小的相对命名

当设计者为数据项选择名称时，要选择采用绝对还是相对命名方案。尽管绝对命名是准确的并可用于任何地方，但是它通常很大并且不适于人类。相比之下，相对命名比较小并且适于人类认识与记忆，但是它只能用于特定的环境中。因此，在大的、准确的绝对命名与小的、不准确却易于人类记忆的相对命名之间需要权衡。

- 可扩展的系统与运行时效率

一个被设计为可扩展的软件系统是容易增加与修改的。例如，一个服务器可以包含钩子，以便管理员调用脚本来执行特定的处理过程，以及适应服务器在特定需求或环境中的动作。但是，可扩展的软件系统会带来额外的运行时负载，即使在没有外部脚本被调用的情况下。因此，在可扩展与运行时效率之间需要权衡。

17.5 表示与语义的权衡

● 用于数据的空间与用于存储或访问的时间

在数据表示中的典型权衡是大家知道的时间/空间权衡，它源自用于存储的空间大小与处理时间的关系。减少处理时间的表示方法通常会增加存储空间，反之亦然。例如，为了节约存储空间，可以对管理数据提取摘要或压缩原始数据。但是，在每种情况下，数据在存储之前首先要经过处理。

● 串行化过程中的隐式与显式的数据类型

在选择串行化方案时需要加以权衡。一方面，在数据中包含类型信息会增加安全性，这样接收方可以验证接收的数据项类型是否与期望值匹配。另一方面，类型信息会在两个方面增加负载。首先，传输更多的比特会增加传输负载。其次，为每个数据项创建（也可能是校验）类型信息会增加处理负载。因此，设计者必须在更好的安全性与更大的负载之间进行权衡。

● 效率与易于检查

在进行数据的存储或传输时，管理系统要选择采用二进制编码还是可读编码。二进制编码紧凑并且能节约空间，但是可读编码具有两个优点。首先，可读性使得调试软件与识别问题更容易，特别是在数据由一个厂商构建的系统一部分所创建，并被用于由其他厂商构建的系统其他部分所使用时。其次，可读性避免对二进制表示方法的假设，这使得它难以在异构系统之间传输数据。因此，在更小的负载与更容易的数据检查与验证之间需要权衡。

● 可扩展的传输表示方法与更小的负载

有些技术（例如 XML）允许设计者为每个数据项包含名字与类型，这样使得被传输的成组的项易于扩展。但是，为每个数据项发送额外的元数据会增加计算与传输负载——不能包含元数据的二进制表示方法更加紧凑，并且在生成数据时花费的时间更少。因此，设计者必须在更容易扩展与负载更小的表示方法之间进行权衡。

● 存储器内部模型与外部数据模型

围绕管理数据表示方法的一个主要问题是数据项在哪里存储。管理数据的哪些部分存储在主存储器中，哪些部分存储在二级存储器中，哪些部分存储在两种存储器中？使用主存储器的优点在于访问速度：典型的随机存储器处理速度比磁盘快几个数量级。二级存储器的优点在于持久性（发生故障后数据仍然存在）与通用的访问（应用可以直接访问数据）。因此，在速度与增加的性能/访问之间需要权衡。

● 对象大小与层次结构深度

类层次结构相对较少的信息模型的优点是搜索时间短，缺点是每个对象更大，导致加载时间长。相对来说，层次结构较多的模型的优点是对象小，这就意味着加载一个对象所需时间短，它的缺点是要花费更多时间在层次之间搜索。

● 单一类层次结构与多层次结构

在构建一个信息模型时，可能定义一个单一的、全局的类层次结构，它包含与网络管理系统相关的所有方面的信息，也可能定义多个独立的层次结构，每个层次结构只关注系统的某个方面。前者的优点在于概念上的统一，所有管理信息以一种严格的层次结构方式加以组织。单一层次结构的缺点在于它的负载，这是由于单一模型必须包含额外的数据项，以便指定网络管理所需的信息范围（例如，将元层次结构的定义插入层次结构中只用于连接相关的数据项）。相比之下，多层次结构允许软件系统被设计成只包含有关管理的项，它的缺点是看起来缺乏组织。因此，主要的权衡在于概念上的统一与运行时效率。次要的权衡在于需要为添加到单一层次结构的数据项增加空间。

- 统一或分离的关联与类层次结构

由于信息建模的通用性足以适应任意信息，因此一个模型可以保存元数据（例如一组用来表示各项相互关系的关联）。尽管有可能将关联作为类层次结构的一个部分，但这样做会带来额外的运行时负载，这是由于管理系统必须访问数据对象与关联对象。由于关联对象在概念上不同于其他数据对象，因此关联必须位于层次结构中完全独立于数据项的某个部分，这就意味着系统首先要通过层次结构来获得关联，然后才能通过层次结构来定位关联所指出的项。因此，在类层次结构中需要在元数据概念上的统一与运行时效率之间进行权衡。

- 具体域模型与具体解决方案模型

具体域模型的潜在优点在于为域中的所有软件系统提供准确答案。但是，具体域模型被证明是难以构建的，并且生成的类层次结构对某些应用可能无效。相对来说，具体解决方案模型针对某个特定问题，它可能无法应用于其他软件系统，即使是相关的问题。因此，需要在通用性与可行性或效率之间进行权衡。

17.6 总结

本章给出了一些复杂的网络管理系统设计中权衡的例子。很多方面的权衡突出了困难的决定，包括选择总体方案、系统体系结构、设计系统、数据表示方法与信息模型等。这些权衡可以帮我们理解为什么没有一个方案作为构建下一代管理系统的关键而出现。

第 18 章　开放式问题与研究性问题

18.1　简介

本部分前面几章描述了理想的网络管理系统的特点，考虑了可能的体系结构，研究了数据表示方法与语义，并讨论了在设计与构建复杂的管理系统时所作的权衡。本章将通过列出一系列有待于研究的问题来继续前面的讨论。

本章所列出的问题的范围与难度有很大区别。有些问题适合本科生作为课程中的一个项目来完成；其他问题需要多个研究者花费几年的时间来研究。在有些情况下，很多问题适于进行增量性质的工作，只是选择问题的一小部分研究，以便个人在一段固定的时间内完成。

18.2　管理系统的基本抽象

可构建的综合管理系统的基本抽象是什么？为了理解这个问题，我们看一下 20 世纪 60 年代的操作系统。每个硬件供应商开发出软件，以装载应用程序并控制 I/O 设备。每台计算机的硬件有很大差别，基本抽象是从底层的硬件获得的。因此，一个供应商使用 I/O 模块在特定的磁盘驱动器上读取或写入数据块，而另一个供应商使用 I/O 模块在特定的滚筒设备上读取或写入数据。计算机缺乏可以用于不同设备与供应商的通用抽象。MIT 的 MAC 项目的研究关注高层抽象，例如进程、文件与地址空间等。尽管这个项目的 Multics 系统没有获得商业上的成功，但是它所提出的抽象保留下来，并作为构建与讨论操作系统的基础。网络管理需要一个类似的革新：不是构建通用于现有的硬件、软件与协议的抽象，研究者需要一组正交的、高层的抽象，以便为大规模的、综合的管理系统的体系结构提供新的思路。

对有助于描述和刻画问题的抽象与用于构建管理系统的抽象加以区分是重要的。我们有一个关于前者的例子：FCAPS。需要新的抽象来帮助设计者构建管理软件系统。

18.3　控制与验证的分离

一种方案是构建单一的、统一的网络管理系统来处理所有任务，另一种方案是将功能分为两个独立的系统，一个系统用于配置、控制网络，而另一个系统用于验证结果，哪种方案更好一些？由于策略容易描述与验证，采用两个分离的系统可能很好，但是难以实现。功能分离允许用一个独立的软件系统监控网络，并且验证与之相关的策略。

我们将是否单一的策略声明可以有效地完成控制与验证作为一个子问题来加以考虑。单一的策略声明允许管理员独立地指定验证条件。在任何一种情况下，策略与验证条件应如何表示？

18.4　网络与终端系统的边界

一个网络与使用网络的一台计算机系统之间的边界究竟在哪里？这个问题是网络管理讨论的基础，因为边界决定了哪些项需要管理。很显然，边界看起来不可能被精确定义。为了理解这些问题，我们发现尽管协议（例如 TCP）在终端系统中实现，但是它对整个网络有很大的影响。同样，有可能将网络服务（例如 Web 服务）定义为网络的一部分，或是使用网络的服务。

FCAPS 的一个特别之处在于模糊了网络与终端系统之间的区分，特别是在安全性方面。尽管在一个网络中已经包含了安全方面的内容，但是一个组织的安全策略经常包括终端系统的行为与责任。因此，出现了网络安全是否可以独立于终端系统进行管理的问题。

18.5   网络管理体系结构的分类

我们从网络管理系统的底层体系结构分析中能学到什么？现有的商用或研究性质的系统是否采用了第 15 章中没提到的结构？如果情况是这样，每种结构的优点与缺点各是什么？

除了回答上述这些问题，我们可以考虑这些体系结构之间的关系是否可以被量化。也就是说，我们要考虑是否可以将这些典型的系统根据体系结构上的主要特点分为多个组。

18.6   现有系统的功能扩展

哪些 FCAPS 功能的组合没有被现有的网络管理系统包含在内？尽管现有系统可以处理 FCAPS 的 5 个方面，但问题在于它们的组合（例如配置加故障检测）。一个可能的结论是这种组合很难用于研究原型或商用产品。

18.7   路由与流量工程的管理

传统的 IP 路由与流量管理是否容易规划、配置、操作、调试或监控？更准确地说，是否有可能结合这两种方案对管理代价进行定量评估？我们感兴趣的是最初部署、持续操作与故障后恢复（即当需要备份路由时）的代价。

18.8   自动地址分配

我们是否可以构建软件来自动为整个组织设计编址方案？也就是说，程序是否可以设计成只需输入网络拓扑、外部连接列表与未来发展趋势，然后自动输出每个物理网络的地址前缀分配方案？

如果解决这样的问题很困难，是否可以采用将分析限制在特定拓扑的方法？例如，包含单一局域网段的网络是简单的。在问题变得复杂之前需要添加多少个网络？

18.9   路由分析

我们是否可以构建软件来自动评估整个网络的路由体系结构？也就是说，程序是否可以设计成只需输入网络拓扑与路由描述，就可以输出整个路由结构的分析结果，包括正确性、效率与节点或链路故障后的恢复能力。

我们将通过软件来自动探索路由器（如使用 SNMP）、构建一个拓扑、产生一个路由覆盖，以及分析可达的结果图、黑洞与非对称路由等作为一个子问题来加以考虑。这样的软件能处理路由问题的所有方面吗？

18.10   安全策略增强

软件是否可以设计成只需输入一组安全策略，就可以验证这些策略能否在整个网络中被正确、统一地执行？这就要有一种可以让管理员描述要验证的安全约束的语言。在下面的两种语言中，一种表达需要实现的策略，另一种表达验证条件，它们各有怎样的优点？

正如我们上面所指出的，在安全的情况下进行验证特别困难，因为很多方面涉及终端系统而不是网络元素。我们可以考虑将边界的限制作为一种选择。也就是说，我们需要考虑的问题是：哪些有关安全的项不能被验证，如果它只具有查询网络元素而不是终端系统的能力？

18.11 针对自动管理的基础设施重新设计

我们是否可以重新设计网络元素以使自动管理成为可能？例如，我们考虑为每个交换机添加管理处理器，这样当一个新的连接建立起来后，管理处理器可以查询位于连接另一端的设备、在拓扑数据库中输入信息并配置这个设备。我们假设只有交换机中的管理处理器可以进行配置（即无法绕过管理系统与人工修改网络元素）。

作为对上述思路的扩展，我们考虑两个交换机互连时会发生什么情况？两个交换机中的管理处理器应该交换拓扑与配置信息，并且同意组成一个分布式的管理系统。这个思路可以扩展到多少个交换机的情况？在自治系统的边界将会发生什么情况？

326

18.12 管理信息的对等传播

在大型网络中通过对等范型自动传播管理信息具有哪些优点？管理器当前被安装了一组管理节点，并且通过人工来选择协作点的集合。问题是自动系统是否可以很好地适应环境。因此，关键问题在于是否可以构建一个系统，自动将数据拷贝发送给网络中需要该数据的节点，而不是盲目发送不需要的数据拷贝。

18.13 路由失效分析

我们是否有可能构建软件来自动查询网络与分析路由弱点？也就是说，是否可以构建软件系统探索路由器、找到所有的物理拓扑并发现正在使用的路由机制，并且通过不同的节点与链路失效来计算路由系统的行为，以决定网络中哪些地方容易受到攻击？

18.14 自动拓扑发现的局限性

通过应用与高层协议探测网络的拓扑发现工具只能沿着可路由的路径。我们将可以查询网络元素的发现机制作为一个问题：管理系统是否可以访问每个网络元素（使用 SNMP）中的所有信息，并且是否有可能发现完整的物理与逻辑拓扑？如果答案是否定的，则是否可以描述无法自动发现的拓扑信息？

18.15 NetFlow 数据的数据挖掘

哪些信息可以从 NetFlow 数据中提取出来？很多 NetFlow 分析系统生成流量的统计数据，例如包含给定协议（例如 TCP）数据包的百分比或某种应用（例如 Web）数据包的百分比。主要问题在于数据挖掘技术是否可用于提取基本统计之外的信息。

327

18.16 网络状态的存储

存储网络状态需要多少空间？更具体地说，我们是否可以估计出存储信息的空间容量（这些信息用于发生故障后重新配置所有网络元素）？这里有两种可能的方法：每个网络元素的配置参数的快照，或用于配置每个元素的命令的拷贝。

作为扩展，我们考虑状态信息的冗余，例如一组使用相同元数据（包括登录 ID、密码与授权列表）配置的路由器。如果从网络状态中去掉冗余信息，则可以节约多大的存储空间？

18.17 采用贝叶斯过滤的异常检测

我们是否可以使用贝叶斯过滤来检测网络中的异常行为[⊖]？具体来说，除了可以在正常的网络流量中发现异常之外，贝叶斯过滤器如何帮助在管理数据（例如状态与故障报告）中识别出异常？

18.18 脚本中保护的代价

脚本技术允许管理员通过编写脚本来控制处理过程，通常可以在脚本中插入一个保护层：系统不允许脚本直接处理内部数据结构，而是为脚本提供一份数据拷贝，并在脚本结束时将数据结构的改变返回系统。从计算负载角度来看，这种保护的代价有多大？是否有其他方法可以有效地提供相同的保护？

18.19 迟绑定的接口管理应用

管理系统是否可以提供一个迟绑定的接口，以较小的负载来动态地创建新的应用？为了理解这个问题，我们考虑第 15 章中介绍的软件背板体系结构。背板应使用怎样的接口以允许应用管理网络元素？具体来说，是否可以设计一种允许管理员容易、快速地添加新的应用，同时降低访问管理数据的代价的接口？

18.20 管理系统与元素的边界

网络管理系统与每个网络元素之间的边界位于哪个层次？也就是说，多少管理功能应该包括在网络元素中，多少管理功能应该包括在管理系统中？这个问题分为两个部分。一方面，我们可以考虑是否将更多智能分布到其中某个部分，这样做是否会影响整体功能。另一方面，我们可以考虑智能分布的位置，这样做是否会影响系统性能（例如，传输的管理数据数量可能有很大改变）。

18.21 总结

由于对未来管理系统的设计所知甚少，有很多开放性的问题存在。本章提出了很多可以研究的题目。本章提出了问题，但没有加以回答。尽管很多问题适于作为研究生阶段的项目，但是其中有些题目需要进行长时间的研究。

⊖ 贝叶斯过滤是与机器学习相关的，它采用统计技术通过将观测值与基准值比较来识别异常的输入。

参 考 文 献

BABCOCK, B. and C. OLSTON [June 2003], "Distributed Top-K Monitoring," *Proceedings of the ACM SIGMOD International Conference on Management of Data*, San Diego, California.

BLUMENTHAL U. and B. WIJNEN [December 2002], "User-based Security Model (USM) for version 3 of the Simple Network Management Protocol (SNMPv3)," RFC 3414.

BROWN, A. B. and J. L. HELLERSTEIN [July 2004], "An Approach to Benchmarking Configuration Complexity," *SIGOPSEW 2004 - 11th ACM SIGOPS European Workshop*, ACM SIGOPS.

CASE, J. D., J. R. DAVIN, M. S. FEDOR, and M. L. SCHOFFSTALL [March, 1988], "Introduction to the Simple Gateway Monitoring Protocol," *IEEE Network*.

CASE, J. D., J. R. DAVIN, M. S. FEDOR, and M. L. SCHOFFSTALL [March, 1989] "Network Management and the Design of SNMP," *ConneXions: The Interoperability Report 3*.

CASE, J. D., R. FRYE, and J, SAPERIA [1999], *SNMPv3 Survival Guide : Practical Strategies for Integrated Network Management*, John Wiley & Sons, New York.

CLAISE, B., editor [2004], *Cisco Systems NetFlow Service Export, Version 9*, RFC 3954.

COMER, D. E. [2004], *Computer Networks And Internets*, 4th edition, Prentice-Hall, Upper Saddle River, New Jersey.

COMER, D. E. [2006], *Internetworking With TCP/IP Volume 1: Principles, Protocols, and Architecture*, 5th ed., Prentice-Hall, Upper Saddle River, New Jersey.

DILMAN, M. and D. RAZ [April 2001], "Efficient reactive monitoring," *IEEE Journal on Selected Areas in Communications (JSAC)*, special issue on recent advances in network management.

DIMITROPOULOS, X., D. KRIOUKOV, G. RILEY, and K. CLAFFY [August 2005], "Classifying the Types of Autonomous Systems in the Internet,", *SIGCOMM 2005* (poster), Philadelphia, Pennsylvania.

EIDE, E., L. STOLLER, T. STACK, J. FREIRE, and J. LEPREAU [February 2006], "Integrated Scientific Workflow Management for the Emulab Network Testbed," *Flux Technical Note FTN200601*, University of Utah.

FEAMSTER, N., H. BALAKRISHNAN, and J. REXFORD [November 2004], "Some Foundational Problems in Interdomain Routing," *Proceedings ACM SIGCOMM Workshop on Hot Topics in Networking (HotNets III)*, San Diego, California.

FELDMANN, A., N. KAMMENHUBER, O. MAENNEL, B. MAGGS, R. DEPRISCO, and R. SUNDARAM [October 2004], "A Methodology for Estimating Interdomain Web Traffic Demand," *Proceedings of the Internet Measurement Conference 2004 (IMC)*.

FOX, A., and D. PATTERSON [June 2003], "Self-Repairing Computers," *Scientific American*.

FRANCIS, P. and R. GUMMADI [August 2001], "IPNL: A NAT-Extended Internet Architecture," *SIGCOMM 2001*, San Diego, California.

GREENBERG, A., G. HJALMTYSSON, D. A. MALTZ, A. MYERS, J. REXFORD, G. XIE, H. YAN, J. ZHAN, and H. ZHANG [October 2005], "A Clean Slate 4D Approach to Network Control and Management", *ACM SIGCOMM Computer Communication Review*, 35(5).

HARRINGTON D., R. PRESUHN, and B. WIJNEN [December 2002], "An Architecture for Describing Simple Network Management Protocol (SNMP) Management Frameworks," RFC 3411.

HASAN, M. [May 1995], "An Active Temporal Model for Network Management Databases," *Proceedings of the IFIP/IEEE Fourth International Symposium on Integrated Network Management*, Santa Barbara, California, 524-535.

HERNANDEZ, A., M. C. CHIDESTER, A. D. GEORGE [December 2001], "Adaptive Sampling for Network Management," *Journal of Network and Systems Management* 9(4).

HUNTINGTON-LEE, et. al. [1997], *HP OpenView*, McGraw Hill, New York, New York.

JOURNAL OF NETWORK AND SYSTEMS MANAGEMENT [2002-2005], Special Issues on: *Internet Traffic Engineering and Management*, 10(3), *Policy-Based Management*, 11(3), *Security and Management*, 12(1) and 13(3), *Distributed Management of Networks and Services*, 12(3), and *Self-Managing Systems and Networks*, 13(2).

LEE, S. J., P. SHARMA, S. BANERJEE, S. BASU and R. FONSECA [April 2005], "Measuring Bandwidth Between PlanetLab Nodes," *Proceedings of the Workshop on Passive and Active Measurements*.

MCCLOGHRIE, K., D. PERKINS, J. SCHOENWAELDER, and T. BRAUNSCHWEIG [April 1999] "Structure of Management Information Version 2 (SMIv2)," RFC 2578.

MORRIS, S. [2003], *Network Management, MIBs and MPLS: Principles, Design and Implementation*, Prentice Hall, Upper Saddle River, New Jersey.

NORTON, W. B. [2002], "The Art of Peering: The Peering Playbook," white paper, Equinix Corporation.

OZMUTLU, H. C., N. GAUTAM, and R. BARTON [March 2002], "Managing End-to-End Network Performance Via Optimized Monitoring Strategies," *Journal of Network and Systems Management* 10(1), 107-126.

PAGE-JONES, M. [2000], *Fundamentals of Object-Oriented Design in UML*, Addison-Wesley, Reading, Massachusetts.

PERKINS, D. [1999], *RMON*, Prentice-Hall, Upper Saddle River, New Jersey.

PRAS, A., T. DREVERS, R. VAN DE MEENT and D. QUARTEL [December 2004], "Comparing the Performance of SNMP and Web Services-Based Management," *IEEE Trans. on Network and Service Management*, 1(2). 11.

ROSE, M. T. [1991], *The Simple Book: An Introduction to Management of TCP/IP-based Internets*, Addison-Wesley, Reading, Massachusetts.

ROSE, M., editor [March 1991], "A Convention for Defining Traps for use with the SNMP," RFC 1215.

ROSE, M. T. and K. MCCLOGHRIE [1995], *How To Manage Your Network Using SNMP*, Prentice-Hall, Upper Saddle River, New Jersey.

SAPERIA, J. [2002], *SNMP At The Edge: Building Effective Service Management Systems*, McGraw Hill, New York, New York.

SCHULZRINNE, H. [July 2005], "Do you see what I see," 18th NMRG meeting, France.

SPRING, N., D. WETHERALL, and T. ANDERSON [March 2003], "Scriptroute: A Facility for Distributed Internet Measurement," *Proceedings Fourth USENIX Symposium on Internet Technologies and Systems (USITS)*.

STALLINGS, W. [1998], *SNMP, SNMPv3, and RMON 1 and 2: Practical Network Management*, 3rd Edition, Addison-Wesley, Reading, Massachusetts.

SUBRAMANIAN, M. [2000], *Network Management: Principles and Practice*, Addison-Wesley, Reading, Massachusetts.

SUBRAMANIAN, L., M. CAESAR, C. T. EE, M. HANDLEY, Z. M. MAO, S. SHENKER, and I. STOICA [August 2005], "HLP: A Next Generation Inter-domain Routing Protocol," *ACM SIGCOMM 05*, Philadelphia, Pennsylvania.

WIJNEN, B., R. PRESUHN, and K. MCCLOGHRIE [December 2002], "View-based Access Control Model (VACM) for the Simple Network Management Protocol (SNMP)," RFC 3415.

YEGNESWARAN, V., P. BARFORD, and V. PAXSON [November, 2005], "Using Honeynets for Internet Situational Awareness," *Proceedings of the ACM/USENIX Fourth Workshop on Hot Topics in Networks (HotNets IV)*.

ZELTSERMAN, D. and G. PUOPLO [April 1998], *Building Network Management Tools With Tcl/Tk*, Prentice-Hall, Upper Saddle River, New Jersey.

ZHANG, Y., Z. GE, M. ROUGHAN, and A. GREENBERG [October 2005], "Network Anomography," *Proceedings of the Internet Measurement Conference (IMC '05)*, Berkeley, California.

索 引

索引中的页码为英文原书页码，与书中页边标注的页码一致。

华章经典 服务中国教育

经典推荐

算法导论 (原书第2版)

作　者：Thomas H.Cormen 等
译　者：潘金贵 顾铁成 等
书　号：7-111-18777-6
定　价：85.00元
■2006、2007 CSDN、《程序员》杂志评选的十大IT好书之一，算法中的经典权威之作

编译原理 (第2版)

作　者：Alfred V.Aho,Monica S.Lam,
　　　　Ravi Sethi,Jeffrey D.Ullman
译　者：赵建华 等
书　号：978-7-111-25121-7
预出出版时间：2008年12月
■编译领域无可替代的经典著作，被广大计算机专业人士誉为"龙书"

自动机理论、语言和计算导论 (原书第3版)

作　者：John E.Hopcroft,Rajeev Motwani,
　　　　Jeffrey D.Ullman
译　者：孙家骕 等
中文版：978-7-111-24035-8，49.00元
英文版：978-7-111-22392-4，59.00元
■1996年图灵奖得主经典巨著升级版

分布式系统：概念与设计 (原书第4版)

作　者：George Coulouris, Jean Dollimore,
　　　　Tim Kindberg
译　者：金蓓弘 曹冬磊
中文版：978-7-111-22438-9，69.00元
英文版：7-111-17366-X，89.00元
■本书是衡量所有其他分布式系统教材的标准

数据库系统概念 (原书第5版)

作　者：Abraham Silberschatz,
　　　　Henry F. Korth, S. Sudarshan
译　者：杨冬青 马秀莉 唐世渭
中文版：7-111-19687-2，69.50元
本科教学版：978-7-111-23422-7，45.00元
■数据库系统方面的经典教材，被美誉为"帆船书"

软件工程：实践者的研究方法 (原书第6版)

作　者：Roger S.Pressman
译　者：郑人杰 等
中文版：7-111-19400-4，69.00元
本科教学版：978-7-111-23443-2，49.00元
英文精编版：978-7-111-24138-6，65.00元
■全球上百所大学和学院采用，最受欢迎的软件工程指南

教师服务登记表

尊敬的老师：

您好！感谢您购买我们出版的 _____ 教材。

机械工业出版社华章公司本着为服务高等教育的出版原则，为进一步加强与高校教师的联系与沟通，更好地为高校教师服务，特制此表，请您填妥后发回给我们，我们将定期向您寄送华章公司最新的图书出版信息。为您的教材、论著或译著的出版提供可能的帮助。欢迎您对我们的教材和服务提出宝贵的意见，感谢您的大力支持与帮助！

个人资料（请用正楷完整填写）

教师姓名		□先生 □女士	出生年月		职务		职称：□教授 □副教授 □讲师 □助教 □其他	
学校			学院			系别		
联系 电话	办公： 宅电： 移动：			联系地址 及邮编				
				E-mail				
学历		毕业院校		国外进修及讲学经历				
研究领域								

主讲课程	现用教材名	作者及 出版社	共同授 课教师	教材满意度
课程： □专 □本 □研 人数： 学期：□春□秋				□满意 □一般 □不满意 □希望更换
课程： □专 □本 □研 人数： 学期：□春□秋				□满意 □一般 □不满意 □希望更换

样书申请	
已出版著作	已出版译作
是否愿意从事翻译/著作工作 □是 □否 方向	
意见和建议	

填妥后请选择以下任何一种方式将此表返回：（如方便请赐名片）
地　址：北京市西城区百万庄南街1号　华章公司营销中心　　邮编：100037
电　话：(010) 68353079 88378995　传真：(010)68995260
E-mail:hzedu@hzbook.com markerting@hzbook.com　　图书详情可登录http://www.hzbook.com网站查询

教师服务登记表

尊敬的老师：

您好！感谢您购买我们出版的 _____ 教材。

机械工业出版社华章公司本着为服务高等教育的出版原则，为进一步加强与高校教师的联系与沟通，更好地为高校教师服务，特制此表，请您填妥后发回给我们，我们将定期向您寄送华章公司最新的图书出版信息。为您的教材、论著或译著的出版提供可能的帮助。欢迎您对我们的教材和服务提出宝贵的意见，感谢您的大力支持与帮助！

个人资料（请用正楷完整填写）

教师姓名		□先生 □女士	出生年月		职务			职称： □教授 □副教授 □讲师 □助教 □其他		
学校			学院				系别			
联系 电话	办公： 宅电： 移动：			联系地址 及邮编						
				E-mail						
学历		毕业院校		国外进修及讲学经历						
研究领域										

主讲课程	现用教材名	作者及 出版社	共同授 课教师	教材满意度
课程： □专 □本 □研 □MBA 人数： 学期：□春□秋				□满意 □一般 □不满意 □希望更换
课程： □专 □本 □研 □MBA 人数： 学期：□春□秋				□满意 □一般 □不满意 □希望更换

样书申请			
已出版著作		已出版译作	
是否愿意从事翻译/著作工作 □是 □否	方向		
意 见 和 建 议			

填妥后请选择以下任何一种方式将此表返回：（如方便请赐名片）
地　址：北京市西城区百万庄南街1号　华章公司营销中心　　邮编：100037
电　话：(010) 68353079 88378995　传真：(010)68995260
E-mail:hzedu@hzbook.com　markerting@hzbook.com　　图书详情可登录http://www.hzbook.com网站查询